"十二五"职业教育国家规划教材 修订版

经全国职业教育教材审定委员会审定

典型机电设备安装与调试（三菱

第2版

主　编　周建清

副主编　陈雪艳　严法高

参　编　王金娟　陈　丽　申海亚

　　　　李素文　缪秋芳　伍培云

主　审　杨少光

机械工业出版社

CHINA MACHINE PRESS

本书是"十二五"职业教育国家规划教材修订版，是根据机电技术应用专业人才培养目标和培养规格，企业机电设备安装、调试岗位技术要求及职业院校学生的实际情况编写而成的。

本书遵循学生的认知规律，打破传统的学科课程体系，采取项目化的形式将传感器、机械传动、气动控制、PLC、变频器及触摸屏等知识进行了重新建构，通过8个生产实际项目使读者学会机械组装、电路连接、程序输入、参数设置、人机界面工程创建和设备调试等机电技术应用技能。这8个项目为送料机构的安装与调试，机械手搬运机构的安装与调试，物料传送及分拣机构的安装与调试，物料搬运、传送及分拣机构的安装与调试，YL-235A型光机电设备的安装与调试，生产加工设备的安装与调试，生产线分拣设备的安装与调试，多功能加工及分拣设备的安装与调试。

本书可供中等职业学校机电、电气、自动化等相关专业学生实训、考级及备战技能大赛使用。

为便于教学，本书配有视频动画，并以二维码的形式穿插于各项目中，另外本书还配有丰富的数字化教学资源（包括电子教案、PPT课件、书中所有项目的电路图、梯形图程序）、YL-235A型光机电设备的产品说明及实训指导书、变频器及触摸屏的使用手册。选择本书作为授课教材的教师可登录 www.cmpedu.com 网站注册后免费下载。

图书在版编目（CIP）数据

典型机电设备安装与调试：三菱/周建清主编. —2 版. —北京：机械工业出版社，2021.3（2023.12 重印）
"十二五"职业教育国家规划教材：修订版
ISBN 978-7-111-67756-7

Ⅰ.①典⋯　Ⅱ.①周⋯　Ⅲ.①机电设备-设备安装-中等专业学校-教材 ②机电设备-调试方法-中等专业学校-教材　Ⅳ.①TH17

中国版本图书馆 CIP 数据核字（2021）第 043031 号

机械工业出版社（北京市百万庄大街22号　邮政编码100037）
策划编辑：赵红梅　责任编辑：赵红梅　王　宁
责任校对：张　征　封面设计：张　静
责任印制：邓　博
天津嘉恒印务有限公司印刷
2023 年 12 月第 2 版第 5 次印刷
184mm×260mm · 14.5 印张 · 354 千字
标准书号：ISBN 978-7-111-67756-7
定价：45.00 元

电话服务　　　　　　　　　　网络服务
客服电话：010-88361066　　机　工　官　网：www.cmpbook.com
　　　　　010-88379833　　机　工　官　博：weibo.com/cmp1952
　　　　　010-68326294　　金　书　网：www.golden-book.com
封底无防伪标均为盗版　　　机工教育服务网：www.cmpedu.com

　　本书是在"十二五"职业教育国家规划教材《典型机电设备安装与调试（三菱）》的基础上，吸收和借鉴各地职业院校使用建议和改革经验而进行的修订。编写团队积极探索课程思政背景下的专业课教学改革，挖掘专业课蕴含的思政资源和思政元素，坚持立德树人的根本任务，改革课程内容和教学方法，旨在更好地发挥专业课程的育人功能，着重培养学生的价值观、社会责任意识和工匠精神，提升学生的认知能力、做事能力、学习能力、沟通能力与合作能力。

　　本书具有以下特点：

　　（1）坚持"工学结合、校企合作"的人才培养模式，模拟企业生产环境，渗透企业文化，重点强调学生职业习惯、职业素养的养成。仿真企业的生产实际，紧紧围绕企业生产流程，处处营造企业生产环境，可使学生点点滴滴感知岗位的职业性和技术性，达到工厂作业与学校学习的有机结合，实现企业作业教学化、学习内容项目化。通过细化的操作小任务将知识点、技能点融入其中，将学习内容鲜活化，使学习小目标得以渗透，让学生始终在做中学、学中做，既达到学做合一、理实一体理念的融合，又符合企业的生产步骤和作业习惯，便于学生职业能力的养成。

　　（2）遵循学生的认知规律，打破传统的学科课程体系，从人的认知规律出发，充分让学生感知、体验和行动。本书采取项目化的形式对典型机电设备的组装与调试的知识和技能进行重新建构，共包含8个项目，将岗位工作任务、专项能力所含的专业知识和专项技能全部嵌入其中。每个项目仿真企业生产实际，在提出施工任务后，做好施工前准备，并进行任务实施和技术改造，充分体现了学生主体、能力本位和工学结合的理念。

　　（3）坚持"够用、实用、会用"的原则，吸收了新产品、新知识、新工艺与新技能，重点培养学生的技术应用能力，帮助学生学会方法，养成习惯，从而使其能够更好地满足企业岗位的需要。本书弱化了理论分析、理论设计，紧紧围绕工作任务的需要，培养学生通过阅读技术文件、识读设备图样及设备随机资料，具备会识读、能看懂的能力，达到看懂了便能做的要求。每个项目的各环节施工步骤清晰、任务明确，可以让学生在完成任务的同时学会机电设备安装调试的方法，了解施工准备、设备安装、设备调试、现场清理及设备验收等作业流程。书中更多地采用了变频、人机界面等新技术，以便于与企业技术接轨，并且强调施工的工艺要求，以利于满足企业岗位的需要。

　　（4）将企业的实际工作过程、职业活动的真实场景引入到教学内容中，以工作场所为中心开展教学活动。本书有很大的自由度，每个项目可独立施工，也可小组合作完成。任务实施的各环节操作任务明确，均有对应的作业指导，便于开展小组合作教学和独立探究教学，便于培养学生与人沟通、与人协作的职业素养。

　　（5）顺应产品的更新换代，贴近生产实际。本书以三菱 FX_{3U} 系列 PLC 替换了 FX_{2N} 系列 PLC，用 GX Developer 编程软件替换了 FX-GP/WIN-C，用 FR-E700 变频器替换了 FR-E540 变频器。

（6）图文并茂，通俗易懂。本书用图片、照片代替文字语言，表现形式直观易懂，一目了然，既提高了可读性，又可激发学生的学习兴趣，降低知识认知难度，符合职业院校学生的认知规律，便于学生自主学习。

（7）本书将操作内容、操作方法、操作步骤、学习知识、注意事项设计成施工记录表单，其中包含了各个项目的知识点与小任务，可使操作具体化、有章可循、步骤清晰、方法明了，从而提高了可操作性。同时设备质量验收表单中含有标准配分，学生可直接将其与自己的记录值进行对照，达到自我评价的效果。

本书由武进技师学院周建清担任主编，武进技师学院陈雪艳、严法高担任副主编。武进技师学院王金娟、陈丽、申海亚、李素文、缪秋芳、伍培云参与教材编写工作。本书由杨少光主审。

本书在编写过程中，编者参阅了国内外出版的有关教材和资料，在此对它们的作者表示衷心的感谢！由于编者水平有限，书中难免有疏漏之处，恳请读者予以指正，联系方式：724944504@qq.com。

编　者

二维码索引

页码	项 目	二 维 码	页码	项 目	二 维 码
1	项目一		86	项目五	
18	项目二		117	项目六	
39	项目三		152	项目七	
64	项目四		178	项目八	

目 录

项目一

送料机构的安装与调试

一、施工任务

1. 根据设备装配示意图组装送料机构。
2. 按照设备电路图连接送料机构的电气回路。
3. 输入设备控制程序，调试送料机构实现功能。

二、施工前准备

施工人员在施工前应仔细阅读设备随机配套技术文件，了解送料机构的组成及其工作情况，彻底弄懂其装配示意图、电路图及梯形图等图样，再根据施工任务制订施工计划及方案。

1. 识读设备图样及技术文件

（1）装置简介　送料机构主要起上料作用。其工作流程如图 1-1 所示。

1）起停控制。按下起动按钮，机构起动。按下停止按钮，机构停止工作。

2）送料功能。机构起动后，自动检测物料检测支架上的物料，警示灯绿灯闪烁。若无物料，PLC 便控制送料电动机工作，驱动页扇旋转，物料在页扇推挤下，从放料转盘中移至出料口。当物料检测光电传感器检测到物料时，电动机停止运转。

3）物料报警功能。若送料电动机运行 4s 后，物料检测传感器仍未检测到物料，则说明料盘内已无物料，此时机构停止工作并报警，警示灯红灯闪烁。

图 1-1　送料机构工作流程图

（2）识读机械装配图样　送料机构的部件布局如图 1-2 所示，其功能是将料盘中的物料移至出料口。

1）结构组成。如图 1-3 所示，送料机构由放料转盘、转盘支架、转盘电动机（直流减速电动机）、物料检测光电传感器（出料口检测传感器）和物料检测支架等组成，其中放料转盘固定在转盘支架上，物料检测传感器固定在物料检测支架上。

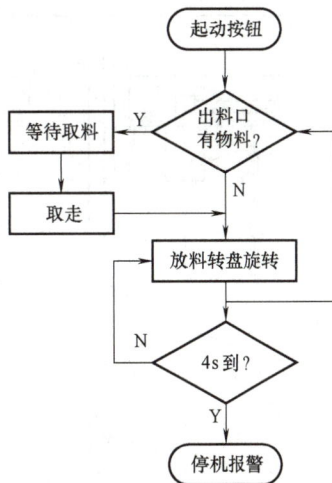

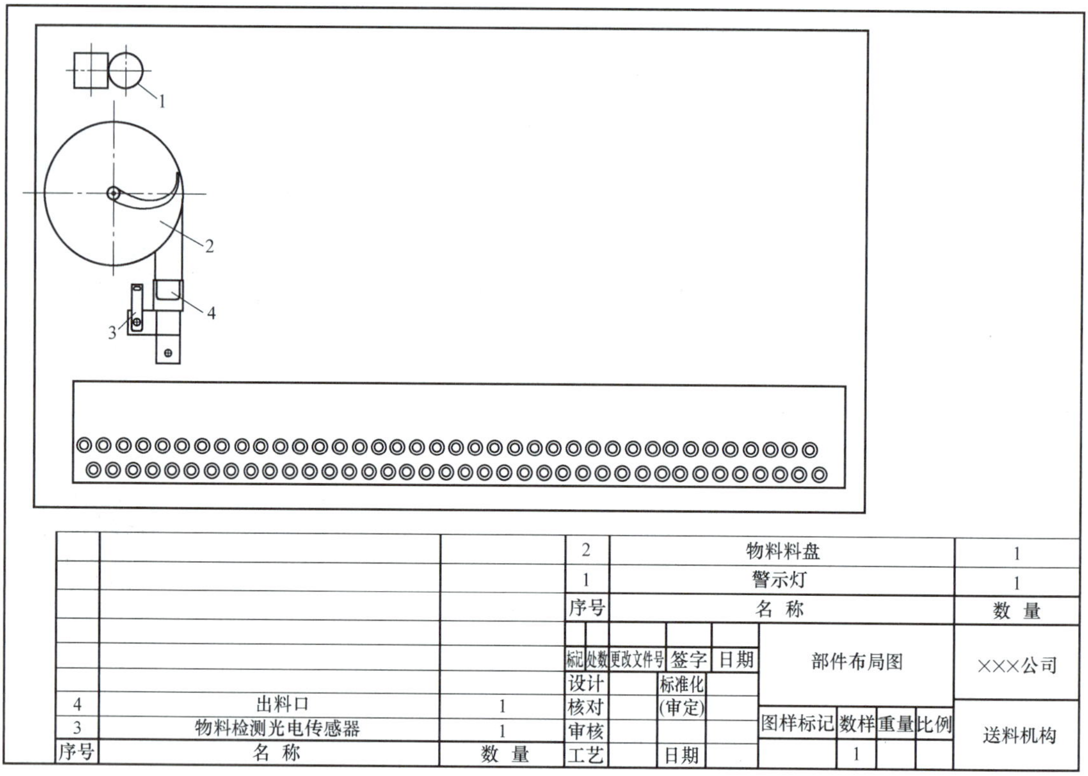
1
2
3
4
2 物料料盘 1
1 警示灯 1
序号 名 称 数 量
标记 处数 更改文件号 签字 日期
部件布局图
×××公司
设计 标准化
核对 (审定)
审核
工艺 日期
图样标记 数样 重量 比例
1
送料机构
4 出料口 1
3 物料检测光电传感器 1
序号 名 称 数 量

图 1-2 送料机构的部件布局图

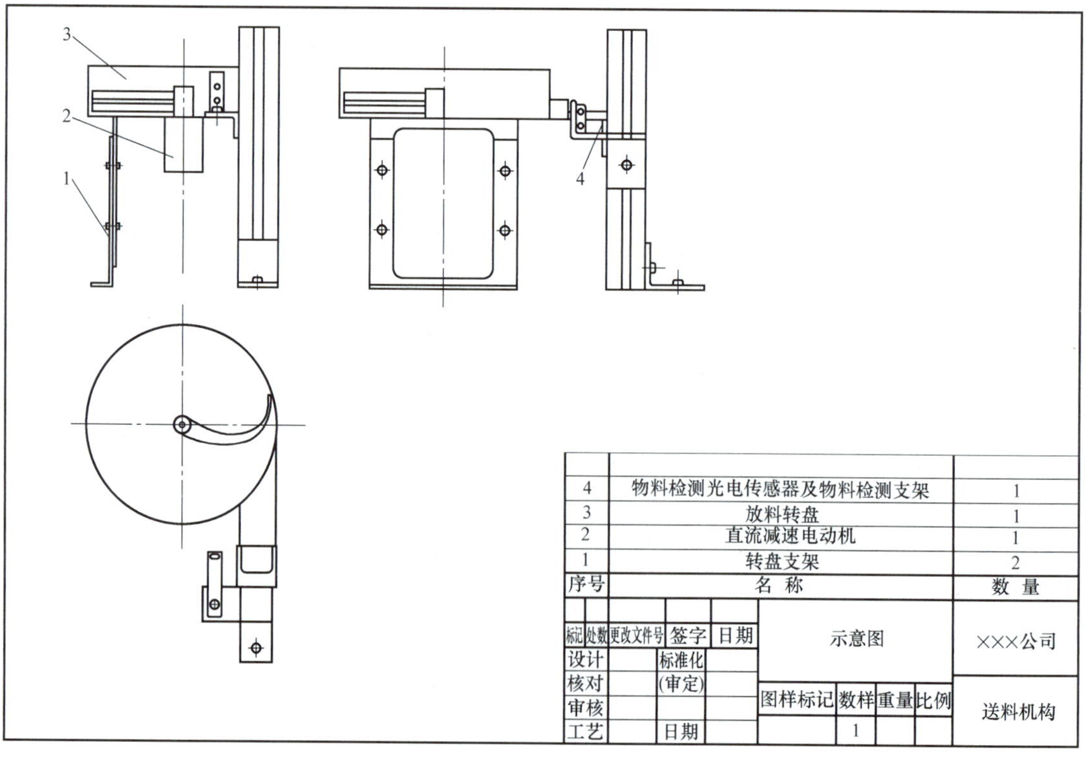
3
2
1
4
4 物料检测光电传感器及物料检测支架 1
3 放料转盘 1
2 直流减速电动机 1
1 转盘支架 2
序号 名 称 数 量
标记 处数 更改文件号 签字 日期
示意图
×××公司
设计 标准化
核对 (审定)
审核
工艺 日期
图样标记 数样 重量 比例
1
送料机构

图 1-3 送料机构示意图

送料机构的实物如图 1-4 所示，放料转盘放置物料，其内部页扇经 24V 直流减速电动机驱动旋转后，便将物料推挤出料盘，滑向出料口，减速电动机的转速为 6r/min。改变转盘支架上下的位置可调整放料转盘的高度。物料检测支架有物料定位功能，并保证每次只上一个物料。

出料口检测使用的传感器为光电漫反射型传感器，是一种光电式接近开关（通常简称为光电开关），此处用途是检测出料口有无物料，为 PLC 提供输入信号。

2）尺寸分析。送料机构各部件的定位尺寸如图 1-5 所示的装配示意图。

图 1-4　送料机构的实物

1—放料转盘　2—转盘支架　3—直流减速电动机
4—物料　5—出料口检测传感器　6—物料检测支架

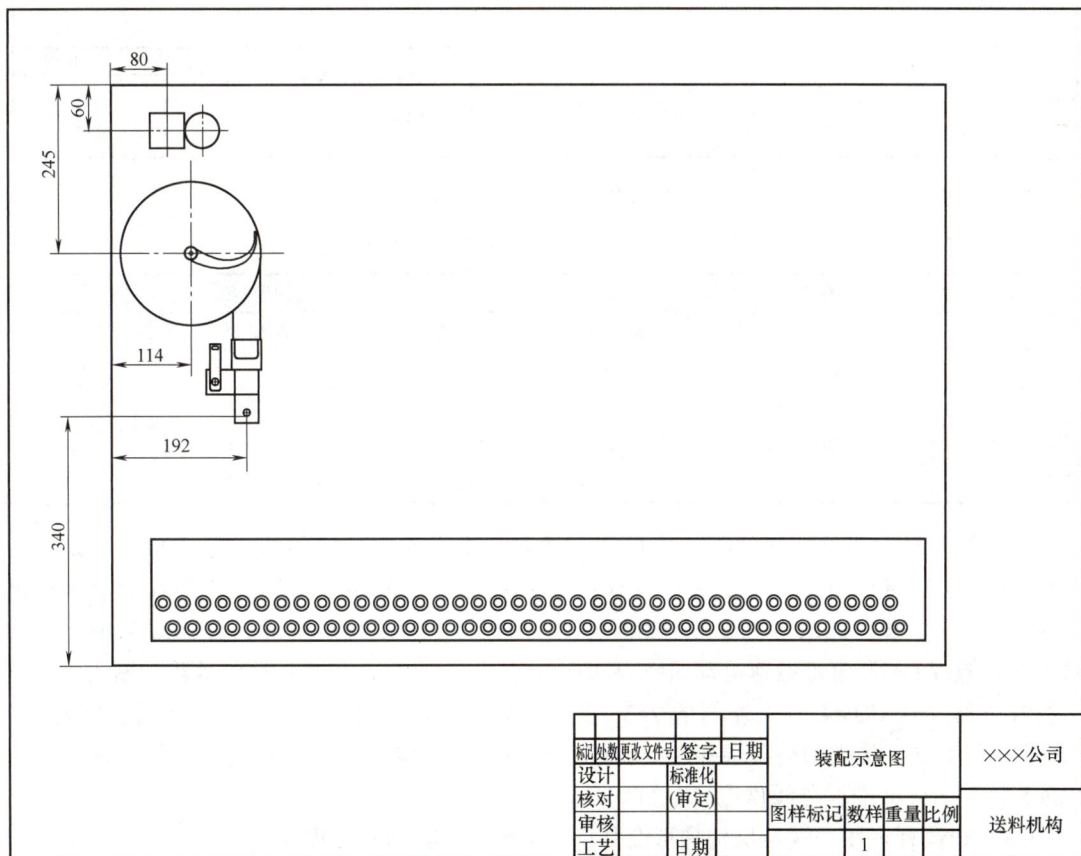

图 1-5　送料机构装配示意图

（3）识读电路图　如图 1-6 所示，送料机构的电气控制以 PLC 为核心，输入起停及物料检测信号，输出信号驱动直流电动机、警示灯和蜂鸣器。

1）PLC 机型。PLC 机型为三菱 FX_{3U}-48MR。

2）I/O 点分配。PLC 输入/输出设备及 I/O 点的分配情况见表 1-1。

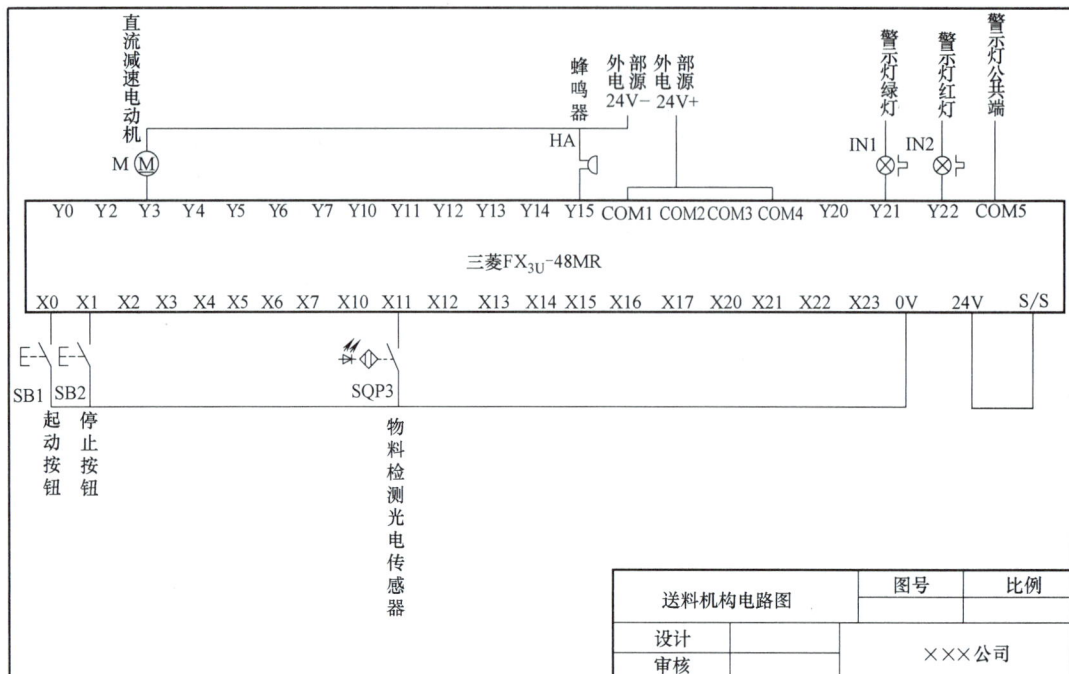

图 1-6　送料机构电路图

表 1-1　PLC 输入/输出设备及 I/O 点分配表

输入			输出		
元件代号	功能	输入点	元件代号	功能	输出点
SB1	起动按钮	X0	M	直流减速电动机	Y3
SB2	停止按钮	X1	HA	蜂鸣器	Y15
SQP3	物料检测光电传感器	X11	IN1	警示灯绿灯	Y21
			IN2	警示灯红灯	Y22

　　3）输入/输出设备连接特点。值得注意的是，本设备中所使用的光电传感器都是三线传感器，它们均有三根引出线，其中一根接 PLC 的输入信号端子，一根接 PLC 的直流输出电源 24V "＋"端（此线由图形符号隐含），第三根接 PLC 的 0V 端子。从 PLC 的输出回路看，输出点 Y3 控制直流减速电动机（从 COM1 引入外部 24V 直流电源）运转，输出点 Y15 控制蜂鸣器（从 COM4 引入外部的 24V 直流电源）发出报警声，输出点 Y21 控制警示灯（绿色线与 COM5 接入的公共端棕色线相连）绿灯闪烁，输出点 Y22 控制警示灯（红色线与 COM5 接入的公共端棕色线相连）红灯闪烁。

　　（4）识读梯形图　送料机构梯形图如图 1-7 所示，其动作过程如下：

　　1）起停控制。按下起动按钮 SB1，起停标志辅助继电器 M1 为 ON，送料机构起动。按下停止按钮 SB2，M1 为 OFF，送料机构停止工作。

　　2）直流减速电动机控制。当 M1 为 ON 时，Y21 为 ON，警示灯绿灯闪烁。若出料口无物料，则物料检测传感器 SQP3 不动作，X11＝OFF，Y3 为 ON，驱动直流减速电动机旋转，页扇挤压物料上料。当物料检测传感器 SQP3 检测到物料时，X11＝ON，Y3 为 OFF，直流减速电动机停转，一次上料结束。

3）报警控制。当 Y3 为 ON 时，报警标志 M2 为 ON 且保持，定时器 T0 开始计时 4s。时间到，若传感器检测不到物料，T0 动作，Y21、Y3 为 OFF，绿灯熄灭，直流减速电动机停转；同时 Y22、Y15 为 ON，警示灯红灯闪烁，蜂鸣器发出报警声。当 SQP3 动作时，报警标志 M2 复位。

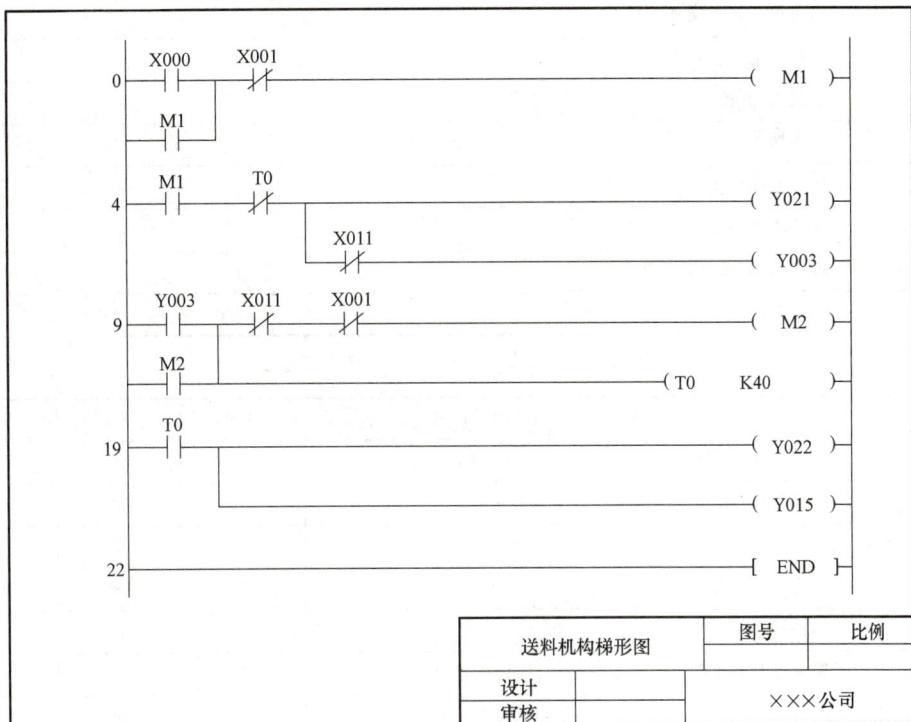

图 1-7 送料机构梯形图

（5）制订施工计划 送料机构的安装与调试流程如图 1-8 所示，施工人员应根据施工任务制订计划，填写施工计划表（见表 1-2），确保在额定时间内完成规定的工作任务。

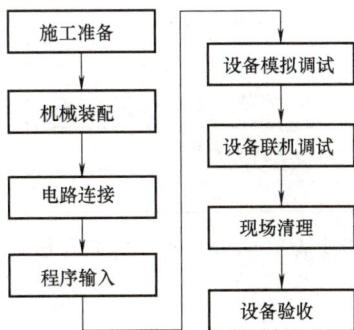

图 1-8 送料机构的安装与调试流程图

2. 施工准备

（1）设备清点 检查送料机构的部件是否齐全，并归类放置。送料机构的部件清单见表 1-3。

表1-2 施工计划表

设备名称	施工日期	总工时/h	施工人数/人		施工负责人	
送料机构						
序号	施工任务		施工人员	工序定额	备注	
1	阅读设备技术文件					
2	机械装配、调整					
3	电路连接、检查					
4	程序输入					
5	设备模拟调试					
6	设备联机调试					
7	现场清理，技术文件整理					
8	设备验收					

表1-3 部件清单

序号	名称	型号规格	数量	单位	备注
1	直流减速电动机	24V	1	台	
2	放料转盘		1	个	
3	转盘支架		2	个	
4	光电传感器	E3Z-LS31	1	只	出料口
5	物料检测支架		1	套	
6	警示灯及其支架	红、绿两色，闪烁	1	套	
7	PLC模块	YL050、FX_{3U}-48MR	1	块	
8	按钮模块	YL157	1	块	
9	电源模块	YL046	1	块	
10	螺钉	不锈钢内六角 M6×12	若干	个	
11		不锈钢内六角 M4×12	若干	个	
12		不锈钢内六角 M3×10	若干	个	
13	螺母	椭圆形螺母 M6	若干	个	
14		M4	若干	个	
15		M3	若干	个	
16	垫圈	$\phi4$	若干	个	

（2）工具清点 设备组装工具清单见表1-4，施工人员应清点工量具的数量，并认真检查其性能是否完好。

表1-4 工具清单

序号	名称	型号、规格	数量	单位
1	工具箱		1	只
2	螺钉旋具	一字、100mm	1	把
3	钟表螺钉旋具		1	套

（续）

序号	名称	型号、规格	数量	单位
4	螺钉旋具	十字、150mm	1	把
5	螺钉旋具	十字、100mm	1	把
6	螺钉旋具	一字、150mm	1	把
7	斜口钳	150mm	1	把
8	尖嘴钳	150mm	1	把
9	剥线钳		1	把
10	内六角扳手(组套)	PM-C9	1	套
11	万用表		1	只

三、任务实施

根据制订的施工计划实施任务，施工中应注意及时调整进度，保证定额。施工时必须严格遵守安全操作规程，采取安全保障措施，以确保人身和设备安全。

1. 机械装配

（1）机械装配前的准备

1）清理现场，保证施工环境干净整洁，施工通道畅通，无安全隐患。

2）备齐机械装配的相关图样，以方便施工时查阅核对。

3）选用机械组装的工具，且有序摆放。

4）根据装配示意图1-5和送料机构示意图1-3合理确定设备组装顺序，参考流程如图1-9所示。

（2）机械装配步骤　根据机械装配流程图1-9组装送料机构。

1）画线定位。根据送料机构装配示意图对物料检测支架、转盘支架、警示灯支架等固定尺寸画线定位。

施工准备 → 画线定位 → 安装放料转盘及其支架 → 安装传感器 → 安装出料口及物料支架 → 机械调整 → 固定警示灯 → 清理台面

图 1-9　机械装配流程图

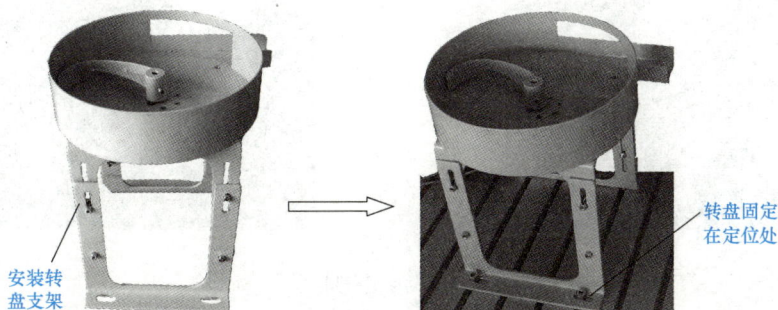

2）安装放料转盘及其支架。如图1-10所示，将放料转盘装好支架后固定在定位处，支架的弯脚应在其外侧。

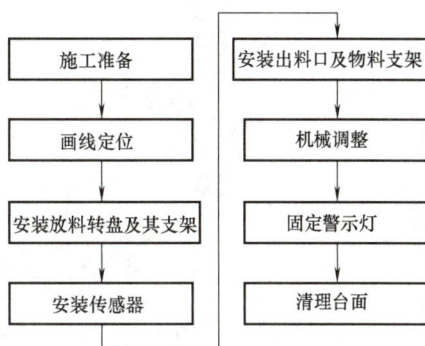

图 1-10　放料转盘的安装过程

3）安装传感器。如图 1-11 所示，将物料检测光电传感器固定在物料检测支架上，固定时应均匀用力，紧固程度适中，防止因用力过猛而损坏传感器。

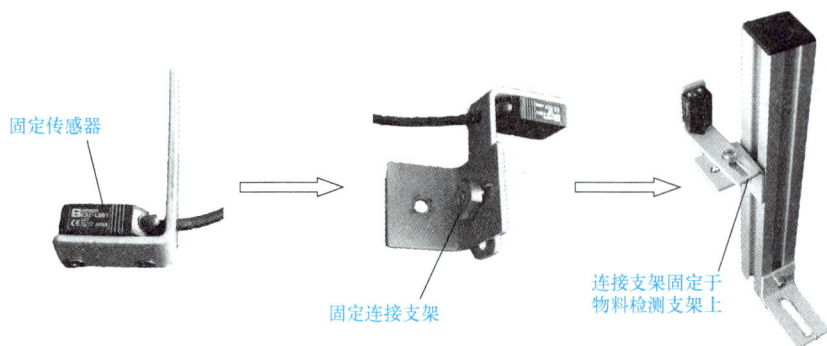

固定传感器

固定连接支架

连接支架固定于
物料检测支架上

图 1-11　物料检测光电传感器的安装过程

4）安装出料口及物料检测支架。如图 1-12 所示，安装出料口并将物料检测支架固定在定位处。

安装出料口

固定物料
检测支架

图 1-12　出料口及物料检测支架的安装过程

5）机械调整。如图 1-13 所示，调整出料口的上下、左右位置，以保证物料滑移平稳，不会产生堆积或翻倒现象。调整完成后将各部件紧固。

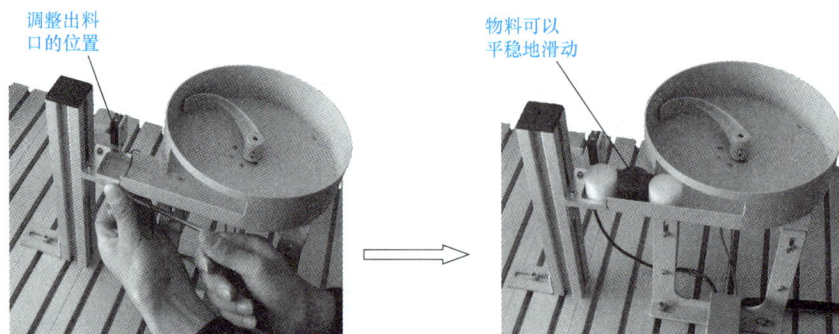

调整出料
口的位置

物料可以
平稳地滑动

图 1-13　调整出料口位置

6）固定警示灯。如图 1-14 所示，将警示灯安装好支架后固定于定位处。

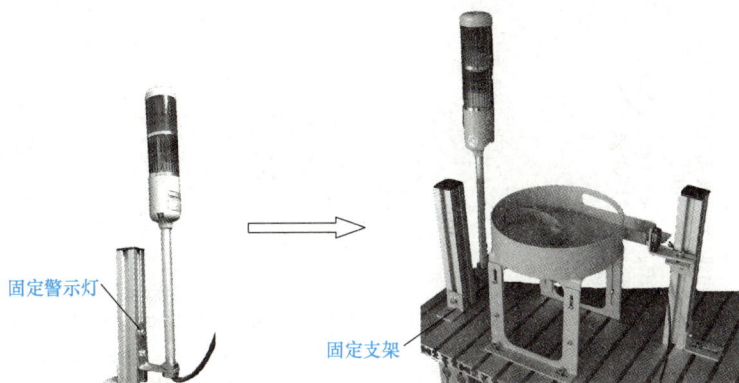

图 1-14 警示灯的安装过程

7) 清理设备台面，保持台面无杂物或多余部件。

2. 电路连接

（1）电路连接前的准备

1) 检查电源是否处于断开状态，做到施工无安全隐患。

2) 备齐电路安装的相关图样，供作业时查阅。

3) 选用电气安装的电工工具，并有序摆放。

4) 剪好线号管。

5) 结合送料机构的实际结构，根据电路图确定电气回路的连接顺序，参考流程如图 1-15 所示。

（2）电路连接步骤　电路连接应符合工艺、安全规范等要求，所有导线要置于线槽内。导线与端子排连接时，应套线号管并及时编号，避免错编、漏编。插入端子排的连接线必须接触良好且紧固。端子接线布置图如图 1-16 所示。

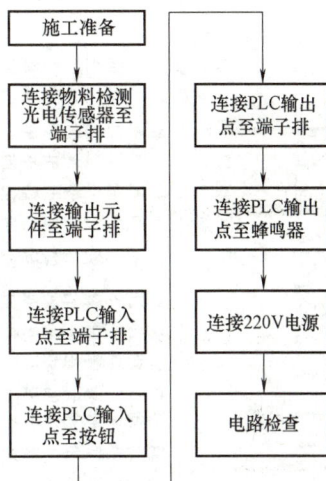

图 1-15 电路连接流程图

1) 连接物料检测光电传感器至端子排。如图 1-17 所示，物料检测光电传感器有三根引出线，其连接方法为黑色线接 PLC 的输入信号端子、棕色线接 PLC 的 24V 电源输出端子、蓝色线接 PLC 的 0V 端子，其连接情况如图 1-18 所示。

图 1-18 中，端子排主要用于外围设备与 PLC 模块、电源模块的连接，其上侧连接电气元件的引出线，下侧是安全插座，方便与模块单元连接。

2) 连接输出元件至端子排。输出元件的引出线都为单芯线。连接时，应做到导线与接线端子紧固，无露铜，线槽外的引出线整齐、美观，如图 1-19 所示。

① 连接转盘电动机（直流减速电动机）。如图 1-20 所示，转盘电动机有两根线，红色线连接其对应的 PLC 输出端子（直流电源 24 V "+"端），蓝色线接直流电源 24V "−"端。

② 连接警示灯。如图 1-21 所示，警示灯有 5 根引出线，其中较粗的两芯扁平线为电源线，其红色线接直流电源 24V "+"端，黑色线接直流电源 24 V "−"端；其余三根线是信号控制线，棕色线为信号控制的公共端，红色线内接红色警示灯，绿色线内接绿色警示灯。

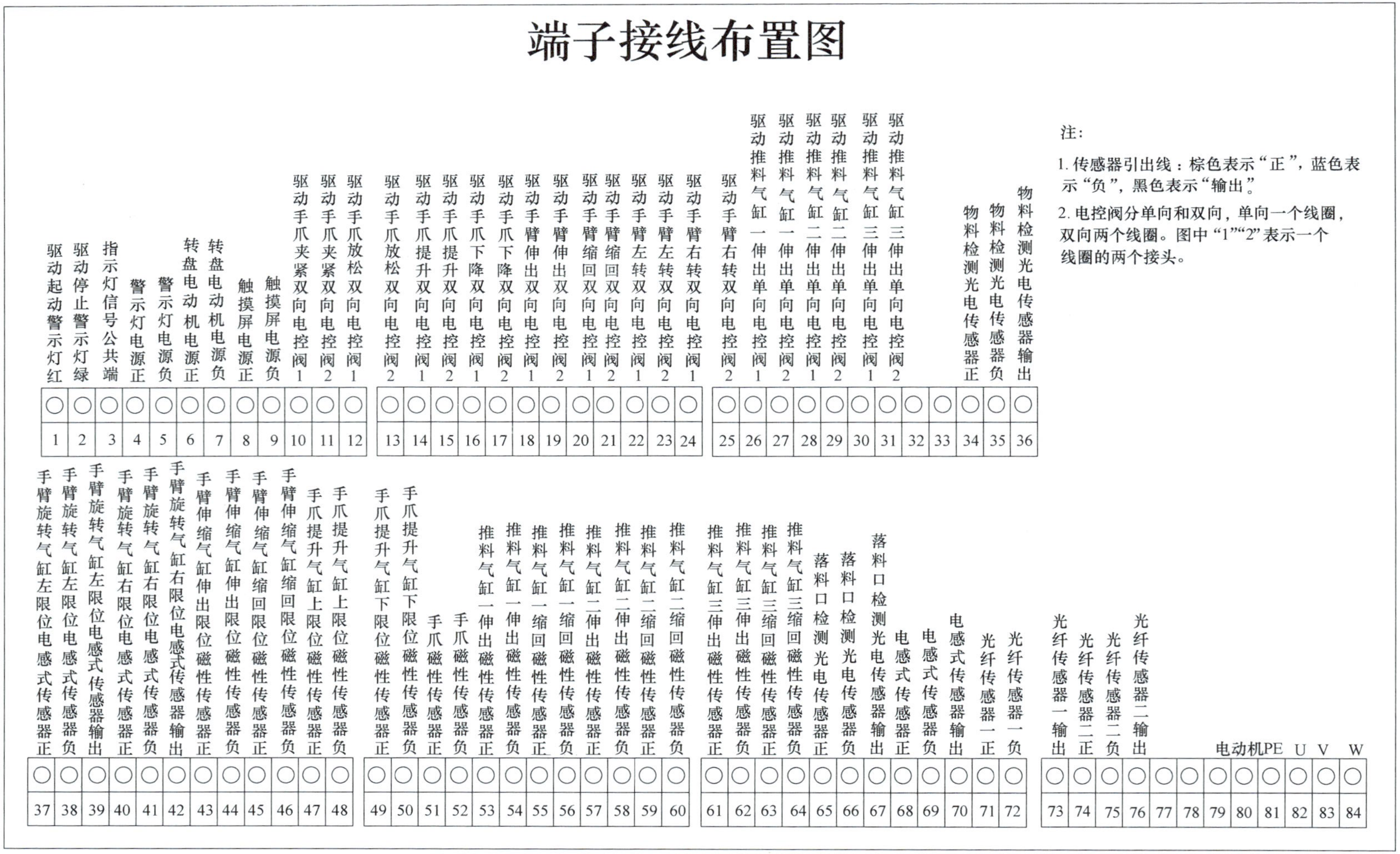

端子接线布置图

注：
1. 传感器引出线：棕色表示"正"，蓝色表示"负"，黑色表示"输出"。
2. 电控阀分单向和双向，单向一个线圈，双向两个线圈。图中"1""2"表示一个线圈的两个接头。

端子号	名称
1	驱动起动警示灯红绿
2	驱动停止警示灯红绿
3	指示灯信号警示灯公共端
4	警示灯电源正
5	警示灯电源负
6	转盘电动机电源正
7	转盘电动机电源负
8	触摸屏电源正
9	触摸屏电源负
10	驱动手爪夹紧双向电控阀1
11	驱动手爪夹紧双向电控阀2
12	驱动手爪放松双向电控阀1
13	驱动手爪放松双向电控阀2
14	驱动手爪提升双向电控阀1
15	驱动手爪提升双向电控阀2
16	驱动手爪下降双向电控阀1
17	驱动手爪下降双向电控阀2
18	驱动手臂伸出双向电控阀1
19	驱动手臂伸出双向电控阀2
20	驱动手臂缩回双向电控阀1
21	驱动手臂缩回双向电控阀2
22	驱动手臂左转双向电控阀1
23	驱动手臂左转双向电控阀2
24	驱动手臂右转双向电控阀1
25	驱动手臂右转双向电控阀2
26	驱动推料气缸一伸出单向电控阀1
27	驱动推料气缸一伸出单向电控阀2
28	驱动推料气缸二伸出单向电控阀1
29	驱动推料气缸二伸出单向电控阀2
30	驱动推料气缸三伸出单向电控阀1
31	驱动推料气缸三伸出单向电控阀2
32	
33	
34	物料检测光电传感器正
35	物料检测光电传感器负
36	物料检测光电传感器输出
37	手臂旋转气缸左限位电感式传感器正
38	手臂旋转气缸左限位电感式传感器负
39	手臂旋转气缸左限位电感式传感器输出
40	手臂旋转气缸右限位电感式传感器正
41	手臂旋转气缸右限位电感式传感器负
42	手臂旋转气缸右限位电感式传感器输出
43	手臂伸缩气缸伸出限位磁性传感器正
44	手臂伸缩气缸伸出限位磁性传感器负
45	手臂伸缩气缸缩回限位磁性传感器正
46	手臂伸缩气缸缩回限位磁性传感器负
47	手爪提升气缸上限位磁性传感器正
48	手爪提升气缸上限位磁性传感器负
49	手爪提升气缸下限位磁性传感器正
50	手爪提升气缸下限位磁性传感器负
51	推料气缸一伸出磁性传感器正
52	推料气缸一伸出磁性传感器负
53	推料气缸一缩回磁性传感器正
54	推料气缸一缩回磁性传感器负
55	推料气缸二伸出磁性传感器正
56	推料气缸二伸出磁性传感器负
57	推料气缸二缩回磁性传感器正
58	推料气缸二缩回磁性传感器负
59	推料气缸三伸出磁性传感器正
60	推料气缸三伸出磁性传感器负
61	推料气缸三缩回磁性传感器正
62	推料气缸三缩回磁性传感器负
63	落料口检测光电传感器正
64	落料口检测光电传感器负
65	落料口检测光电传感器输出
66	电感式传感器正
67	电感式传感器负
68	电感式传感器输出
69	光纤传感器一正
70	光纤传感器一负
71	光纤传感器一输出
72	光纤传感器二正
73	光纤传感器一输出
74	光纤传感器二正
75	光纤传感器二负
76	光纤传感器二输出
77	电动机
78	电动机
79	电动机 PE
80	电动机
81	电动机
82	电动机 U
83	电动机 V
84	电动机 W

图1-16　端子接线布置图

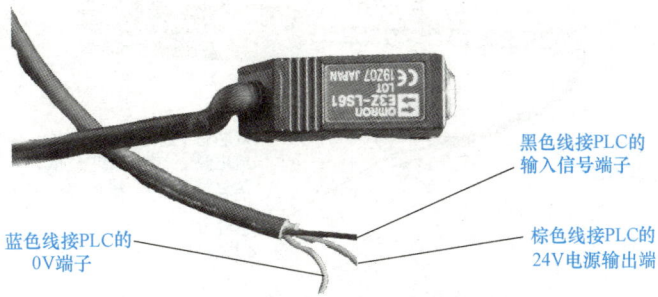

黑色线接PLC的
输入信号端子

蓝色线接PLC的
0V端子

棕色线接PLC的
24V电源输出端

图 1-17　物料检测光电传感器

安全插座
用于模块
的连接

接线端子用
于输入输出
设备的连接

图 1-18　传感器的连接

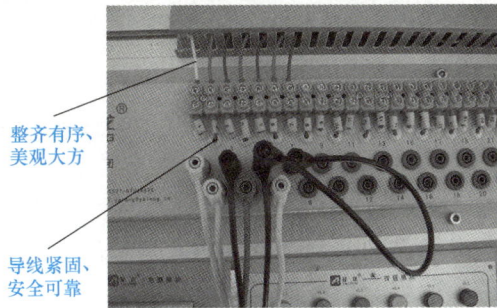

整齐有序、
美观大方

导线紧固、
安全可靠

图 1-19　输出元件的连接

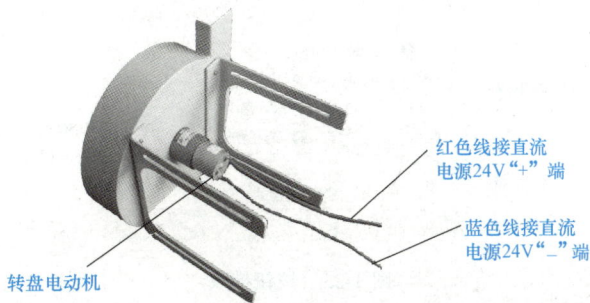

红色线接直流
电源24V"+"端

蓝色线接直流
电源24V"-"端

转盘电动机

图 1-20　直流减速电动机

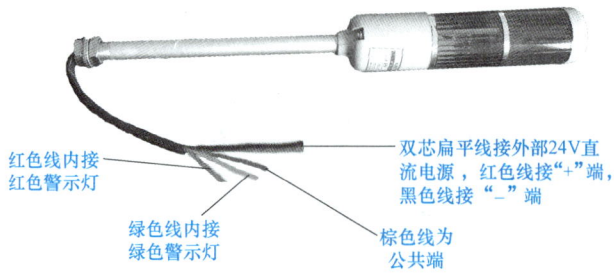

红色线内接
红色警示灯

双芯扁平线接外部24V直
流电源，红色线接"+"端，
黑色线接"—"端

绿色线内接
绿色警示灯

棕色线为
公共端

图 1-21　警示灯

3）连接 PLC 的输入端子至端子排。如图 1-22 所示，YL-235A 型光机电设备的 PLC 模块（三菱机型）右侧部分是输入部分，设置的钮子开关可用于模拟调试 PLC 程序。

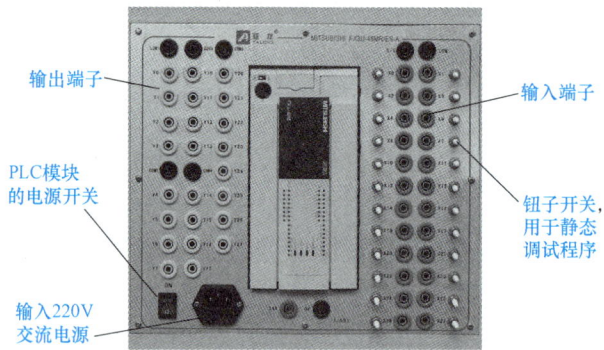

输出端子

PLC模块
的电源开关

输入220V
交流电源

输入端子

钮子开关，
用于静态
调试程序

图 1-22　PLC 模块

PLC 模块采用安全插座连接，连接时应将安全插头完全置于插座内，以保证两者有效接触，避免出现电路开路现象。传感器与 PLC 连接时，应看清三线的颜色，确保连接正确，避免烧坏传感器。

4）连接 PLC 的输入端子至按钮模块。如图 1-23 所示，YL-235A 型光机电设备设有按钮模块，根据电路图将起动、停止按钮与其对应的 PLC 输入信号端子连接。

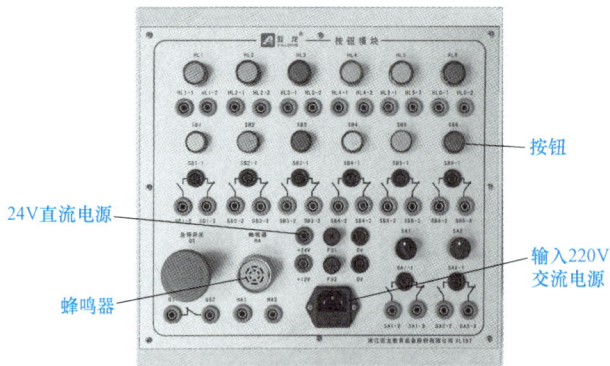

24V直流电源

蜂鸣器

按钮

输入220V
交流电源

图 1-23　按钮模块

5）连接 PLC 的输出端子至端子排。如图 1-22 所示，PLC 的左侧部分是输出部分，三菱 FX_{3U}-48MR 型 PLC 共有 5 组输出端子，其中 Y0～Y3 公用 COM1、Y4～Y7 公用 COM2、

Y10~Y13 公用 COM3、Y14~Y17 公用 COM4、Y20~Y27 公用 COM5。

依据图 1-6 所示设备电路图，Y21 接警示灯的绿色线，Y22 接警示灯的红色线，COM5 接警示灯的棕色线；对于转盘电动机回路，红色线接 Y3，黑色线接外部直流电源的 24V "−"，而 COM1 和 COM4 则需短接后与外部直流电源的 24V "+"连接（负载电源暂时开路，待 PLC 模拟调试成功后连接）。如图 1-23 所示，按钮模块内置 24V 直流电源，专为外部设备供电。

6）连接 PLC 的输出端子 Y15 至蜂鸣器。

7）连接电源模块中的单相电源至 PLC 模块。如图 1-24 所示，电源模块提供一组三相电源和两个单相电源，单相电源供 PLC 模块和按钮模块使用。

8）电路检查。对照电路图检查是否掉线、错线，是否漏编、错编，接线是否牢固等。

9）清理设备台面，工具入箱。

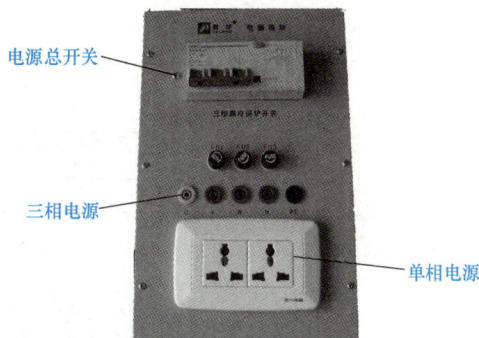

图 1-24　电源模块

3. 程序输入

YL-235A 型光机电设备（三菱模块）随机光盘提供一种 PLC 编程软件：GX Developer 编程软件。启动三菱 PLC 编程软件，输入图 1-7 所示的梯形图程序。

1）启动三菱 PLC 编程软件。

2）创建新文件，选择 PLC 类型。

3）输入程序。

4）转换梯形图。

5）保存文件。

4. 设备调试

为确保调试工作的顺利进行，避免事故的发生，施工人员必须进一步确认设备机械组装及电路安装的正确性、安全性，做好设备调试前的各项准备工作。

（1）设备调试前的准备

1）清扫设备上的杂物，保证无设备之外的金属物。

2）检查机械部分动作是否完全正常。

3）检查电路连接的正确性，严禁出现短路现象，特别是要加强传感器接线的检查，以避免因接线错误而烧毁传感器。

4）如图 1-25 所示，细化设备调试流程，理清设备调试步骤，保证设备的安全性。

（2）模拟调试

1）PLC 静态调试。

① 连接计算机与 PLC。如图 1-26 所示，用 SC-09 编程线缆连接计算机的串行接口与 PLC 的编程接口。SC-09 编程线缆具有 RS-232/RS-422 通信转化功能。

② 确认 PLC 输出负载回路电源处于断开状态。

③ 合上断路器，给设备供电。

④ 将 PLC 的 RUN/STOP 开关置于"STOP"位置，写入程序。

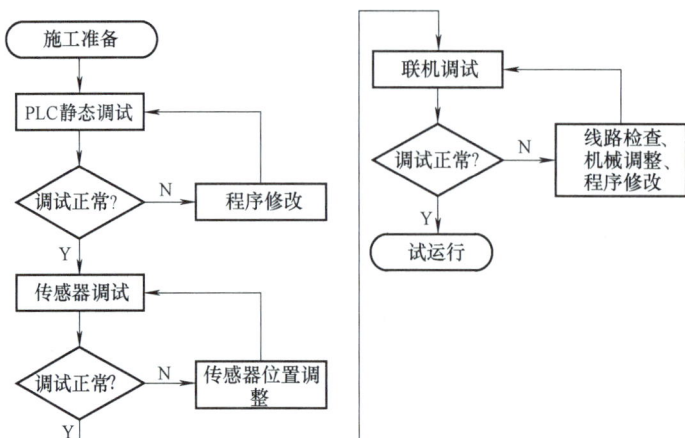

图 1-25　设备调试流程图

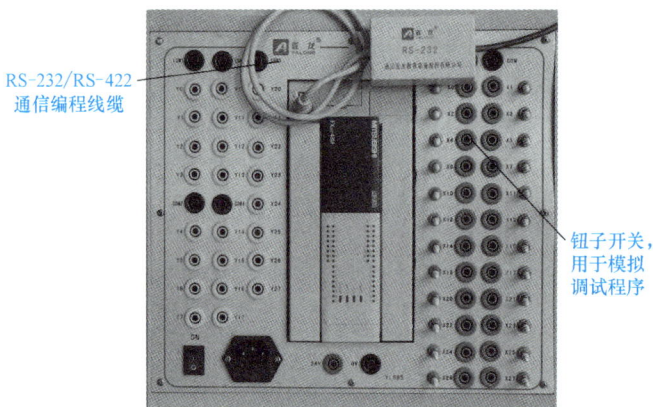

RS-232/RS-422
通信编程线缆

钮子开关，
用于模拟
调试程序

图 1-26　计算机与 PLC 的连接

⑤ 将 PLC 的 RUN/STOP 开关置于"RUN"位置，按表 1-5 用 PLC 模块上的钮子开关模拟调试程序，观察 PLC 输出指示灯的动作情况。

⑥ 将 PLC 的 RUN/STOP 开关置于"STOP"位置。

⑦ 复位 PLC 模块上的钮子开关。

表 1-5　PLC 静态调试记载表

步骤	操作任务	观察任务		备注
		正确结果	观察结果	
1	按下起动按钮 SB1	Y21 指示灯点亮		警示灯绿灯闪烁
		Y3 指示灯点亮		电动机旋转，上料
2	X11 在 4s 后仍不动作	Y21 指示灯熄灭		4s 后无料，红灯闪烁，停机报警
		Y3 指示灯熄灭		
		Y22 指示灯点亮		
		Y15 指示灯点亮		
3	动作 X11 钮子开关	Y21 指示灯点亮		出料口有料，等待取料

（续）

步骤	操作任务	观察任务		备注
		正确结果	观察结果	
4	复位 X11 钮子开关	Y21 指示灯点亮		电动机旋转,上料
		Y3 指示灯点亮		
5	动作 X11 钮子开关	Y21 指示灯点亮		出料口有料,等待取料
		Y3 指示灯熄灭		
6	按下停止按钮 SB2	Y21 指示灯熄灭		机构停止

2）传感器调试。出料口放置物料，观察 PLC 的输入指示灯状态，若能点亮，说明光电传感器及其位置正常；若不能点亮，则需调整传感器的位置、调节光线漫反射灵敏度或检查传感器及其线路的好坏。传感器的位置调整如图 1-27 所示。

（3）联机调试 模拟调试正常后，接通 PLC 输出负载的电源回路，进入联机调试阶段。此阶段要求施工人员认真观察设备的动作情况，若出现问题，应立即解决或切断电源，避免扩大故障范围。必须提醒的是，若程序有误，可能会使直流电动机处于连续运转状态，这将直接导致物料挤压支架或其他部件而损坏。送料机构如图 1-28 所示。

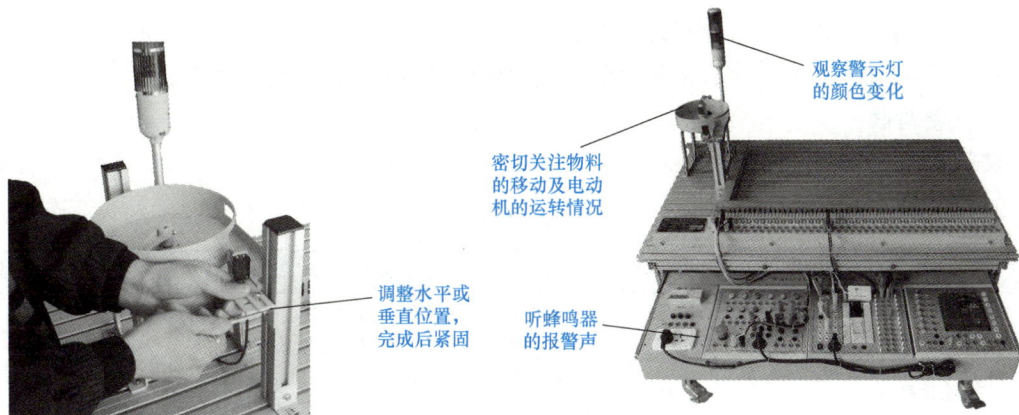

图 1-27 传感器的位置调整

图 1-28 送料机构

表 1-6 为联机调试的正确结果，若调试中有与之不符的情况，施工人员应首先根据现场情况，判断是否需要切断电源，在分析、判断故障形成的原因（机械、电气或程序问题）的基础上，进行检修、调试，直至机构完全实现功能。

表 1-6 联机调试结果一览表

步骤	操作过程	设备实现的功能	备注
1	按下起动按钮 SB1 （出料口无物料）	绿灯闪烁	送料
		电动机旋转	
2	4s 后出料口无料	绿灯熄灭	停机报警
		红灯闪烁	
		电动机停转	
		发出报警声	

（续）

步骤	操作过程	设备实现的功能	备注
3	给出料口加物料	绿灯闪烁	等待取料
4	取走出料口的物料	绿灯闪烁	送料
		电动机旋转	
5	出料口有物料	绿灯闪烁	等待取料
		电动机停转	
6	按下停止按钮 SB2	绿灯熄灭	机构停止工作

（4）试运行　施工人员操作送料机构，运行、观察一段时间，确保设备稳定可靠运行。

5. 现场清理

设备调试完毕，要求施工人员清点工量具、归类整理资料、清扫现场卫生，并填写设备安装登记表。

1）清点工量具。对照工量具清单清点工量具，并按要求装入工具箱。

2）资料整理。整理归类技术说明书、电气元件明细表、施工计划表、设备电路图、梯形图、安装图等资料。

3）清扫设备周围卫生，保持环境整洁。

4）填写设备安装登记表，记录设备调试过程中出现的问题及解决的办法。

6. 设备验收

设备质量验收见表1-7。

表 1-7　设备质量验收表

验收项目及要求		配分	配分标准	扣分	得分	备注
设备组装	1. 设备部件安装可靠，各部件位置衔接准确 2. 电路安装正确，接线规范	35分	1. 部件安装位置错误，每处扣2分 2. 部件衔接不到位、零件松动，每处扣2分 3. 电路连接错误，每处扣2分 4. 导线反圈、压皮、松动，每处扣2分 5. 错、漏编号，每处扣1分 6. 导线未入线槽、布线凌乱，每处扣2分			
设备功能	1. 设备起停正常 2. 警示灯动作及报警正常 3. 送料功能正常	60分	1. 设备未按要求起动或停止，每处扣10分 2. 警示灯未按要求动作，每处扣10分 3. 驱动放料转盘的电动机未按要求旋转，扣20分 4. 送料不准确或未按要求送料，扣10分			
设备附件	资料齐全，归类有序	5分	1. 设备组装图缺少，每份扣2分 2. 电路图、梯形图缺少，每份扣2分 3. 技术说明书、工具明细表、元件明细表缺少，每份扣2分			
安全生产	1. 自觉遵守安全文明生产规程 2. 保持现场干净整洁，工具摆放有序		1. 漏接接地线，每处扣5分 2. 每违反一项规定，扣3分 3. 发生安全事故，扣10分 4. 现场凌乱、乱放工具、乱丢杂物、完成任务后不清理现场，扣5分			

（续）

	验收项目及要求	配分	配分标准	扣分	得分	备注
时间	3h		1. 提前正确完成,每提前 5min 加 5 分 2. 超过定额时间,每超时 5min 扣 2 分			
开始时间:			结束时间:		实际时间:	

四、设备改造

送料机构的改造。改造要求及任务如下:

（1）功能要求

1）送料功能。起动后,机构开始检测物料支架上的物料,警示灯绿灯闪烁。若无物料,PLC 便起动送料电动机,驱动页扇旋转,物料在页扇推挤下,从放料转盘中移至出料口。当物料检测传感器检测到物料时,电动机停止旋转。

2）物料报警功能。若送料电动机运行 10s 后,物料检测传感器仍未检测到物料,则说明料盘内已无物料,此时机构停止工作并报警,警示灯红灯闪烁。

3）当物料被取走 10 个时,要求打包,打包指示灯点亮,20s 后开始新的工作循环。

（2）技术要求

1）机构的起停控制要求:

①按下起动按钮,上料机构开始工作。

②按下停止按钮,上料机构必须完成当前循环后停止。

③按下急停按钮,机构立即停止工作。

2）电源要有信号指示灯,电气线路的设计符合工艺要求、安全规范。

（3）工作任务

1）按机构要求画出电路图。

2）按机构要求编写 PLC 控制程序。

3）改装送料机构实现功能。

4）绘制设备装配示意图。

项目二

机械手搬运机构的安装与调试

一、施工任务

1. 根据设备装配示意图组装机械手搬运机构。
2. 按照设备电路图连接机械手搬运机构的电气回路。
3. 按照设备气路图连接机械手搬运机构的气动回路。
4. 输入设备控制程序，调试机械手搬运机构实现功能。

二、施工前准备

机械手搬运机构为 YL-235A 型光机电设备的第二站（本项目对 YL-235A 型光机电设备的机械手释放物料的去处作了适当修改，变传送带的落料口为料盘），其结构部件相对比较复杂，施工前应仔细阅读设备随机技术文件，了解机械手搬运机构的组成及其动作情况，看懂机械手机构的装配示意图、电路图、气动回路图及梯形图等图样，然后根据施工任务制订施工计划、施工方案等。

1. 识读设备图样及技术文件

（1）装置简介 机械手是一种在程序控制下模仿人手进行自动抓取物料、搬运物料的装置，它通过四个自由度的动作完成物料搬运的工作。如图 2-1 所示，在气压控制下它能实现以下功能：

1）复位功能。PLC 上电，机械手手爪放松、上升，手臂缩回、左旋至左侧限位处停止。

2）起停控制。机械手复位后，按下起动按钮，机构起动。按下停止按钮，机构完成当前工作循环后停止。

3）搬运功能。起动后，若加料站出料口有物料，气动机械手臂伸出→到位后提升臂伸出，手爪下降→到位后，手爪抓物夹紧 1s→时间到，提升臂缩回，手爪上升→到位后机械手臂缩回→到位后机械手臂向右旋转→至右侧限位处，定时 2s 后手臂伸出→到位后提升臂伸出，

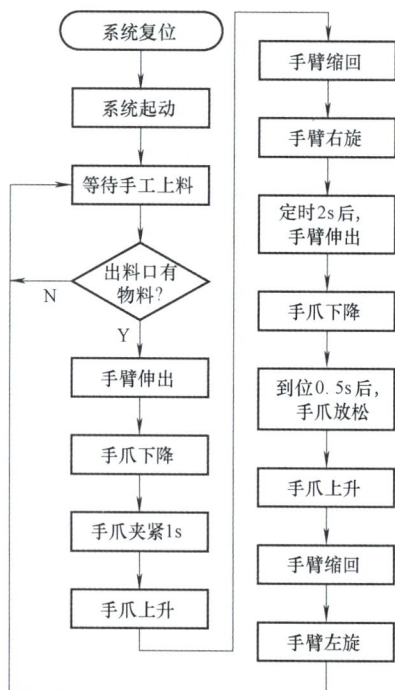

图 2-1 机械手搬运机构动作流程图

（流程图文字：
系统复位 → 系统起动 → 等待手工上料 → 出料口有物料？
N → 返回等待手工上料
Y → 手臂伸出 → 手爪下降 → 手爪夹紧1s → 手爪上升
→ 手臂缩回 → 手臂右旋 → 定时2s后，手臂伸出 → 手爪下降 → 到位0.5s后，手爪放松 → 手爪上升 → 手臂缩回 → 手臂左旋）

手爪下降→到位后定时 0.5s，手爪放松、释放物料→手爪放松到位后，提升臂缩回，手爪上升→到位后机械手臂缩回→到位后机械手臂向左旋转至左侧限位处，等待物料开始新的工作循环。

（2）识读装配示意图　机械手搬运机构的设备布局如图 2-2 所示，其功能是准确无误地将加料站出料口的物料搬运至物料料盘内，这就要求机械手与两者之间的衔接紧密，安装尺寸误差要小，且前后部件配合良好。施工前，施工人员应认真阅读机械手结构示意图图 2-3，了解各部分的组成及其用途。

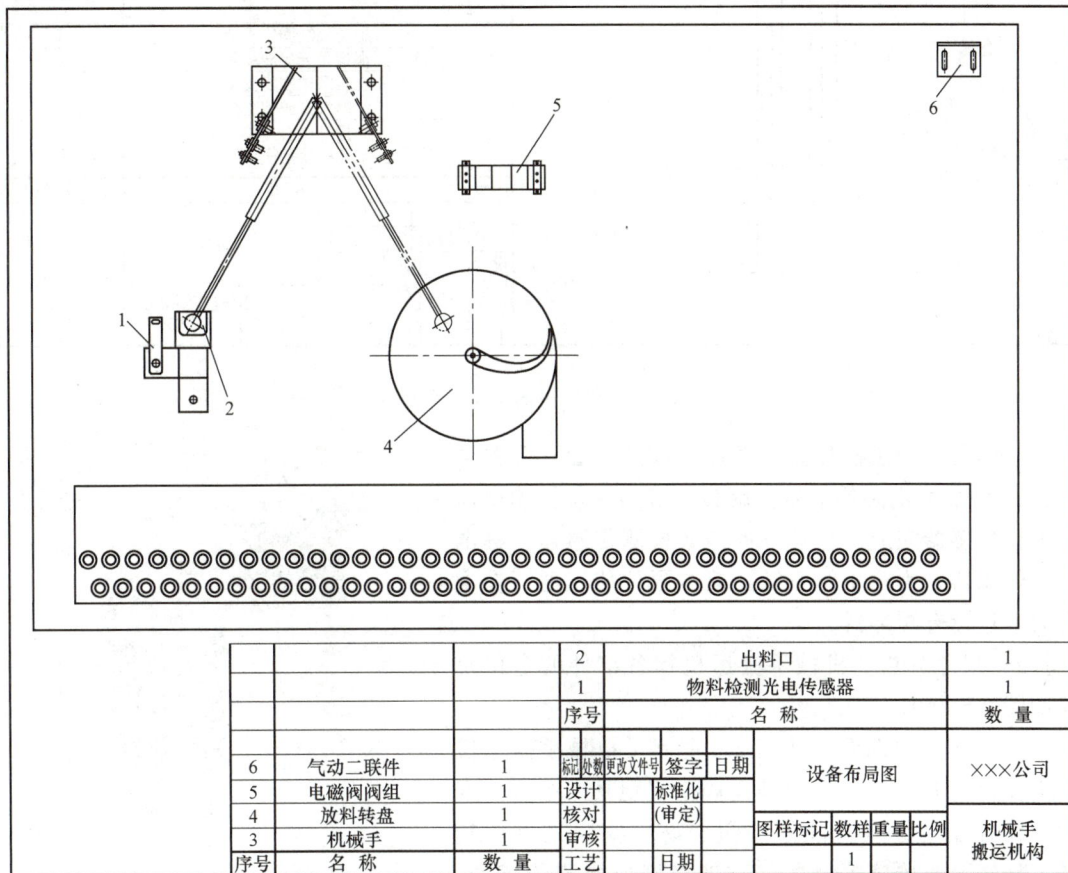

6	气动二联件	1	标记	处数	更改文件号	签字	日期	设备布局图		×××公司
5	电磁阀阀组	1	设计			标准化				
4	放料转盘	1	核对			(审定)				
3	机械手	1	审核					图样标记	数样	重量	比例	机械手搬运机构
序号	名 称	数量	工艺			日期				

图 2-2　机械手搬运机构的设备布局图

1）结构组成。机械手搬运机构由气动手爪部件、提升气缸部件、手臂伸缩气缸（简称伸缩气缸）部件、旋转气缸部件及固定支架等组成。这些部件实现了机械手的四个自由度的动作：手爪松紧、手爪上下、手臂伸缩和手臂左右旋转。具体表现为手爪气缸张开即机械手松开，手爪气缸夹紧即机械手夹紧；提升气缸活塞杆伸出即手爪下降，提升气缸活塞杆缩回即手爪上升；伸缩气缸活塞杆伸出即手臂前伸，伸缩气缸活塞杆缩回即手臂后缩，旋转气缸左旋即手臂左旋，旋转气缸右旋即手臂右旋。

为了控制气动回路中的气体流量，在每一个气缸的气管连接处都设有节流阀，以调节机械手各个方向的运动速度。

图 2-4 所示为机械手的实物图，气动手爪、提升气缸和伸缩气缸上均有到位检测传感

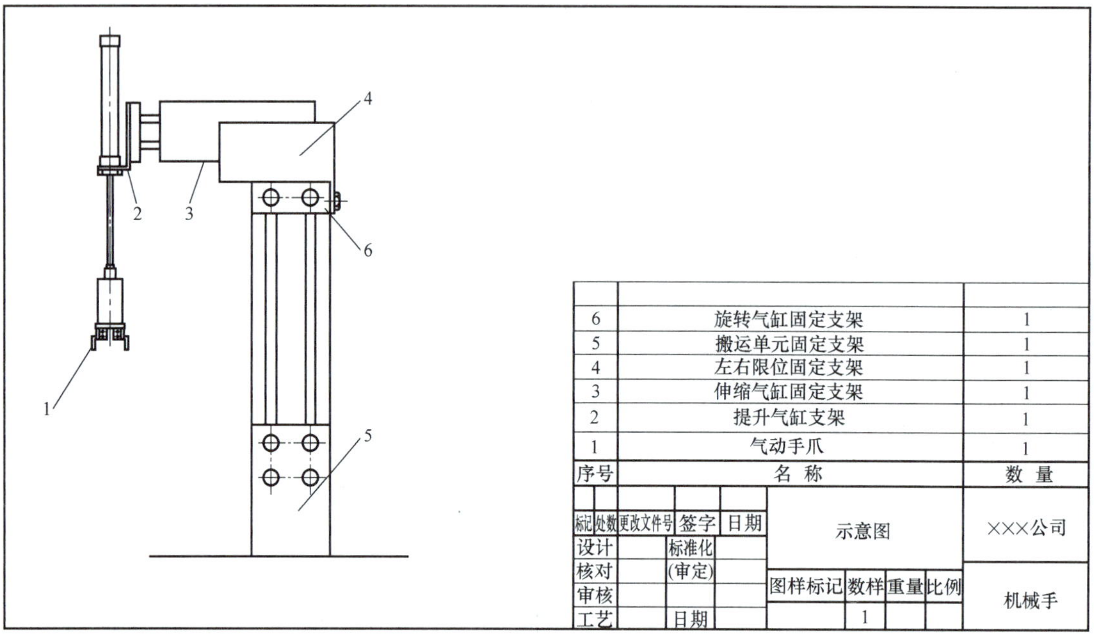

6	旋转气缸固定支架	1
5	搬运单元固定支架	1
4	左右限位固定支架	1
3	伸缩气缸固定支架	1
2	提升气缸支架	1
1	气动手爪	1
序号	名　称	数　量

图 2-3　机械手的结构示意图

器，它们是一种磁性开关，气缸动作到位后，开关动作，给 PLC 发出到位信号。旋转气缸的到位检测由左右限位传感器完成，它是一种金属检测传感器，称电感式传感器。为防止伸缩气缸撞击限位传感器，在主支架上还设有缓冲器。

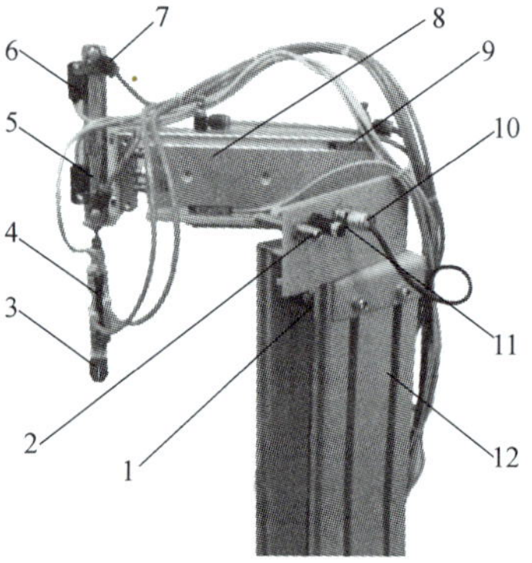

图 2-4　机械手的实物图

1—旋转气缸　2—非标螺钉　3—气动手爪　4—手爪传感器　5—提升气缸　6—手爪升降限位传感器　7—节流阀　8—伸缩气缸　9—手臂伸缩限位传感器　10—左右限位传感器　11—缓冲器　12—主支架

2）尺寸分析。机械手搬运机构各部件的定位尺寸如图 2-5 所示。

（3）识读电路图　如图 2-6 所示，机械手搬运机构主要通过 PLC 驱动电磁换向阀来实现其四个自由度的动作控制。输入为起停按钮、物料检测光电传感器、旋转限位传感器及各气缸伸缩到位检测传感器，输出为驱动电磁换向阀的线圈。

1）PLC 机型。PLC 机型为三菱 FX_{3U}-48MR。

2）I/O 点分配。PLC 输入/输出设备及 I/O 点的分配情况见表 2-1。

3）输入/输出设备连接特点。气动手爪夹紧放松检测传感器、手臂伸缩到位检测传感器、手爪升降限位检测传感器均为两线磁性传感器（也称磁性开关）。手臂旋转限位检测使用的是三线电感式传感器（也称电感式接近开关），其中一根线接 PLC 的输入信号端子，一根线接 PLC 的直流电源 24V"+"端（此线由图形符号隐含），还有一根线接 PLC 的 0V 端子。

PLC 的输出负载均为电磁换向阀的线圈。

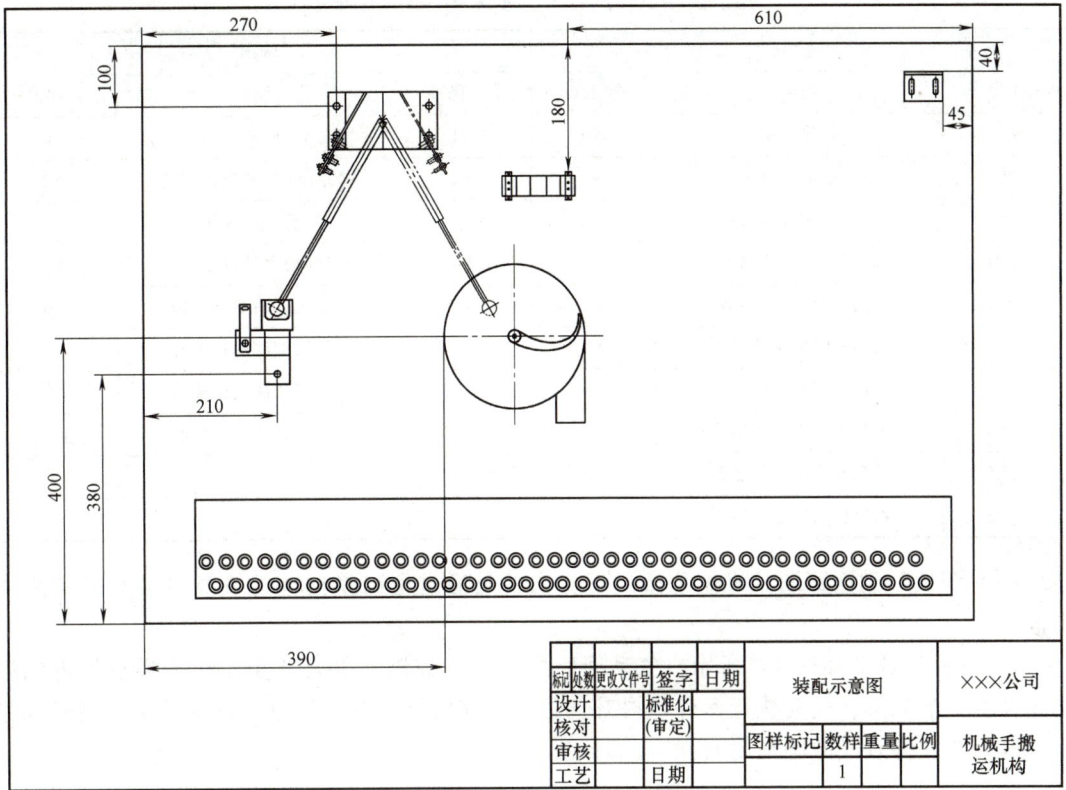

图2-5 机械手搬运机构装配示意图

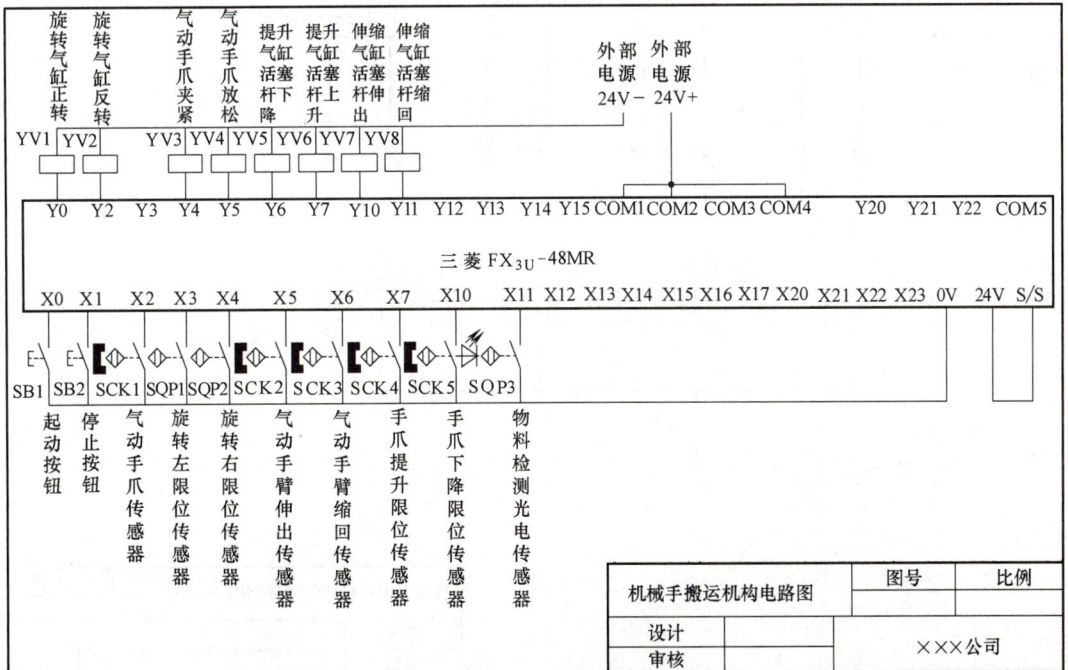

图2-6 机械手搬运机构电路图

表 2-1　PLC 输入/输出设备及 I/O 点分配表

输入			输出		
元件代号	功能	输入点	元件代号	功能	输出点
SB1	起动按钮	X0	YV1	手臂右旋（旋转气缸正转）	Y0
SB2	停止按钮	X1	YV2	手臂左旋（旋转气缸反转）	Y2
SCK1	气动手爪传感器	X2	YV3	气动手爪夹紧	Y4
SQP1	旋转左限位传感器	X3	YV4	气动手爪放松	Y5
SQP2	旋转右限位传感器	X4	YV5	提升气缸活塞杆下降	Y6
SCK2	气动手臂伸出传感器	X5	YV6	提升气缸活塞杆上升	Y7
SCK3	气动手臂缩回传感器	X6	YV7	伸缩气缸活塞杆伸出	Y10
SCK4	手爪提升限位传感器	X7	YV8	伸缩气缸活塞杆缩回	Y11
SCK5	手爪下降限位传感器	X10			
SQP3	物料检测光电传感器	X11			

（4）识读气动回路图　机械手搬运工作主要是通过电磁换向阀改变气缸运动方向来实现的。

1）气路组成。如图 2-7 所示，气动回路中的气动控制元件是 4 个二位五通双控电磁换向阀及 8 个节流阀；气动执行元件是提升气缸、伸缩气缸、旋转气缸及气动手爪；同时气路配有气动二联件及气源等辅助元件。

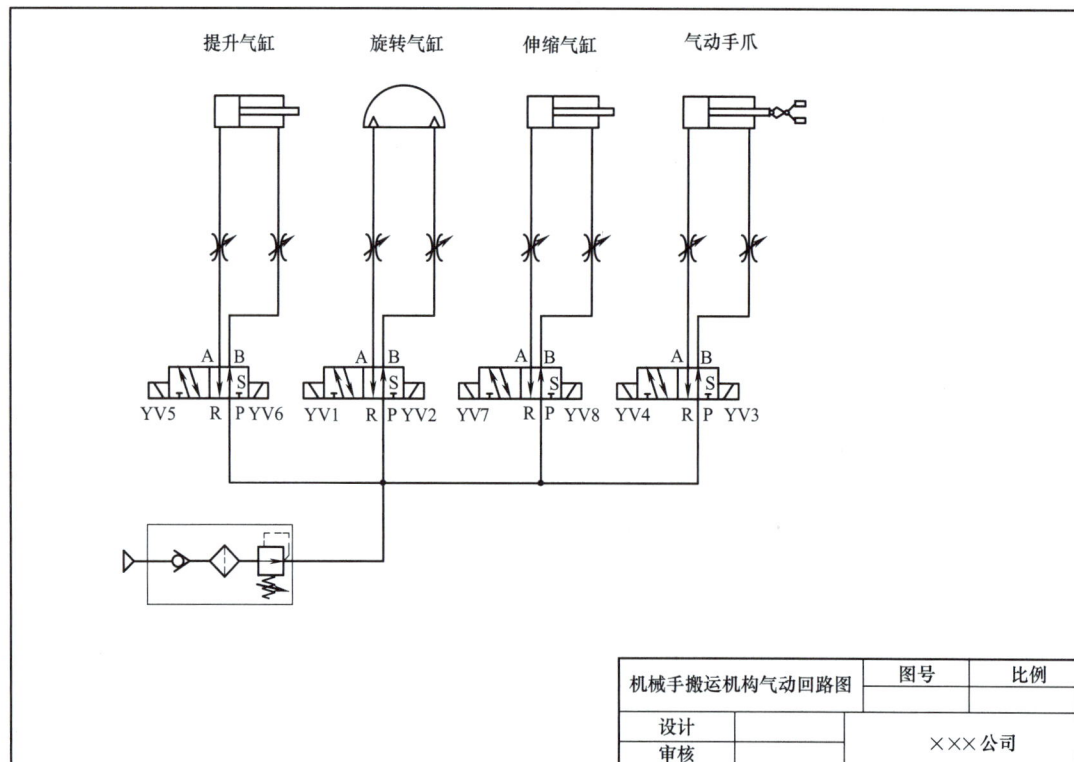

图 2-7　机械手搬运机构气动回路图

2）工作原理。机械手搬运机构气动回路的动作原理见表 2-2。

若 YV1 得电、YV2 失电，电磁换向阀 A 口出气、B 口回气，从而控制旋转气缸正转，手臂右旋；若 YV1 失电、YV2 得电，电磁换向阀 A 口回气、B 口出气，从而改变气动回路的气压方向，旋转气缸反转，手臂左旋。机构的其他气动回路工作原理与之相同。

表 2-2　控制元件、执行元件状态一览表

电磁阀换向线圈得电情况								执行元件状态	机构任务
YV1	YV2	YV3	YV4	YV5	YV6	YV7	YV8		
+	−							旋转气缸正转	手臂右旋
−	+							旋转气缸反转	手臂左旋
		+	−					气动手爪夹紧	手爪抓料
		−	+					气动手爪放松	手爪放料
				+	−			提升气缸活塞杆伸出	手爪下降
				−	+			提升气缸活塞杆缩回	手爪上升
						+	−	伸缩气缸活塞杆伸出	手臂伸出
						−	+	伸缩气缸活塞杆缩回	手臂缩回

（5）识读梯形图　图 2-8 为机械手搬运机构的梯形图，其动作过程如图 2-9 所示。

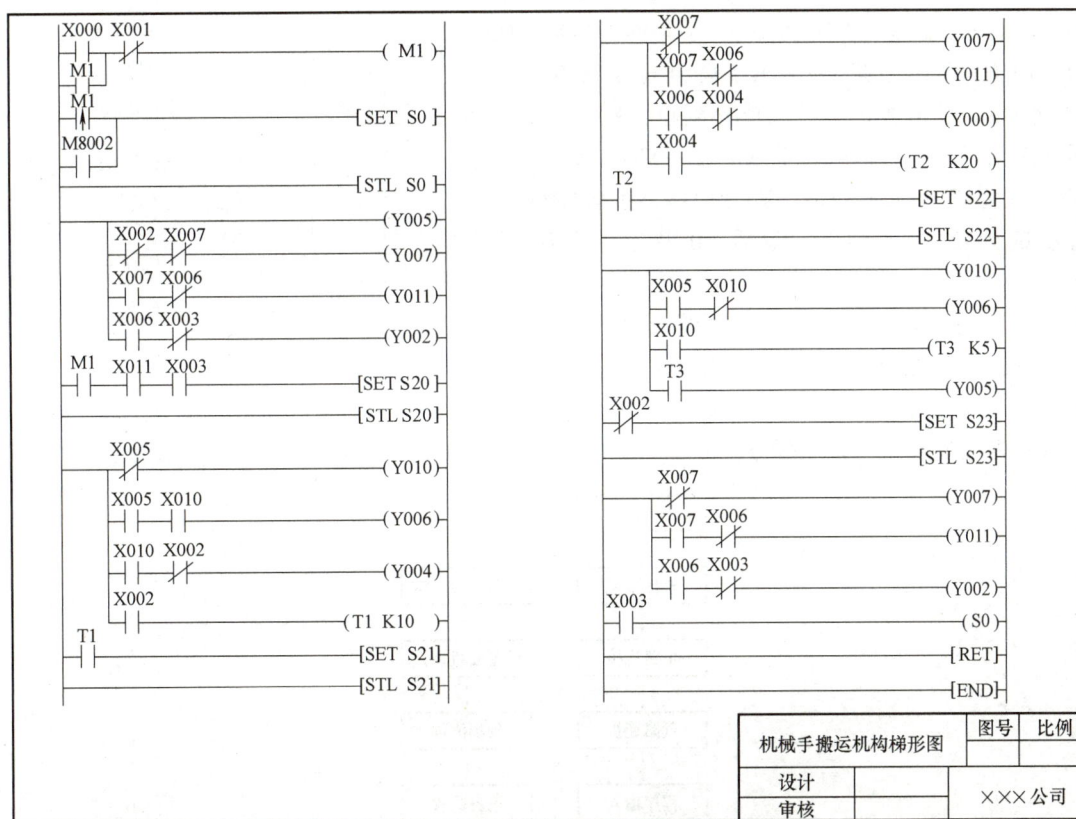

图 2-8　机械手搬运机构梯形图

1）起停控制。按下起动按钮 SB1，X0 为 ON，起停标志辅助继电器 M1 为 ON，为初始状态 S0 向工作状态 S20 转移提供了必要的条件。按下停止按钮 SB2，X1 为 ON，M1 为 OFF，初始状态 S0 向工作状态 S20 转移的条件不成立，PLC 无法从 S0 状态向下执行程序，机构停止工作。

2）机械手复位控制。PLC 运行的第一个扫描周期，M8002 为 ON，激活 S0 状态，执行机械手复位程序，Y5 为 ON，手爪放松→X2 = OFF，Y7 为 ON，手抓上升→X7 = ON，Y11 为 ON，手臂缩回→X6 = ON，Y2 为 ON，机械手臂向左旋转至左侧限位处停止，X3 = ON。

3）物料搬运控制。当送料机构出料口有物料时，X11 为 ON，激活 S20 状态→Y10 为 ON，手臂伸出→X5 = ON，Y6 为 ON，手爪下降→X10 = ON，Y4 为 ON，手爪夹紧→夹紧定时 1s 到，激活 S21 状态→Y7 为 ON，手爪上升→X7 = ON，Y11 为 ON，手臂缩回→X6 = ON，Y0 为 ON，手臂右旋→手臂右旋到位定时 2s，激活 S22 状态→Y10 为 ON，手臂伸出→X5 = ON，Y6 为 ON，手爪下降→ 手爪下降到位定时 0.5s 到，Y5 为 ON，手爪放松→手爪放松到位，X2 = OFF，激活 S23 状态→Y7 为 ON，手爪上升→X7 = ON，Y11 为 ON，手臂缩回→X6 = ON，Y2 为 ON，手臂左旋→手臂左旋到位，X3 = ON，激活 S0 状态，开始新的循环。

（6）制订施工计划 机械手搬运机构的安装与调试流程图如图 2-10 所示。以此为依据，施工人员填写表（见表 2-3），合理制订施工计划，确保在定额时间内完成规定的施工任务。

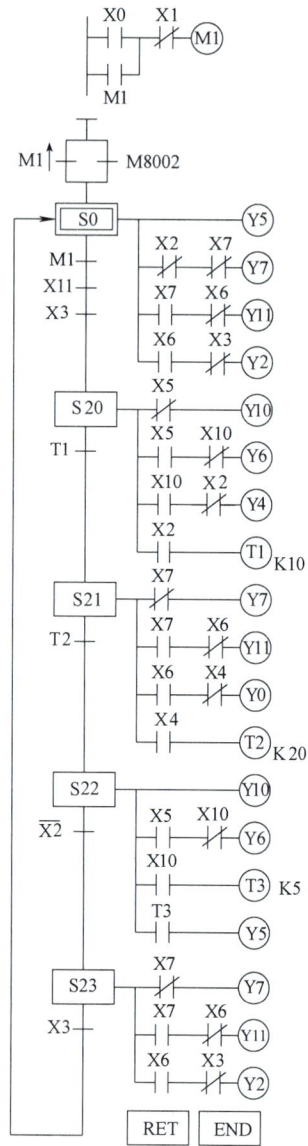

图 2-9 机械手搬运机构状态图

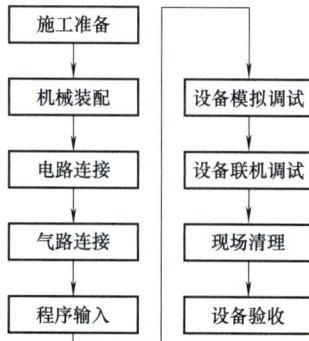

图 2-10 机械手搬运机构的安装与调试流程图

表 2-3 施工计划表

设备名称	施工日期	总工时/h	施工人数/人	施工负责人	
机械手搬运机构					
序号	施工任务		施工人员	工序定额	备注
1	阅读设备技术文件				
2	机械装配、调整				
3	电路连接、检查				
4	气路连接、检查				
5	程序输入				
6	设备模拟调试				
7	设备联机调试				
8	现场清理，技术文件整理				
9	设备验收				

2. 施工准备

（1）设备清点 检查机械手搬运机构的部件是否齐全，并归类放置。机构的部件清单见表 2-4。

表 2-4 部件清单

序号	名称	型号规格	数量	单位	备注
1	伸缩气缸套件	CXSM15-100	1	套	
2	提升气缸套件	CDJ2KB16-75-B	1	套	
3	手爪套件	MHZ2-10D1E	1	套	
4	旋转气缸套件	CDRB2BW20-180S	1	套	
5	固定支架		1	套	
6	加料站套件		1	套	
7	料盘套件		1	套	
8	电感式传感器	NSN4-2M60-E0-AM	2	只	
9	光电传感器	E3Z-LS61	1	只	
10	磁性传感器	D-59B	1	只	手爪紧松
11		SIWKOD-Z73	2	只	手臂伸缩
12		D-C73	2	只	手爪升降
13	缓冲器		2	只	
14	PLC 模块	YL050、FX_{3U}-48MR	1	块	
15	按钮模块	YL157	1	块	
16	电源模块	YL046	1	块	
17	螺钉	不锈钢内六角 M6×12	若干	个	
18		不锈钢内六角 M4×12	若干	个	
19		不锈钢内六角 M3×10	若干	个	

（续）

序号	名称	型号规格	数量	单位	备注
20	螺母	椭圆形螺母 M6	若干	个	
21		M4	若干	个	
22		M3	若干	个	
23	垫圈	$\phi 4$	若干	个	

（2）工具清点　设备组装工具清单见表 2-5，施工人员应清点工量具的数量，并认真检查其性能是否完好。

表 2-5　工具清单

序号	名称	型号规格	数量	单位
1	工具箱		1	只
2	螺钉旋具	一字、100mm	1	把
3	钟表螺钉旋具		1	套
4	螺钉旋具	十字、150mm	1	把
5	螺钉旋具	十字、100mm	1	把
6	螺钉旋具	一字、150mm	1	把
7	斜口钳	150mm	1	把
8	尖嘴钳	150mm	1	把
9	剥线钳		1	把
10	内六角扳手(组套)	PM-C9	1	套
11	万用表		1	只

三、任务实施

根据制订的施工计划，按照顺序对机械手搬运机构实施组装，施工中应注意及时调整进度，保证定额。施工时必须严格遵守安全操作规程，采取安全保障措施，以确保人身和设备安全。

1. 机械装配

（1）机械装配前的准备　按照要求清理现场、准备图样及工具，并安排装配流程。参考流程如图 2-11 所示。

（2）机械装配步骤　按图 2-11 所示流程组装机械手搬运机构。

1）画线定位。

2）安装旋转气缸。如图 2-12 所示，将旋转气缸的两个工作口装上节流阀后安装在固定支架上。安装节流阀时，即要保证连接可靠、密封，又不可用力过大，以防节流阀损坏。

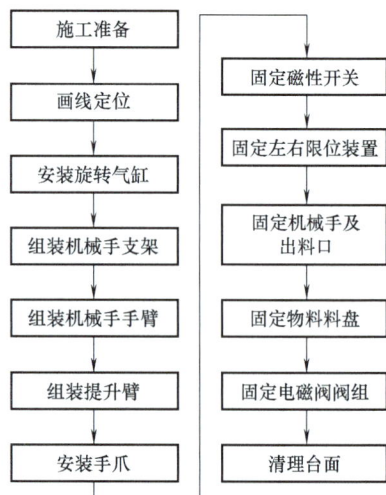

图 2-11　机械装配流程图

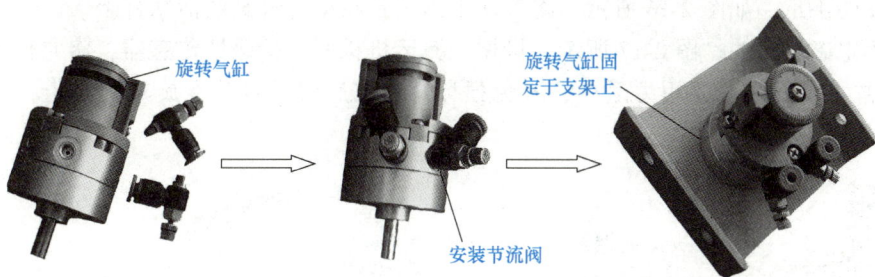

图 2-12　旋转气缸的安装过程

3）组装机械手支架。如图 2-13 所示，将旋转气缸的固定支架安装在机械手垂直主支架上，注意两主支架的垂直度、平行度，完成后装上弯脚支架。

图 2-13　机械手支架的组装过程

4）组装机械手手臂。如图 2-14 所示，提升臂支架固定在伸缩气缸的活塞杆上后，将其固定在手臂支架上。

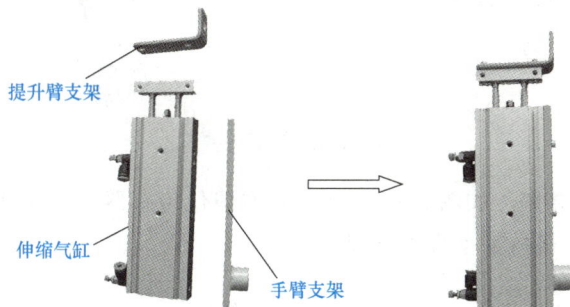

图 2-14　机械手手臂的组装过程

5）组装提升臂。如图 2-15 所示，将提升气缸装好节流阀后固定在提升臂支架上。

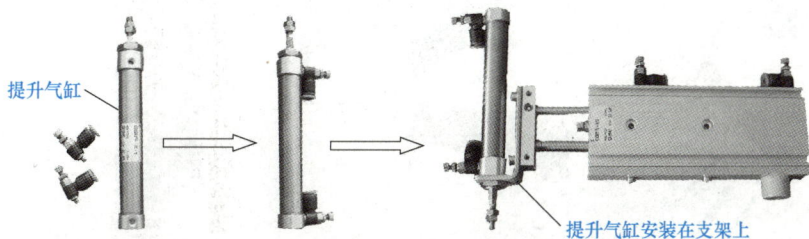

图 2-15　提升臂的组装过程

6）安装手爪。如图 2-16 所示，将气动手爪固定在提升气缸的活塞杆上。

7）固定磁性开关。图 2-17 所示为机械手搬运机构所用的磁性传感器，将它们固定在其对应的气缸上，固定时要用力适中，避免损坏。完成后将手臂装在旋转气缸上，如图 2-18 所示。

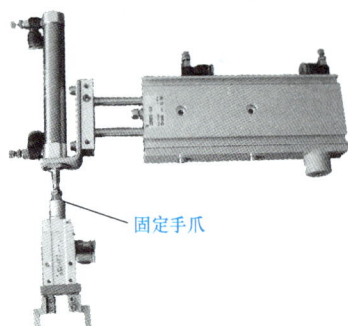

固定手爪

图 2-16　固定手爪

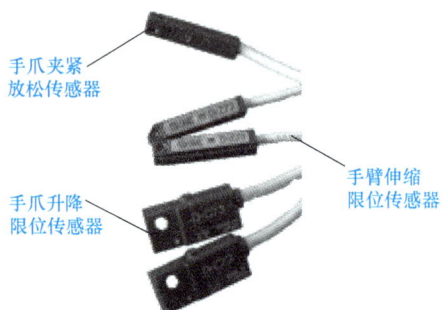

手爪夹紧放松传感器

手臂伸缩限位传感器

手爪升降限位传感器

图 2-17　机械手搬运机构所用的磁性传感器

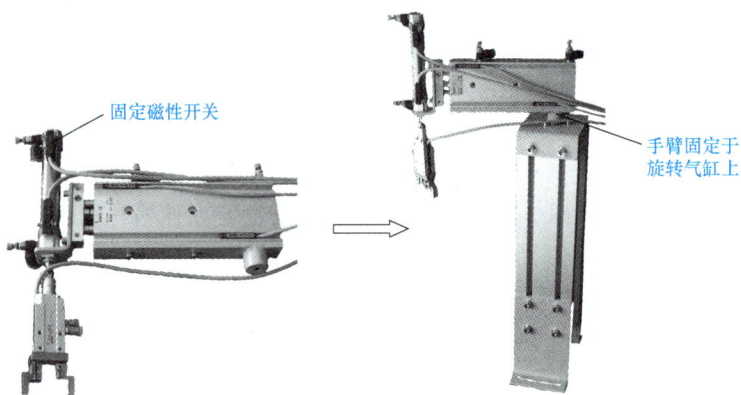

固定磁性开关

手臂固定于旋转气缸上

图 2-18　固定手臂

8）固定左右限位装置。如图 2-19 所示，左右限位传感器、缓冲器及定位螺钉在其支架上装好后，将其固定于机械手垂直主支架的顶端。

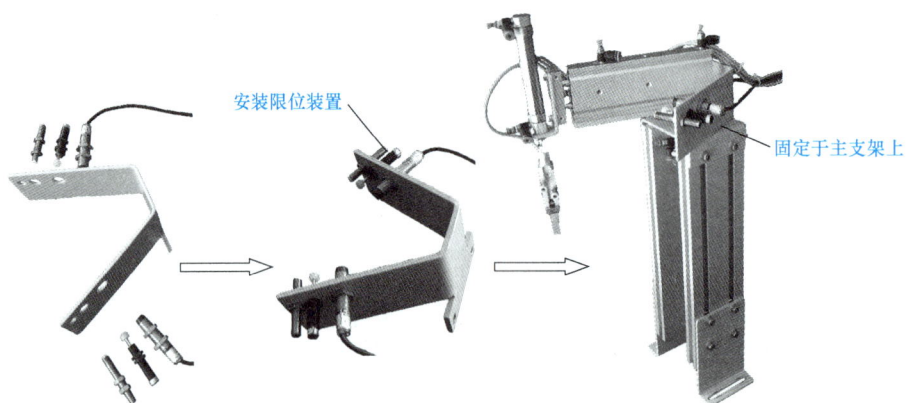

安装限位装置

固定于主支架上

图 2-19　左右限位装置的安装过程

9）固定机械手及出料口。如图 2-20 所示，将机械手及加料站出料口固定在定位处，并进行机械调整，确保机械手能准确无误地从出料口抓取物料。

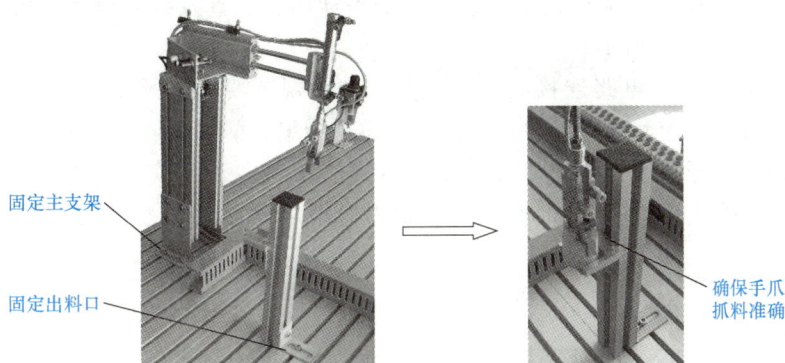

固定主支架

固定出料口

确保手爪抓料准确

图 2-20　固定机械手及出料口

10）固定物料料盘。如图 2-21 所示，将物料料盘固定在定位处，并进行机械调整，保证机械手能准确无误地将物料放进料盘中，同时注意让手爪下降的最低点与料盘盘底的距离大于两个物料的高度，避免调试时手爪撞击料盘内的物料。

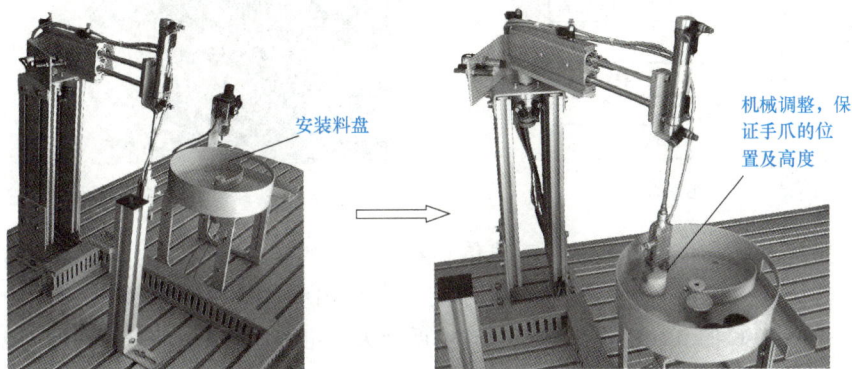

安装料盘

机械调整，保证手爪的位置及高度

图 2-21　固定物料料盘

11）固定电磁阀阀组。如图 2-22 所示，将电磁阀阀组固定在定位处。

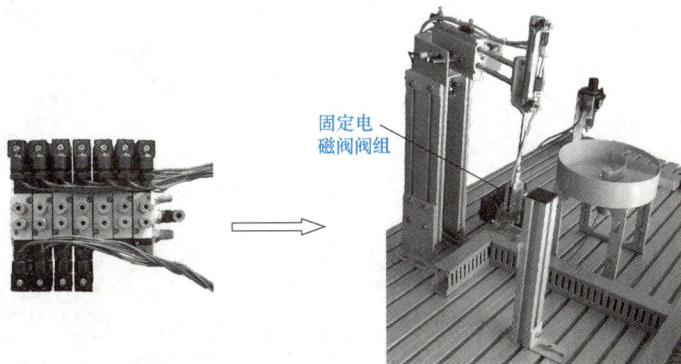

固定电磁阀阀组

图 2-22　固定电磁阀阀组

12）清理台面，保持台面无杂物或多余部件。

2. 电路连接

（1）电路连接 按照要求检查电压状态，准备样图、工具及线号管，并安排电路连接流程。参考流程如图 2-23 所示。

（2）电路连接步骤 电路连接应符合工艺、安全规范要求，所有导线应置于线槽内。导线与端子排连接时，应套线号管并及时编号，避免错编、漏编。插入端子排的连接线必须接触良好且紧固，端子接线布置图如图 1-16 所示。

1）连接传感器至端子排。如图 2-24 所示，根据电路图将传感器的引出线连接至端子排。

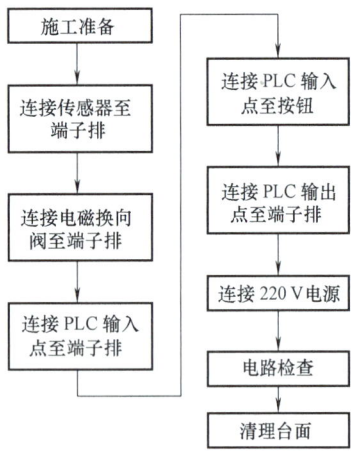

图 2-23　电路连接流程图

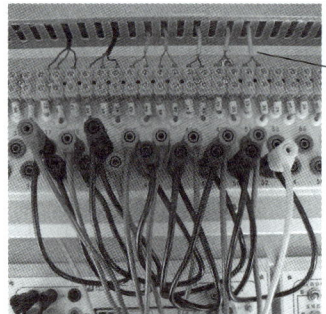

图 2-24　输入端子接线

连接时要注意区分两线传感器与三线传感器引出线的颜色功能，引出线不可接错，否则会损坏传感器。如图 2-25 所示，磁性传感器有两根引出线，其中棕色线接 PLC 的输入信号端子、蓝色线接 PLC 的 0V 端子。而光电式接近开关、电感式传感器有三根引出线，其中黑色线接 PLC 的输入信号端子、棕色线接 PLC 直流电源 24V "+" 端、蓝色线接 PLC 的 0V 端子。

2）连接输出元件至端子排。机械手搬运结构 PLC 的输出元件都为电磁换向阀的线圈，

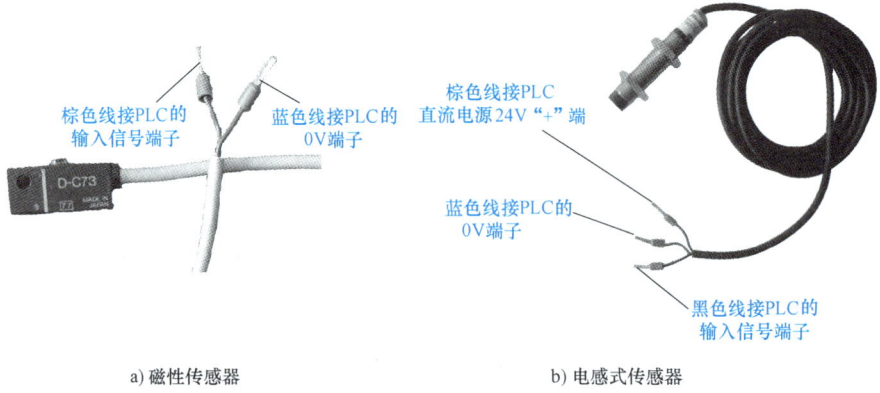

a) 磁性传感器

b) 电感式传感器

图 2-25　磁性传感器、电感式传感器

根据电路图将它们的引出线连接至端子排。由于这些电磁换向阀被集束为一个单元，其内部将各个换向阀的进气口、排气口连通，称为阀组，故气路连接时只需一根引气管连接其进气口即可，如图2-26所示。

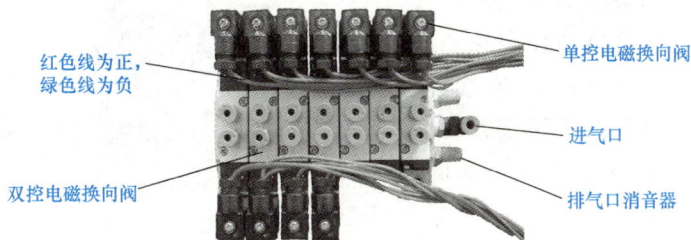

红色线为正，绿色线为负

单控电磁换向阀

进气口

双控电磁换向阀

排气口消音器

图2-26　电磁阀阀组

阀组中有两种电磁换向阀：二位五通双控电磁换向阀和二位五通单控电磁换向阀，所以施工人员应首先根据设备气路图及电路图，分配、明确及标识各电磁换向阀的具体控制功能，如哪只阀控制手爪气动回路、哪只阀控制旋转气缸气动回路等，再将确定功能的电磁换向阀线圈按端子分布图连接至端子排，如图2-27所示。

电磁换向阀线圈有两根引出线，其中红色线接PLC的输出信号端子（直流电源24V"+"端），绿色线接直流电源24V"−"端。若两线接反，电磁换向阀的指示灯不能点亮，但不会影响电磁换向阀的动作功能。

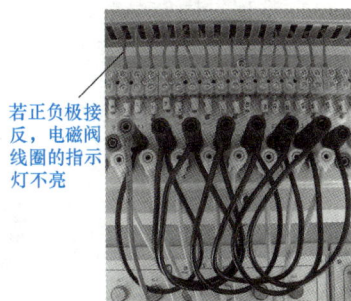

若正负极接反，电磁阀线圈的指示灯不亮

图2-27　输出端子接线

3）连接PLC的输入信号端子至端子排。

4）连接PLC的输入信号端子至按钮模块。

5）连接PLC的输出信号端子至端子排。将输出信号端子与对应的端子排连接，同时将COM1、COM2和COM3短接（负载电源暂不连接，待PLC模拟调试成功后连接）。

6）连接电源模块中的单相交流电源至PLC模块。

7）电路检查。

8）清理台面，工具入箱。

3. 气动回路连接

（1）气路连接前的准备　按照要求检查空气压缩机状态，准备图样及工具，并安排气动回路连接步骤。

（2）气路连接步骤　YL-235A型光机电设备气动回路的连接方法：快速接头与气管对接。气管插入接头时，应用手拿着气管端部轻轻压入，使气管通过弹簧片和密封圈到达底部，保证气动回路连接可靠、牢固、密封；气管从接头拔出时，应用手将管子向接头里推一下，然后压下接头上的压紧圈再拔出，禁止强行拔出。用软管连接气路时，不允许急剧弯曲，通常弯曲半径应大于其外径的9~10倍。管路的走向要合理，尽量平行布置，力求最短，弯曲要少且平缓，避免直角弯曲。

1）连接气源。如图2-28所示，用φ6气管连接空气压缩机与气动二联件，再将气动二联件与电磁换向阀阀组用φ4气管相连。剪割气管要垂直切断，尽量使截断面平整，并修去切口毛刺。

2）连接执行元件。根据气路图，将各气缸与其对应的电磁换向阀用 $\phi4$ 气管进行气路连接。

① 手爪气缸的连接。将手爪气缸气腔节流阀的气管接头分别与控制它的电磁换向阀的两个工作口相连。连接时，不可用力过猛，避免损坏气管接头而造成漏气现象；同时保证管路连接牢固，避免软管脱出引起事故。

② 提升气缸的连接。将提升气缸的气腔节流阀与控制它的电磁换向阀进行气路连接。

图 2-28　气源连接

③ 伸缩气缸的连接。将伸缩气缸的气腔节流阀与控制它的电磁换向阀进行气路连接。

④ 旋转气缸的连接。将旋转气缸的气腔节流阀与控制它的电磁换向阀进行气路连接。

3）整理、固定气管。以保证机械手正常动作所需气管长度及安全要求为前提，对气管进行扎束固定，要求气管通路美观、紧凑，避免气管吊挂、杂乱、过长或过短，如图 2-29 所示。

图 2-29　气路连接

4）封闭阀组上的未用电磁换向阀的气路通道。阀组除了备有机械手机构所需的电磁换向阀外，还剩有未用电磁换向阀，因它们的进气口相通，故必须对本次施工中未用阀的气口进行封闭。如图 2-30 所示，将一根气管对折后用尼龙扎头扎紧，再将此气管的两端分别插入剩余电磁换向阀的两个工作口。

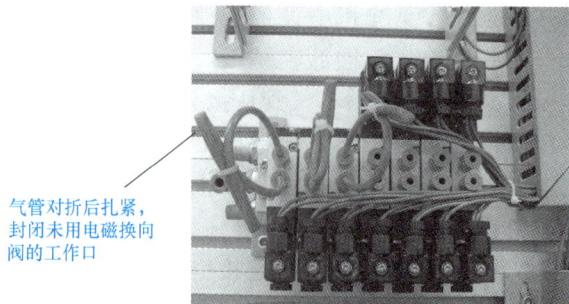

图 2-30　未用电磁换向阀的气路封闭

5）清理杂物，工具入箱。

4．程序输入

启动三菱 PLC 编程软件，输入图 2-8 所示梯形图程序。

1）启动三菱 PLC 编程软件。

2）创建新文件，选择 PLC 类型。

3）输入程序。

4）转换梯形图。

5）保存文件。

5．设备调试

为了避免设备调试出现事故，确保调试工作的顺利进行，施工人员必须进一步确认设备机械安装、电路安装及气路安装的正确性、安全性，做好设备调试前的各项准备工作。

（1）设备调试前的准备

1）清扫设备上的杂物，保证无设备之外的金属物。

2）检查机械部分动作完全正常。

3）检查电气连接的正确性，严禁短路现象，加强传感器接线的检查，避免因接线错误而烧毁传感器。

4）检查气动回路连接的正确性、可靠性，绝不允许调试过程中有气管脱出现象。

5）细化设备调试流程，理清设备调试步骤，保证设备的安全性，调试流程如图 2-31 所示。

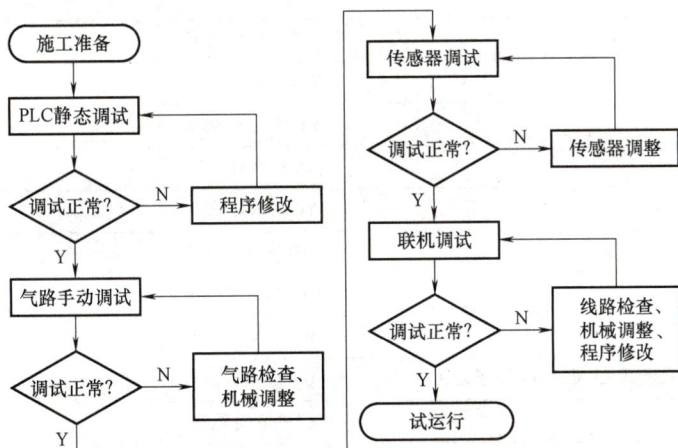

图 2-31　设备调试流程图

（2）模拟调试

1）PLC 静态调试。

① 连接计算机与 PLC。

② 确认 PLC 的输出负载回路电源处于断开状态，并检查空气压缩机的阀门是否关闭。

③ 合上断路器，给设备供电。

④ 写入程序。

⑤ 运行 PLC，按表 2-6 用 PLC 模块上的钮子开关模拟 PLC 输入信号，观察 PLC 的输出

指示灯状态，将结果记入表 2-6 中。

表 2-6　静态调试情况记载表

步骤	操作任务	观察任务		备注
		正确结果	观察结果	
1	动作 X2 钮子开关，PLC 上电	Y5 指示灯点亮		手爪放松
2	复位 X2 钮子开关	Y5 指示灯熄灭		放松到位
		Y7 指示灯点亮		手爪上升
3	动作 X7 钮子开关	Y7 指示灯熄灭		上升到位
		Y11 指示灯点亮		手臂缩回
4	动作 X6 钮子开关	Y11 指示灯熄灭		缩回到位
		Y2 指示灯点亮		手臂左旋
5	动作 X3 钮子开关	Y2 指示灯熄灭		左旋到位
6	动作 X11 钮子开关，按下起动按钮 SB1	Y10 指示灯点亮		有料，手臂伸出
7	动作 X5 钮子开关，复位 X6 钮子开关	Y10 指示灯熄灭		伸出到位
		Y6 指示灯点亮		手爪下降
8	动作 X10 钮子开关，复位 X7 钮子开关	Y6 指示灯熄灭		下降到位
		Y4 指示灯点亮		手爪夹紧物料
9	动作 X2 钮子开关 1s 后	Y7 指示灯点亮		手爪上升
10	动作 X7 钮子开关，复位 X10 钮子开关	Y7 指示灯熄灭		上升到位
		Y11 指示灯点亮		手臂缩回
11	动作 X6 钮子开关，复位 X5 钮子开关	Y11 指示灯熄灭		缩回到位
		Y0 指示灯点亮		手臂右旋
12	动作 X4 钮子开关，复位 X3 钮子开关	Y0 指示灯熄灭		右旋到位
13	2s 后	Y10 指示灯点亮		手臂伸出
14	动作 X5 钮子开关，复位 X6 钮子开关	Y10 指示灯熄灭		伸出到位
		Y6 指示灯点亮		手爪下降
15	动作 X10 钮子开关，复位 X7 钮子开关	Y6 指示灯熄灭		下降到位
16	0.5s 后	Y5 指示灯点亮		手爪放松
17	复位 X2 钮子开关	Y5 指示灯熄灭		放松到位
		Y7 指示灯点亮		手爪上升
18	动作 X7 钮子开关，复位 X10 钮子开关	Y7 指示灯熄灭		上升到位
		Y11 指示灯点亮		手臂缩回
19	动作 X6 钮子开关，复位 X5 钮子开关	Y11 指示灯熄灭		缩回到位
		Y2 指示灯点亮		手臂左旋
20	动作 X3 钮子开关，复位 X4 钮子开关	Y2 指示灯熄灭		左旋到位
21	一次物料搬运结束，等待加料			
22	重新加料，按下停止按钮 SB2，机构完成当前工作循环后停止工作			

⑥ 将 PLC 的 RUN/STOP 开关置于"STOP"位置。

⑦ 复位 PLC 模块上的钮子开关。

2）气动回路手动调试。

① 接通空气压缩机电源，起动空压机压缩空气，等待气源充足。

② 将气源压力调整到工作范围（0.4～0.5MPa）。打开空气压缩机阀门，旋转气动二联件的调压手柄，将压力调到 0.4～0.5MPa，然后开启气动二联件上的阀门给机构供气，如图 2-32 所示。此时施工人员注意观察气路系统有无泄露现象，若有，应立即解决，确保调试工作在无气体泄露环境下进行。

③ 如图 2-33 所示，在正常工作压力下，按照机械手动作节拍逐一进行手动调试，直至机构动作完全正常为止。对于出现的机械部分异常现象，施工人员应注意关闭气源，再进行排除工作；若需气路拆卸或改建，应关闭气源，待排净回路中的残余气体后方可重新搭建。手动调试时，不可将电磁换向阀锁死。若发现气缸动作方向相反，对调其两个工作口的气管即可。

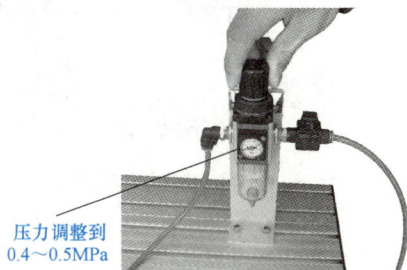
压力调整到 0.4～0.5MPa
图 2-32　调节空气压力

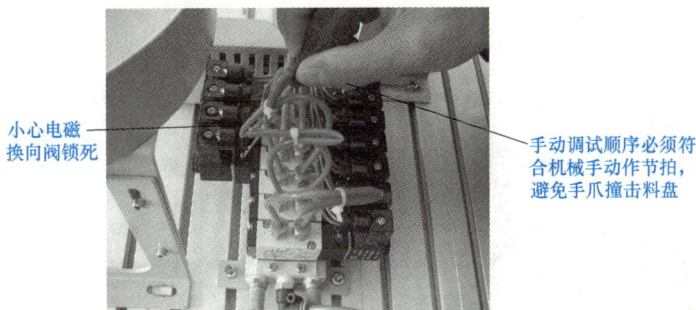
小心电磁换向阀锁死
手动调试顺序必须符合机械手动作节拍，避免手爪撞击料盘
图 2-33　气动回路手动调试

④ 调整节流阀至合适开度，使气缸的运动速度趋于合理，避免动作速度过快而产生机械撞击。图 2-34 所示为气缸运动速度的（手臂伸出速度）调整方法。

3）传感器调试。图 2-35 所示为伸缩气缸伸出传感器、左旋限位传感器及缓冲器的调整固定。

① 手动调试气缸动作到位，观察各限位传感器所对应的 PLC 输入指示灯状态。若点亮，说明传感器及其位置正常；若不能点亮，需调整传感器的位置、检查传感器及线路质量的好坏。

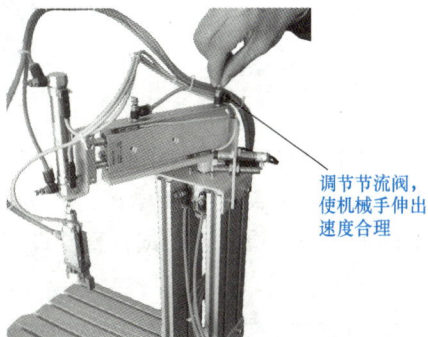
调节节流阀，使机械手伸出速度合理
图 2-34　调整气缸运动速度

② 将物料放于加料站出料口，观察物料检测传感器对应的 PLC 输入指示灯状态。若点亮，说明光电传感器及其位置正常；若不能点亮，需调整传感器的位置、调节光线漫反射灵敏度或检查传感器及其线路质量的好坏。

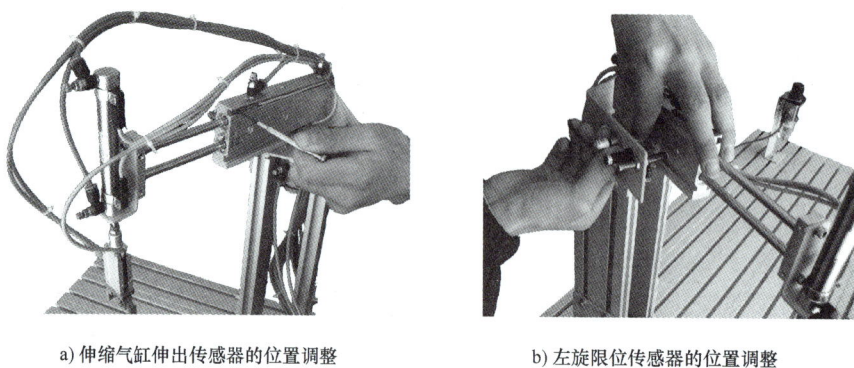

a) 伸缩气缸伸出传感器的位置调整　　　　　b) 左旋限位传感器的位置调整

图 2-35　传感器的调整固定

③ 机械手复位至初始位置。

（3）联机调试　模拟调试正常后，接通 PLC 输出负载的电源回路，进入联机调试阶段，此阶段要求施工人员认真观察设备的动作情况，若出现问题，应立即解决或切断电源，避免扩大故障范围。必须提醒的是，若程序有误，可能会使机械手手爪撞击料盘，导致手爪或提升气缸的作用杆损坏，调试观察的主要部位如图 2-36 所示。

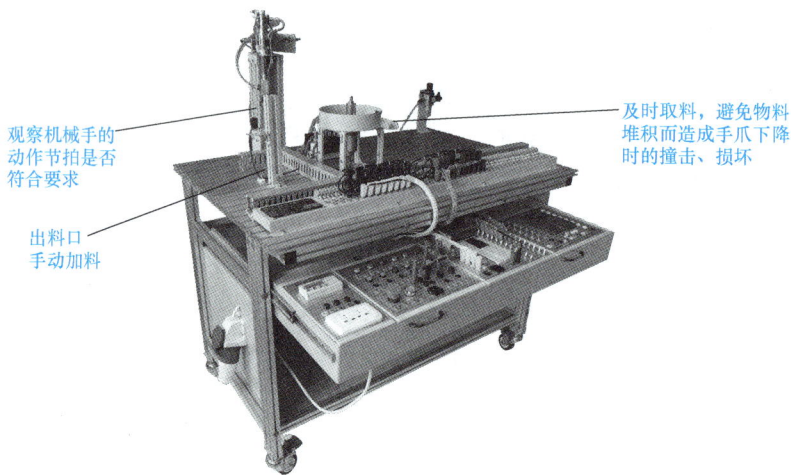

观察机械手的动作节拍是否符合要求

及时取料，避免物料堆积而造成手爪下降时的撞击、损坏

出料口手动加料

图 2-36　机械手搬运机构

表 2-7 为联机调试的正确结果，若调试中有与之不符的情况，施工人员首先应根据现场情况，判断是否需要切断电源，在分析、判断故障形成的原因（机械、电气或程序问题）的基础上，进行检修、调试，直至设备完全实现功能。

表 2-7　联机调试结果一览表

步骤	操作过程	设备实现的功能	备注
1	PLC 上电 （出料口无物料）	手爪放松	机构初始复位
		手爪上升	
		手臂缩回	
		手臂左旋	

（续）

步骤	操作过程	设备实现的功能	备注
2	按下起动按钮 SB1 给出料口加物料	手臂伸出	
		手爪下降	
		手爪夹紧	
3	1s 后	手爪上升	
		手臂缩回	
		手臂右旋	物料搬运
4	右旋到位 2s 后	手臂伸出	
		手爪下降	
5	下降到位 0.5s 后	手爪放松	
		手爪上升	
		手臂缩回	
		手臂左旋到位后停在初始位置	
6	重新加料,按下停止按钮 SB2,机构完成当前工作循环后停止工作		

（4）试运行　施工人员操作机械手搬运机构，运行、观察一段时间，确保设备合格、稳定、可靠。

6. 现场清理

设备调试完毕，要求施工人员清点工量具、归类整理资料，清扫现场卫生，并填写设备安装登记表。

7. 设备验收

设备质量验收见表 2-8。

表 2-8　设备质量验收表

验收项目及要求		配分	配分标准	扣分	得分	备注
设备组装	1. 设备部件安装可靠,各部件位置衔接准确 2. 电路安装正确,接线规范 3. 气路连接正确,规范美观	35分	1. 部件安装位置错误,每处扣 2 分 2. 部件衔接不到位、零件松动,每处扣 2 分 3. 电路连接错误,每处扣 2 分 4. 导线反圈、压皮、松动,每处扣 2 分 5. 错、漏编号,每处扣 1 分 6. 导线未入线槽、布线凌乱,每处扣 2 分 7. 气路连接错误,每处扣 2 分 8. 气路漏气、掉管,每处扣 2 分 9. 气管过长、过短、乱接,每处扣 2 分			
设备功能	1. 设备起停正常 2. 手爪夹紧放松正常 3. 手爪上升下降正常 4. 手臂伸出缩回正常 5. 手臂左右旋转正常 6. 机械手搬运机构动作准确、完整	60分	1. 设备未按要求起动或停止,每处扣 10 分 2. 手爪未按要求夹紧、放松,每处扣 5 分 3. 手爪未按要求升降,扣 10 分 4. 手臂未按要求伸缩,扣 10 分 5. 手臂未按要求旋转,扣 10 分 6. 物料不能准确搬运,扣 10 分			

（续）

验收项目及要求		配分	配分标准	扣分	得分	备注
设备附件	资料齐全，归类有序	5分	1. 设备组装图缺少，扣2分 2. 电路图、梯形图、气路图缺少，扣2分 3. 技术说明书、工具明细表、元件明细表缺少，扣2分			
安全生产	1. 自觉遵守安全文明生产规程 2. 保持现场干净整洁，工具摆放有序		1. 漏接接地线，每处扣5分 2. 每违反一项规定，扣3分 3. 发生安全事故，扣10分 4. 现场凌乱、乱放工具、乱丢杂物、完成任务后不清理现场，扣5分			
时间	6h		1. 提前正确完成，每提前5min加5分 2. 超过定额时间，每超时5min扣2分			
开始时间：		结束时间：		实际时间：		

四、设备改造

机械手搬运机构的改造。改造要求及任务如下：

（1）功能要求

1）复位功能。PLC上电，机械手手爪放松、手爪上升、手臂缩回、手臂左旋至左侧限位处停止。

2）搬运功能。机构起动后，若加料站出料口上有物料→提升臂伸出，手爪下降→到位后，手爪抓物夹紧1s→时间到，提升臂缩回，手爪上升→到位后机械手臂向右旋转→至右侧限位，定时2s后手臂伸出→到位后，提升臂伸出，手爪下降→到位后定时0.5s，手爪放松，放下物料→手爪放松到位后，提升臂缩回，手爪上升→到位后机械手臂缩回→到位后机械手臂向左旋转至左侧限位处，等待物料开始新的工作循环（与项目二不同，本机构起动后，手爪是直接下降抓取物料，故应调整加料站的位置方可实现功能）。

（2）技术要求

1）工作方式要求。机构有两种工作方式：单步运行和自动运行。

2）系统的起停控制要求。

① 按下起动按钮，机构开始工作。

② 按下停止按钮，机构完成当前工作循环后停止。

③ 按下急停按钮，机构立即停止工作。

3）电源要有信号指示灯，电气线路的设计符合工艺要求、安全规范。

4）气动回路的设计符合控制要求、正确规范。

（3）工作任务

1）按机构要求画出电路图。

2）按机构要求画出气路图。

3）按机构要求编写PLC控制程序。

4）改装机械手搬运机构实现功能。

5）绘制设备装配示意图。

项目三

物料传送及分拣机构的安装与调试

一、施工任务

1. 根据设备装配示意图组装物料传送及分拣机构。
2. 按照设备电路图连接物料传送及分拣机构的电气回路。
3. 按照设备气路图连接物料传送及分拣机构的气动回路。
4. 输入设备控制程序，正确设置变频器的参数，调试物料传送及分拣机构实现功能。

二、施工前准备

物料传送及分拣机构为 YL-235A 型光机电设备的终端（YL-235A 型光机电设备的分拣装置有三个料槽。考虑到项目的难度，本次任务只进行两槽分拣机构的组装）。与前面一样，施工前应仔细阅读设备随机技术文件，了解机构的组成及其运行情况，看懂组装图、电路图、气动回路图及梯形图等图样，然后再根据施工任务制订施工计划、施工方案等。

1. 识读设备图样及技术文件

（1）装置简介　物料传送及分拣机构主要实现对入料口落下的物料进行输送，并按物料性质进行分类存放的功能，其工作流程如图 3-1 所示。

1）起停控制。按下起动按钮，机构开始工作。按下停止按钮，机构完成当前工作循环后停止。

2）传送功能。当传送带落料口的光电传感器检测到物料时，变频器起动，变频器以 30Hz 的频率驱动三相异步电动机正转运行，传送带开始自左向右输送物料，分拣完毕，传送带停止运转。

3）分拣功能

① 分拣金属物料。当起动推料气缸一传感器检测到金属物料时，推料气缸一（简称气缸一）动作，活塞杆伸出将金属物料推入料槽一内。当推料气缸一伸出限位传感器检测到活塞杆伸出到位后，活塞杆缩回；缩回限位传感器检测活塞杆缩回到位后，传送带停止运行。

② 分拣白色塑料物料。当起动推料气缸二传感器检测到白色塑料物料时，推料气缸二（简称气缸二）动作，活塞杆伸出，将白色塑料物料推入料槽二内。当推料气缸二伸出限位

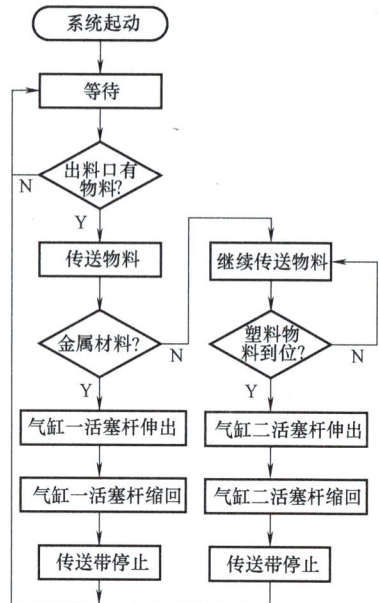

传感器检测到活塞杆伸出到位后，活塞杆缩回；缩回限位传感器检测活塞杆缩回到位后，传送带停止运行。

（2）识读装配示意图 物料传送及分拣机构的设备布局如图3-2所示，它主要由两部分组成：传送装置和分拣装置，两者协调配合，平稳传送、迅速分拣。

1）结构组成。如图3-3所示，物料传送及分拣机构由落料口、直线带传送线（简称传送带）、料槽、推料气缸、三相异步电动机、电磁换向阀及检测传感器等组成，其中落料口起物料入料、定位的作用，当固定在其左侧的光电传感器检测到物料时，便给PLC发出传送带起动信号，由此控制三相异步电动机驱动传送带传送物料。机构实物如图3-4所示。

起动推料气缸一传感器为电感式传感器，用来检测判别金属物料，并起动气缸一动作。起动推料气缸二传感器为光纤传感器，调节其放大器的颜色灵敏度，可检测判别白色塑料物料，起动气缸二动作。电感式传感器的检测距离为3~5mm。

图 3-1 物料传送及分拣机构动作流程图

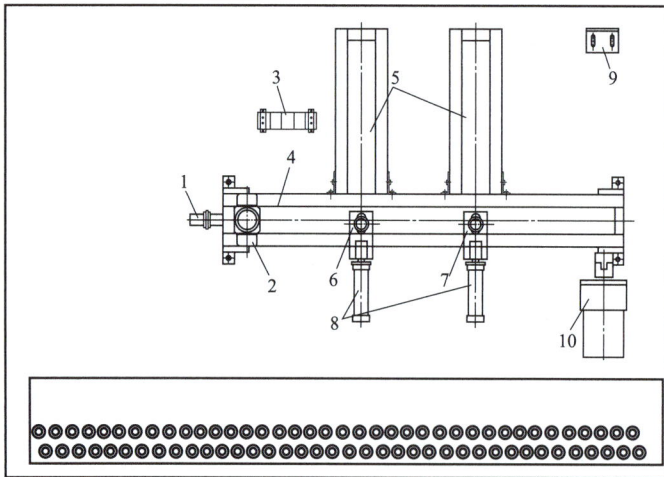

10	三相异步电动机	2	2	落料口		1
9	气动二联件	1	1	落料口检测光电传感器		1
8	推料气缸	2	序号	名 称		数 量
7	光纤传感器(白)	1				
6	电感式传感器	1	标记 处数 更改文件号 签字 日期	设备布局图		×××公司
5	料槽	2	设计 标准化			
4	传送带	1	核对 (审定)			
3	电磁阀组	1	审核	图样标记 数样 重量 比例		物料传送及分拣机构
序号	名 称	数量	工艺 日期	1		

图 3-2 物料传送及分拣机构设备布局图

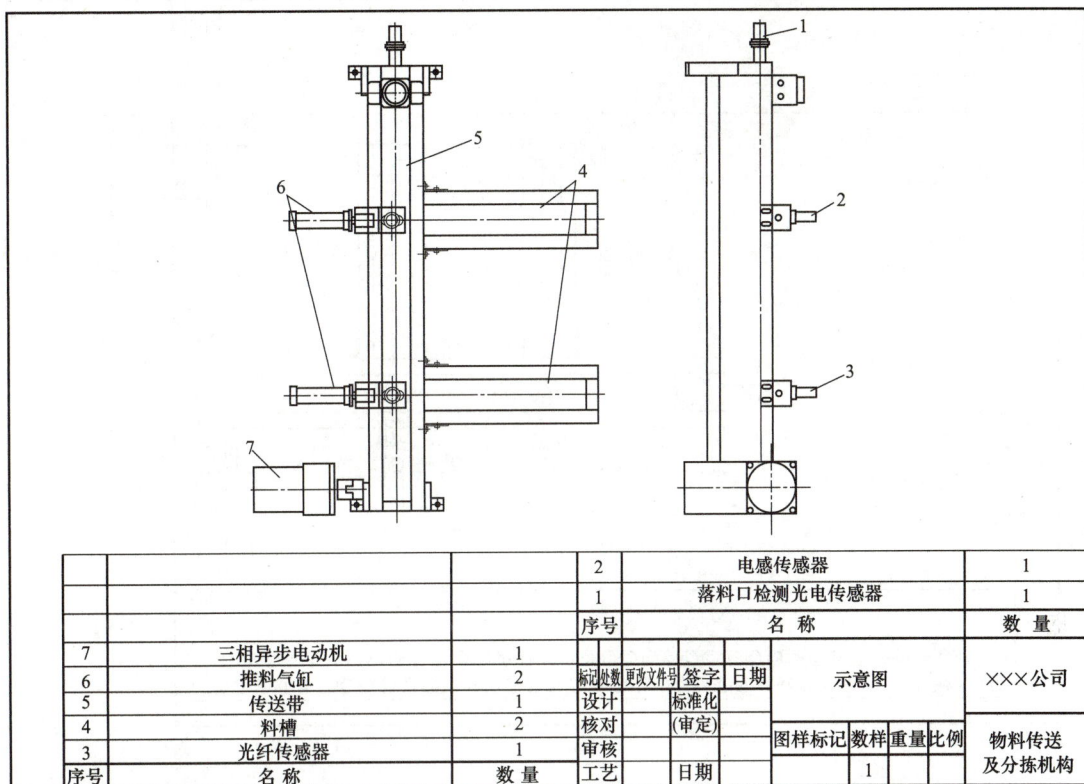

			2	电感传感器	1
			1	落料口检测光电传感器	1
			序号	名　称	数　量
7	三相异步电动机	1	标记处数更改文件号签字日期	示意图	×××公司
6	推料气缸	2	设计　　标准化		
5	传送带	1			
4	料槽	2	核对　　(审定)	图样标记 数样 重量 比例	物料传送
3	光纤传感器	1	审核		及分拣机构
序号	名　称	数　量	工艺　　日期	1	

图 3-3 物料传送及分拣机构结构示意图

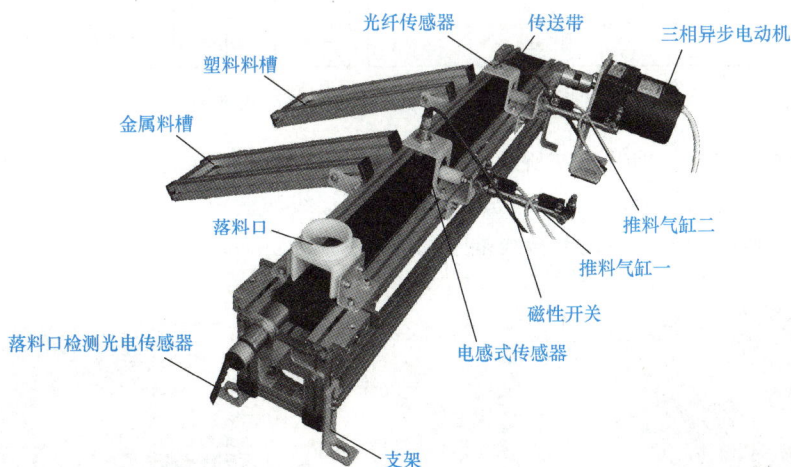

图 3-4 物料传送及分拣机构实物

2）尺寸分析。物料传送及分拣机构的各部件定位尺寸如图 3-5 所示。

（3）识读变频器相关技术文件 YL-235A 型光机电设备使用三菱 FR-E700 型变频器对传送带拖动电动机进行变频调速拖动控制。图 3-6 所示为三菱 FR-E700 型变频器，通过其外部控制端子和操作面板改变或设定运行参数，达到控制电动机拖动的目的。

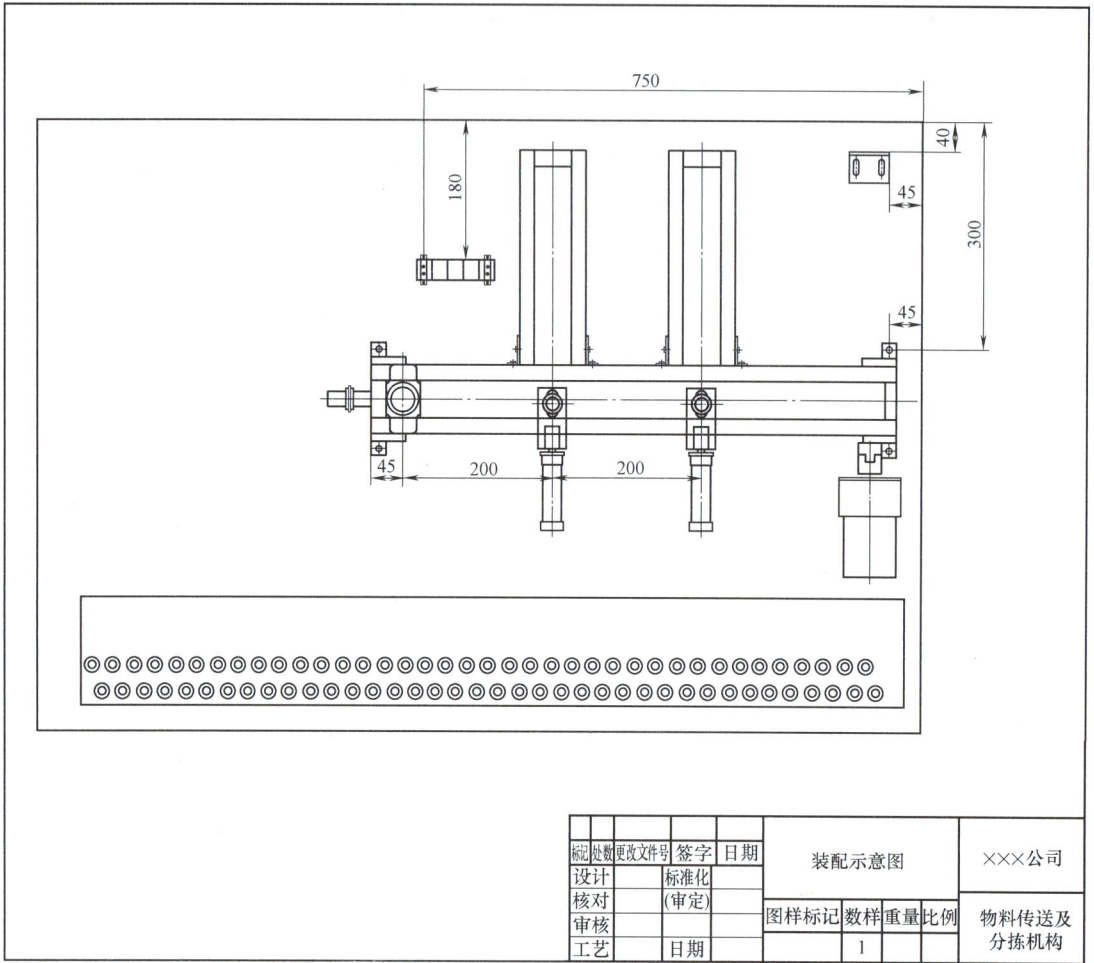

图 3-5 物料传送及分拣机构装配示意图

1）外部接线端子。如图 3-7 所示，三菱 FR-E700 型变频器的外部接线端子主要由主回路接线端子和控制回路接线端子两部分组成，端子接线如图 3-8 所示。

① 主回路接线端子。主回路接线端子如图 3-9 所示，各端子功能见表 3-1。

图 3-6 三菱 FR-E700 型变频器

图 3-7 FR-E700 型变频器外部接线端子

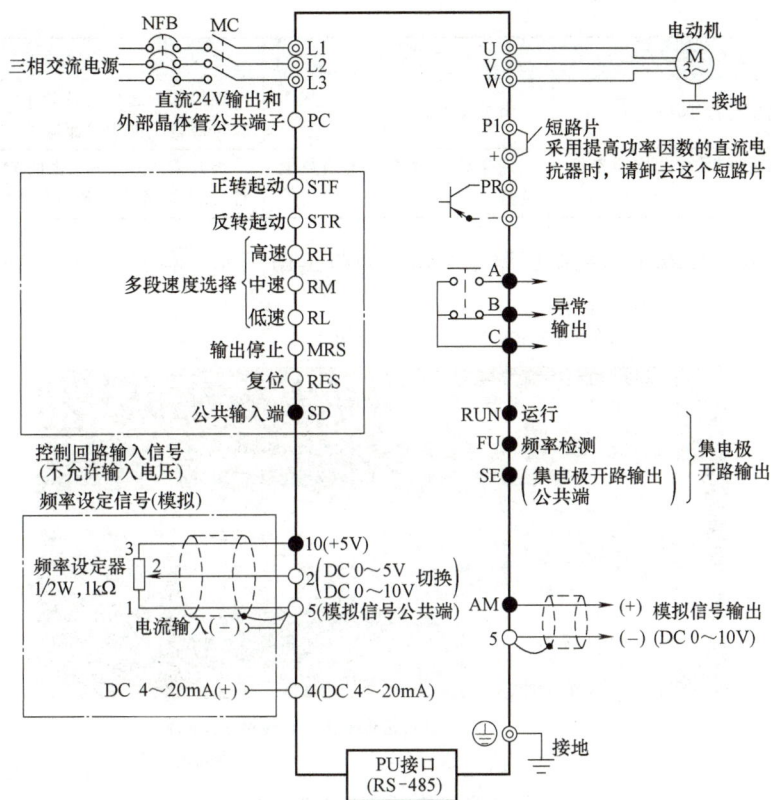

注：◎主回路端子、○控制回路输入端子、●控制回路输出端子

图 3-8　端子接线图

图 3-9　主回路接线端子

表 3-1　主回路接线端子的功能表

序号	端子名称	端子功能	要点提示
1	输入端子（R/L1、S/L2、T/L3）	用于输入三相工频电源	为安全起见，电源通过接触器、剩余电流断路器或无熔丝断路器与插头相连
2	输出端子（U、V、W）	用于变频器输出	接三相笼型异步电动机
3	接地端子（⏚）	用于变频器外壳接地	必须接大地
4	连接制动电阻器的接线端子（+、PR）	用于连接制动电阻器	在端子（+、PR）之间连接选件制动电阻器

（续）

序号	端子名称	端子功能	要点提示
5	连接制动单元接线端子(+、-)	用于连接制动单元	连接作为选件的制动单元、高功率整流器及电源再生共用整流器
6	连接改善功率因数电抗器接线端子(+、P1)	用于连接改善功率因数电抗器	拆开端子(+、P1)之间的短路片,连接选件,改善功率因数用直流电抗器

② 控制回路接线端子。控制回路接线端子如图 3-10 所示，各端子功能见表 3-2。

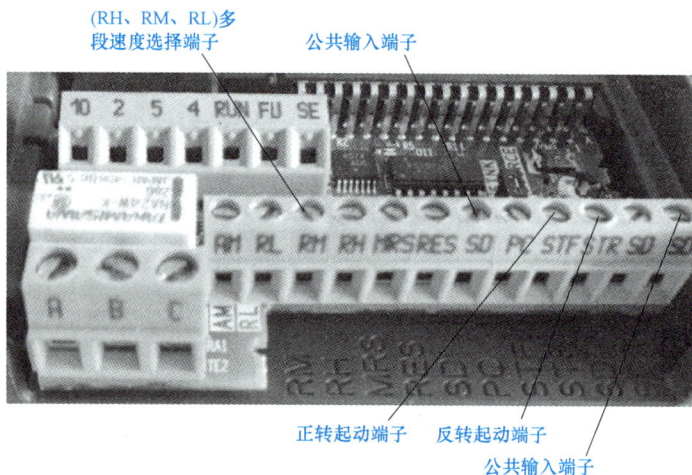

图 3-10　控制回路接线端子

表 3-2　控制回路接线端子的功能表

序号	端子名称			端子功能	要点提示
1	输入信号端子	接点输入	正转起动端子(STF)	STF 信号处于 ON 便正转,处于 OFF 便停止	当 STF 和 STR 信号同时为 ON 时,相当于给出停止指令
2			反转起动端子(STR)	STR 信号处于 ON 便反转,处于 OFF 便停止	
3			多段速度选择端子(RH、RM、RL)	用 RH、RM 和 RL 信号的组合可以选择多段速度	输入端子功能通过设定参数(Pr.180~Pr.183)改变
4			输出停止端子(MRS)	MRS 信号为 ON(20ms 以上)时,变频器输出停止	
5			复位端子(RES)	RES 信号为 ON 在 0.1s 以上,然后断开,变频器解除保护电路动作的保持状态	复位解除后需要 1s 左右进行复原
6		公共输入端子(SD)		接点输入端子的公共端	漏型
7		公共输入端子(PC)		DC24V 输出和外部晶体管公共端	源型
8	模拟信号端子	频率设定	频率设定用电源端子(10)	频率设定用电源端子	+5V,允许负荷电流 10mA
9			频率设定用电压端子(2)	频率设定用电压端子	输入 DC0~5V(或 0~10V)时,5V(或 10V)对应于最大输出频率
10			频率设定用电流端子(4)	频率设定用电流端子	输入 DC 4~20mA 时,20mA 对应于最大输出频率
11		频率设定用公共端子(5)		频率设定用公共端子	不能接大地

（续）

序号	端子名称		端子功能	要点提示
12	接点	异常输出端子(A、B、C)	变频器异常时, B-C间不导通, A-C间导通;正常时, B-C间导通, A-C间不导通	输出端子功能通过设定参数 (Pr. 190~Pr. 192)改变
13	集电极开路	变频器正在运行端子(RUN)	输出频率在起动频率以上时, RUN为低电平;否则为高电平	
14		频率检测端子(FU)	输出频率在检测频率以上时, FU为低电平;否则为高电平	
15	集电极开路公共端子(SD)		端子RUN和FU的公共端子	
16	模拟	模拟信号输出端子(AM)	模拟信号输出	输出信号的大小与监视项目的大小成正比

注：序号12~16均属"输出信号端子"。

2）操作面板。图3-11为三菱FR-E700型变频器的操作面板，它的上半部分为显示部分，下半部分为按键部分。

图3-11　操作面板

① 按键。三菱FR-E700型变频器操作面板的按键功能见表3-3。

表3-3　三菱FR-E700型变频器操作面板的按键功能

序号	按键名称	按键功能
1	正转键(RUN)	用于给出正转指令
2	停止及复位键(STOP/RESET)	用于停止运行 用于保护功能(严重故障)生效时,进行报警复位
3	模式键(MODE)	用于选择操作模式或设定模式
4	设置键(SET)	用于频率和参数的设定
5	运行模式键(PU/EXT)	用于切换PU和外部运行模式
6	M旋钮	用于连续提高或降低运行频率,正转或反转旋钮改变运行频率 在设定模式中旋转按钮,可连续改变设定参数

② 显示部分。三菱 FR-E700 型变频器操作面板上指示灯的作用见表3-4。

表3-4 指示灯的显示作用

序号	指示灯名称	指示灯作用
1	显示屏	显示变频器的参数
2	频率指示：Hz	显示频率时，"Hz"点亮
3	电流指示：A	显示电流时，"A"点亮
4	电压指示：V	显示电压时，"V"点亮
5	运行监视指示：RUN	变频器运行时，"RUN"下方指示灯点亮
6	面板运行模式显示：PU	面板操作时，"PU"下方指示灯点亮
7	外部运行模式显示：EXT	外部操作时，"EXT"下方指示灯点亮
8	操作模式显示：MON	选择模式时，"MON"下方指示灯点亮
9	参数模式显示：PRM	调整参数时，"PRM"下方指示灯点亮
10	网络运行模式显示：NET	网络通信时，"NET"下方指示灯点亮

3）变频器的基本操作

经教师检查无误后，合上断路器，练习变频器的基本操作。

① 改变监视显示模式。如图3-12所示，操作 (PU/EXT) 键，可改变运行模式，操作 (MODE) 键，可改变监视显示模式，图中的频率设定模式仅在 PU 操作模式 Pr. 79 = 1 时显示。

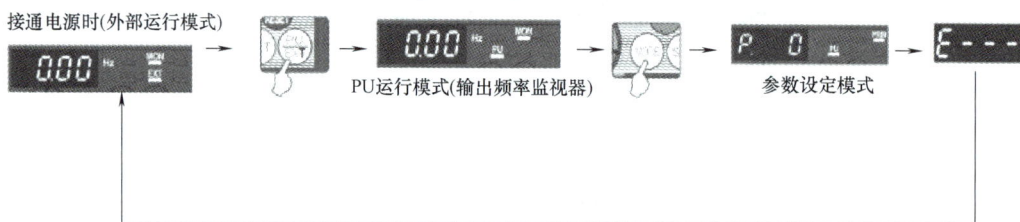

图3-12 MODE 键改变监视显示模式

② 改变监视类型。如图3-13所示，在监视模式下，按 (SET) 键，可改变监视类型。

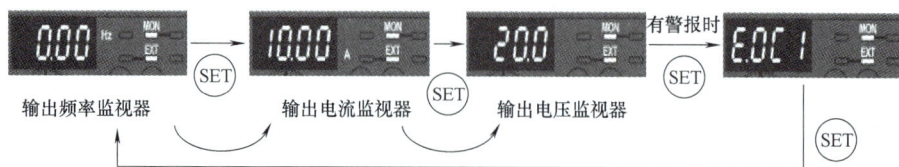

图3-13 SET 键改变监视类型

③ 设定频率。如图3-14所示，在频率设定模式下，用 M 旋钮可改变运行频率。此模式只在 PU 操作模式 Pr. 79 = 1 时显示。

④ 设定参数。如图3-15所示，在参数设定模式下，将参数操作模式选择 Pr. 79 的设定值，由 PU 操作模式 "0" 变为外部操作模式 "2"。此时，用 M 旋钮可改变参数及参数

图 3-14 设定频率

设定值，用SET键写入更新设定值。设定参数时，必须注意以下两点：第一，除一部分参数外，参数的设定仅在 PU 操作模式 Pr. 79＝1 时可以实施；第二，写入更新参数设定值时，按一次SET键可显示设定值，按两次SET键可显示下一个参数。

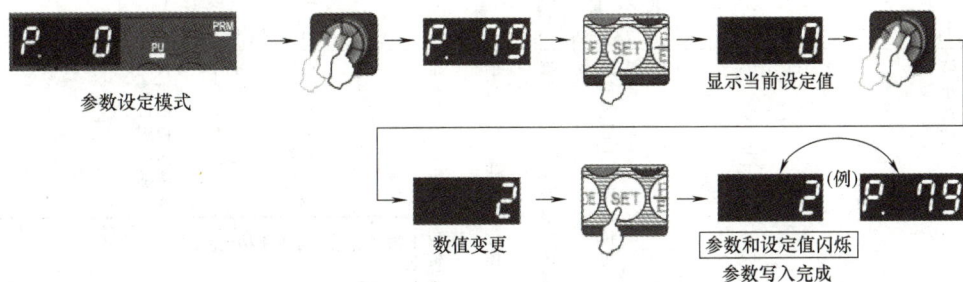

图 3-15 设定参数

三菱 FR-E700 型变频器基本参数设定表见表 3-5。

表 3-5 三菱 FR-E700 型变频器基本参数设定表

功能	参数号	名称	设定范围	最小设定单位	出厂设定
基本功能	0	转速提升	0~30%	0.1%	6%/4
	1	上限频率	0~120Hz	0.01Hz	120Hz
	2	下限频率	0~120Hz	0.01Hz	0Hz
	3	基准频率	0~400Hz	0.01Hz	50Hz
	4	3 速设定(高速)	0~400Hz	0.01Hz	50Hz
	5	3 速设定(中速)	0~400Hz	0.01Hz	30Hz
	6	3 速设定(低速)	0~400Hz	0.01Hz	10Hz
	7	加速时间	0~3600s/(0~360s)	0.1s/0.01s	5s/10
	8	减速时间	0~3600s/(0~360s)	0.1s/0.01s	5s/10
	9	电子过电流保护	0~500A	0.01A	稳定输出电流

（4）识读电路图 如图 3-16 所示，PLC 的输入信号端子接起停按钮、光电传感器、电感式传感器、光纤传感器及磁性传感器，输出信号端子接驱动电磁换向阀的线圈。

物料传送装置主要由 PLC 输出供给变频器正转及低速起动信号，驱动传送带低速正转。物料分拣装置主要由电磁换向阀控制推料气缸的伸缩，实现物料的分拣。

1）PLC 机型。PLC 机型为三菱 FX_{3U}-48MR。

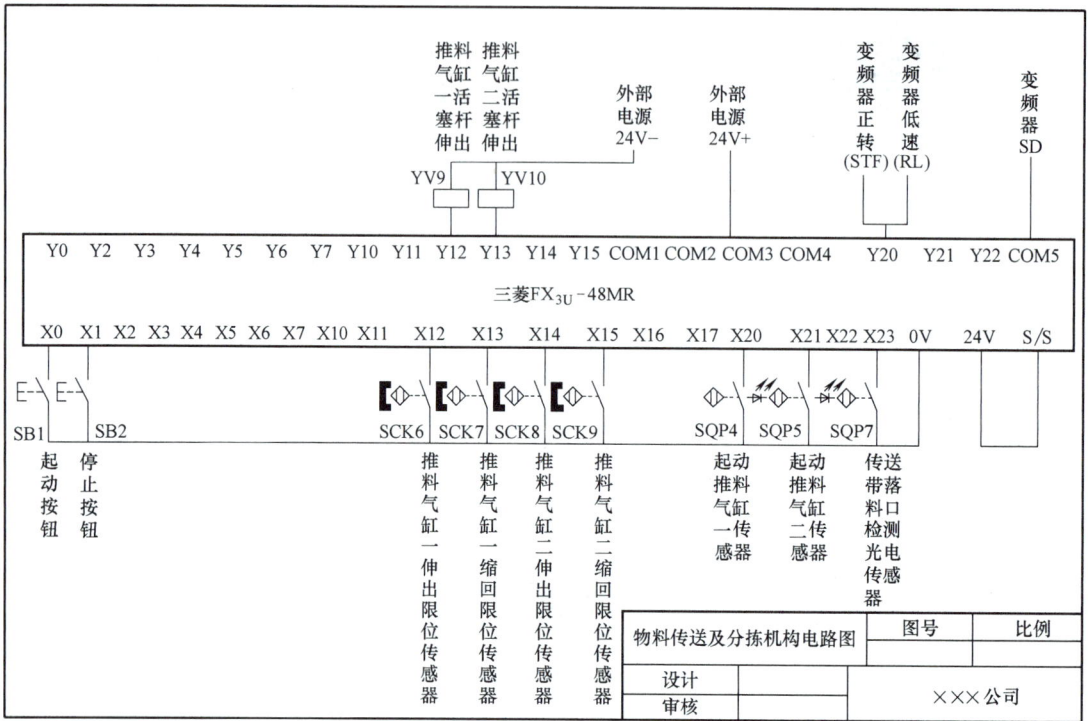

图 3-16　物料传送及分拣机构电路图

2）I/O 点分配。PLC 输入/输出设备及 I/O 点的分配情况见表 3-6。

表 3-6　PLC 输入/输出设备及 I/O 点分配表

输入			输出		
元件代号	功能	输入点	元件代号	功能	输出点
SB1	起动按钮	X0	YV9	驱动推料气缸一活塞杆伸出	Y12
SB2	停止按钮	X1	YV10	驱动推料气缸二活塞杆伸出	Y13
SCK6	推料气缸一伸出限位传感器	X12	STF（RL）	变频器低速及正转	Y20
SCK7	推料气缸一缩回限位传感器	X13			
SCK8	推料气缸二伸出限位传感器	X14			
SCK9	推料气缸二缩回限位传感器	X15			
SQP4	起动推料气缸一传感器	X20			
SQP5	起动推料气缸二传感器	X21			
SQP7	传送带落料口检测光电传感器	X23			

3）输入/输出设备连接特点。传送带落料口检测传感器为三线漫反射型光电传感器，起动推料气缸一传感器为三线电感式传感器，起动推料气缸二传感器是三线光纤传感器。

必须注意的是，变频器的输入信号端子回路不可附加外部电源，故连接变频器的输出点 Y20 为独立 PLC 输出信号端子组中的一个。

（5）识读气动回路图　机构的分拣功能主要是通过电磁换向阀控制推料气缸的伸缩来实现的。

1）气路组成。如图 3-17 所示，物料传送及分拣机构气动回路中的控制元件是两个二位五通单控电磁换向阀及 4 个节流阀；气动执行元件是推料气缸一和推料气缸二。

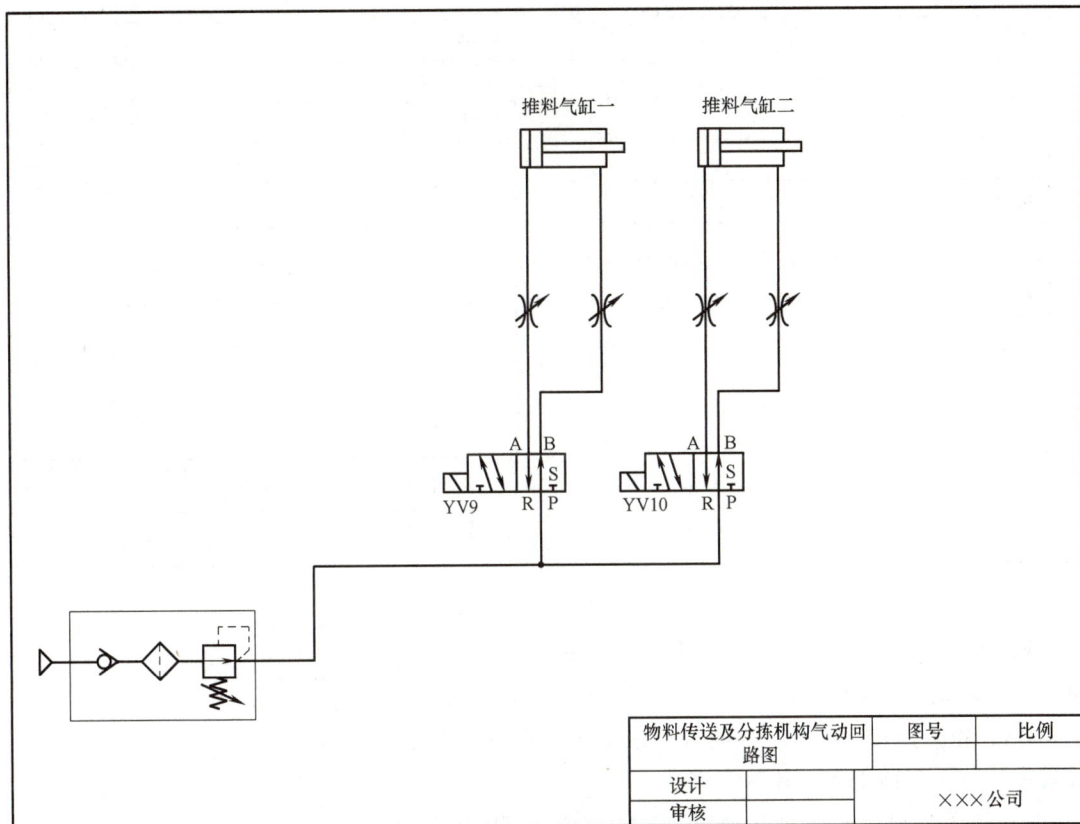

图 3-17　物料传送及分拣机构气动回路图

2）工作原理。机械手搬运机构气动回路的工作原理见表 3-7，若 YV9 得电，单控电磁换向阀 A 口出气、B 口回气，气缸一活塞杆伸出，将金属物料推入料槽一内；若 YV9 失电，单控电磁换向阀则在弹簧作用下复位，A 口回气、B 口出气，从而改变气动回路气压方向，气缸一活塞杆缩回，等待下一次分拣。推料气缸二的气动回路工作原理与之相同。

表 3-7　控制元件、执行元件状态一览表

电磁阀换向线圈得电情况		执行元件状态	机构任务
YV9	YV10		
+		推料气缸一活塞杆伸出	分拣金属物料
−		推料气缸一活塞杆缩回	等待分拣
	+	推料气缸二活塞杆伸出	分拣塑料物料
	−	推料气缸二活塞杆缩回	等待分拣

（6）识读梯形图　图 3-18 为物料传送及分拣机构梯形图，其状态转移如图 3-19 所示。

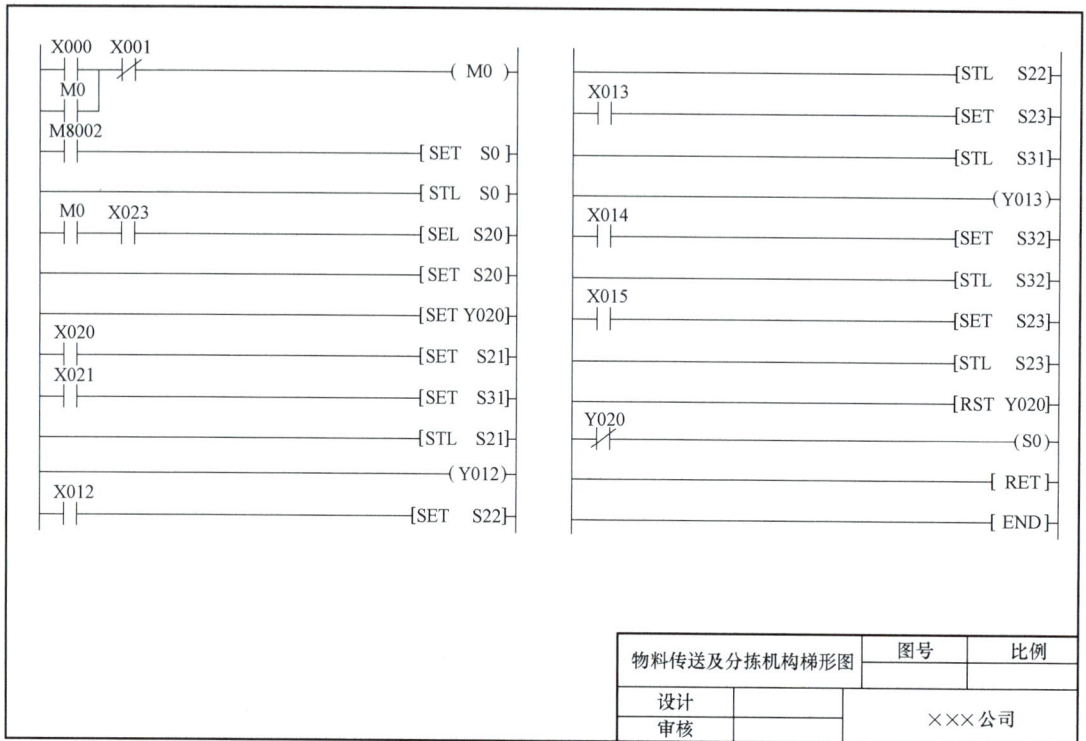

图 3-18 物料传送及分拣机构梯形图

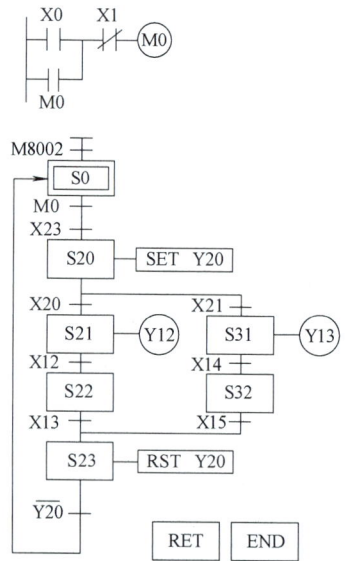

图 3-19 物料传送及分拣机构状态转移图

1）起停控制。按下起动按钮，X0 = ON，M0 为 ON 且保持，为激活 S20 状态提供了必要条件。按下停止按钮，X1 = ON，M0 为 OFF，致使 S0 向 S20 状态转移的条件缺失，故程序执行完当前工作循环后停止。

2）传送物料。入料口有物料，X23 = ON，S20 状态激活，Y20 置位，起动变频器正转低速运行，驱动传输带传送物料。

3）分拣物料。分拣程序有两个分支，根据物料的性质选择不同分支执行。

若物料为金属物料，则起动推料气缸一传感器动作，X20 = ON，S21 状态激活，Y12 为 ON，气缸一活塞杆伸出将金属物料推入料槽一内；当气缸一活塞杆伸出到位后，X12 = ON，S22 激活，Y12 为 OFF，气缸一活塞杆缩回；当气缸活塞杆缩回到位后，X13 = ON，S23 状态激活，复位 Y20，传送带停止工作。

若物料为白色塑料物料，则起动推料气缸二传感器动作，X21 = ON，S31 状态激活，Y13 为 ON，气缸二活塞杆伸出将白色塑料物料推入料槽二内；当气缸二活塞杆伸出到位后，X14 = ON，S32 激活，Y13 为 OFF，气缸二活塞杆缩回；同样当气缸二活塞杆缩回到位后，X15 = ON，复位 Y20，传送带停止运转。

（7）制订施工计划　物料传送及分拣机构的安装与调试流程图如图 3-20 所示。以此为依据，施工人员填写施工计划表（见表 3-8），合理制订施工计划，确保在定额时间内完成规定的施工任务。

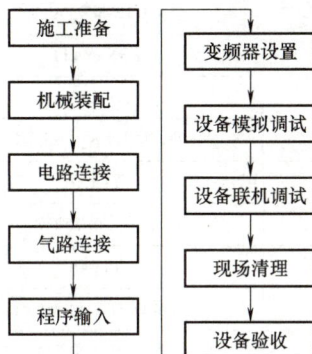

图 3-20　物料传送及分拣机构的安装与调试流程图

表 3-8　施工计划表

设备名称	施工日期	总工时/h	施工人数/人	施工负责人
物料传送及分拣机构				

序号	施工任务	施工人员	工序定额	备注
1	阅读设备技术文件			
2	机械装配、调整			
3	电路连接、检查			
4	气路连接、检查			
5	程序输入			
6	变频器设置			
7	设备模拟调试			
8	设备联机调试			
9	现场清理，技术文件整理			
10	设备验收			

2. 施工准备

（1）设备清点　检查物料传送及分拣机构的部件是否齐全，并归类放置，其部件清单见表 3-9。

表 3-9　部件清单

序号	名称	型号规格	数量	单位	备注
1	传送带套件	50×700	1	套	
2	推料气缸套件	CDJ2KB10-60-B	2	套	
3	料槽套件		3	套	
4	电动机及安装套件	380V、25W	1	套	
5	落料口		1	只	

（续）

序号	名称	型号规格	数量	单位	备注
6	电感式传感器及其支架	NSN4-2M60-E0-AM	1	套	
7	光电式传感器及其支架	GO12-MDNA-A	1	套	落料口
8	光纤传感器及其支架	E3X-NA11	1	套	
9	磁性传感器	D-C73	4	只	
10	PLC 模块	YL050、FX$_{3U}$-48MR	1	块	
11	按钮模块	YL157	1	块	
12	变频器模块	E700、0.75kW	1	块	
13	电源模块	YL046	1	块	
14	螺钉	不锈钢内六角 M6×12	若干	个	
15		不锈钢内六角 M4×12	若干	个	
16	螺母	不锈钢内六角 M3×10	若干	个	
17		椭圆形螺母 M6	若干	个	
18		M4	若干	个	
19	垫圈	M3	若干	个	
20		ϕ4	若干	个	

（2）工具清点　设备组装工具清单见表 3-10，施工人员应清点工具的数量，并认真检查其性能是否完好。

表3-10　工具清单

序号	名称	型号规格	数量	单位
1	工具箱		1	只
2	螺丝旋具	一字、100mm	1	把
3	钟表螺钉旋具		1	套
4	螺钉旋具	十字、150mm	1	把
5	螺钉旋具	十字、100mm	1	把
6	螺钉旋具	一字、150mm	1	把
7	斜口钳	150mm	1	把
8	尖嘴钳	150mm	1	把
9	剥线钳		1	把
10	内六角扳手(组套)	PM-C9	1	套
11	万用表		1	只

三、任务实施

根据制订的施工计划，按照顺序对物料传送及分拣机构实施组装，施工中应注意及时调整进度，保证定额。施工时必须严格遵守安全操作规程，采取安全保障措施，以确保人身和设备安全。

1. 机械装配

（1）机械装配前的准备　按照要求清理现场、准备图样及工具，并安排装配流程图。参考流程如图 3-21 所示。

（2）机械装配步骤　按图 3-21 组装物料传送及分拣机构。

1）画线定位。根据物料传送及分拣机构装配示意图对机构支架、三相异步电动机和电磁换向阀进行画线定位。

2）安装机构脚支架。如图 3-22 所示，固定传送线的四只脚支架。

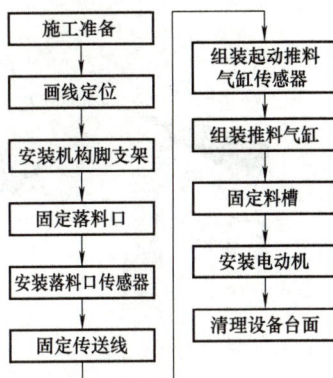

图 3-21　机械装配流程图

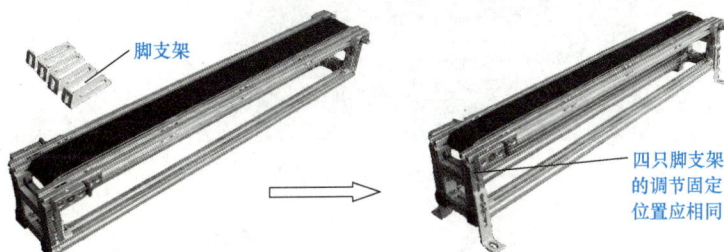

图 3-22　安装机构脚支架

3）固定落料口。如图 3-23 所示，根据装配示意图固定落料口。固定时应注意不可将传送线左右颠倒，否则将无法安装三相异步电动机。落料口的位置相对于传送线的左侧需存有一定距离，以此保证物料能平稳地落在传送带上，不致因物料与传送带接触面积过小而出现倾斜、翻滚或漏落现象。

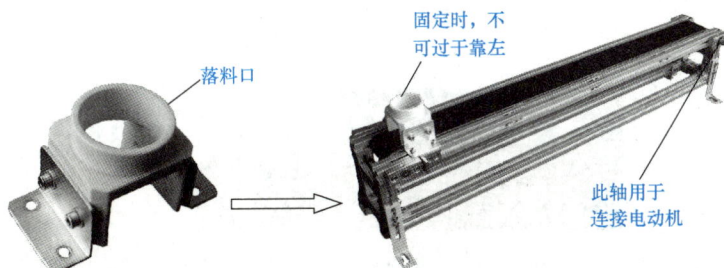

图 3-23　固定落料口

4）安装落料口传感器。如图 3-24 所示，根据装配示意图安装落料口传感器。

5）固定传送带。如图 3-25 所示，将传送带固定在定位处。

6）组装起动推料气缸传感器。如图 3-26 所示，将起动推料气缸传感器在其支架上装好后，再根据装配示意图将支架固定在传送带上。

7）组装推料气缸。如图 3-27 所示，在推料气缸上固定磁性传感器，装好支架后固定在传送带上，如图 3-28 所示。

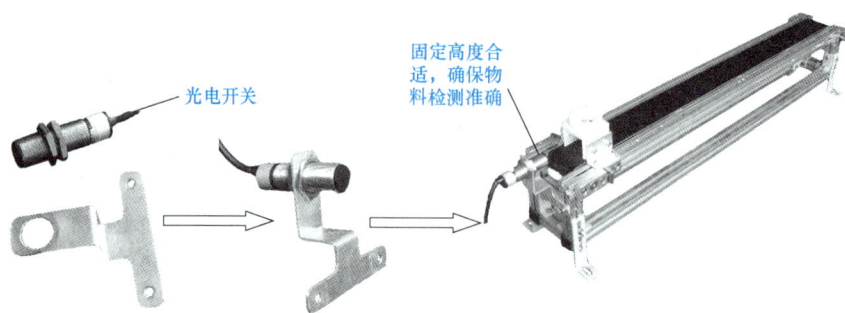

图 3-24　安装落料口传感器

图 3-25　固定传送带

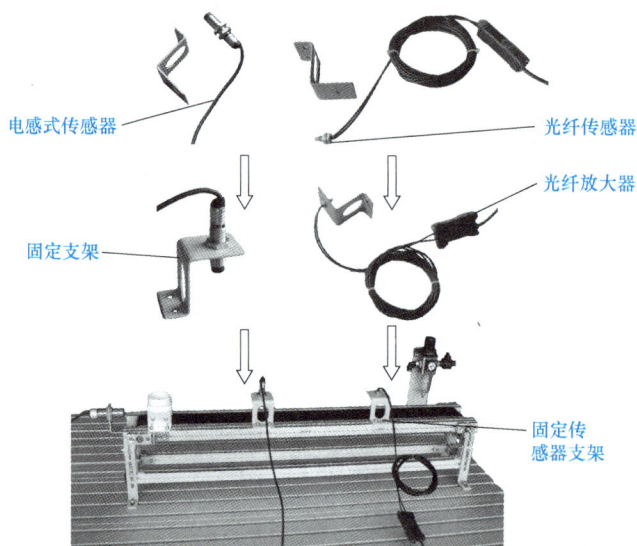

图 3-26　组装起动推料气缸传感器

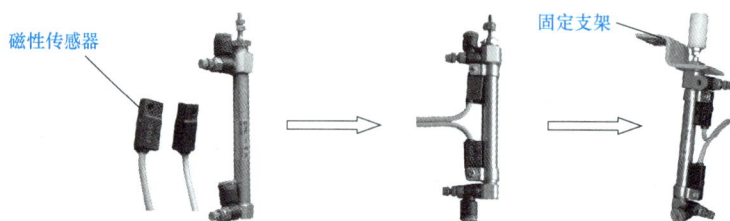

图 3-27　固定磁性传感器及气缸支架

8）固定料槽。如图 3-29 所示，根据装配示意图将料槽一和料槽二分别固定在传送带上，并调整料槽与其对应的推料气缸，使二者保持同一中性线，确保推料准确。

图 3-28 固定推料气缸

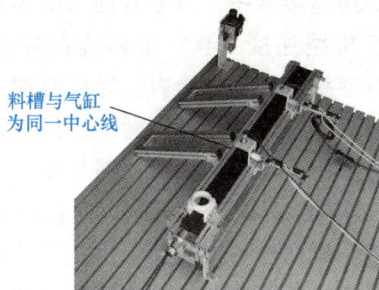

图 3-29 组装料槽

9）安装电动机。如图 3-30 所示，三相异步电动机装好支架、柔性联轴器后，将其支架固定在定位处。固定前应调整好电动机的高度和垂直度，使电动机与传送带同轴。完成后，试旋转电动机，观察两者连接、运转是否正常。

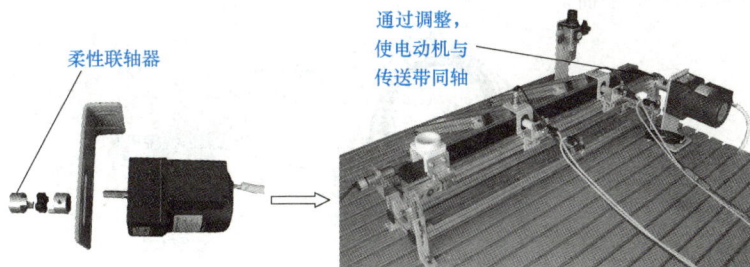

图 3-30 安装电动机

10）固定电磁阀阀组。如图 3-31 所示，将电磁阀阀组固定在定位处。

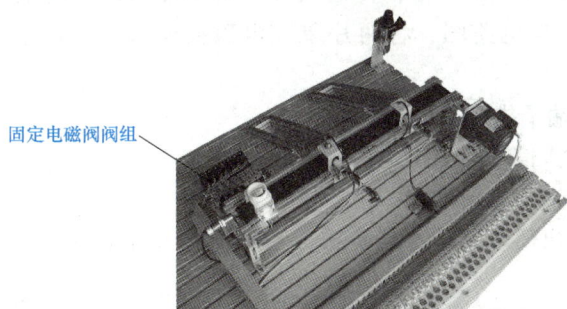

图 3-31 固定电磁阀阀组

11）清理设备台面，保持台面无杂物或多余部件。

2. 电路连接

（1）电路连接前的准备

1）检查电源是否处于断开状态，做到施工无安全隐患。

2）准备好电路安装的相关图样，供作业时查阅。

3）选用电气安装连接的电工工具，且有序摆放。

4）剪好线号管。

5）结合物料传送及分拣机构的实际结构，依据电路图确定电气回路连接顺序，参考流程如图3-32所示。

（2）电路连接步骤　电路连接应符合工艺、安全规范要求，所有导线应置于线槽内。导线与端子排连接时，应套线号管并及时编号，避免错编、漏编。插入端子排的连接线必须接触良好且紧固。端子接线布置图如图1-16所示。

1）连接传感器至端子排。根据电路图将传感器的引出线连接至端子排。物料传送及分拣机构使用了两种传感器：两线传感器与三线传感器。磁性传感器为两线传感器，落料口检测传感器、起动推料气缸一传感器和起动推料气缸二光纤传感器都是三线传感器。与其他三线传感器一样，光纤放大器引出的黑色线接PLC的输入信号端子、棕色线接PLC直流电源24V"+"端、蓝色线接PLC的0V端子，如图3-33所示。引出线不可接错，否则会损坏传感器。

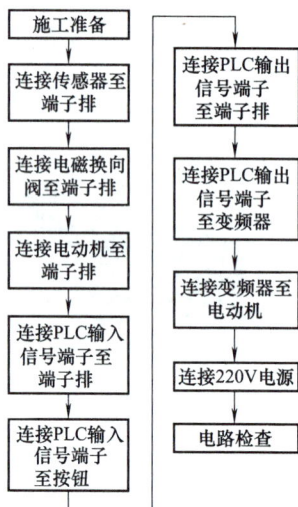

施工准备

连接传感器至端子排

连接电磁换向阀至端子排

连接电动机至端子排

连接PLC输入信号端子至端子排

连接PLC输入信号端子至按钮

连接PLC输出信号端子至端子排

连接PLC输出信号端子至变频器

连接变频器至电动机

连接220V电源

电路检查

图3-32　电路连接流程图

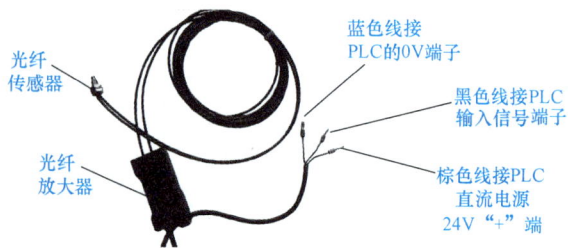

图3-33　光纤传感器

2）连接输出元件至端子排。物料传送及分拣机构使用的是阀组中的单控电磁换向阀，此阀只有一只线圈。根据电路图，将两片单控电磁换向阀的线圈按端子分布图连接至端子排。

3）连接电动机至端子排。

4）连接PLC的输入信号端子至端子排。

5）连接PLC的输入信号端子至按钮模块。

6）连接PLC的输出信号端子至端子排（负载电源暂不连接，待PLC模拟调试成功后连接）。

7）连接PLC的输出信号端子至变频器。图3-34所示为变频器模块，将PLC输出信号端子Y20与变频器的STF相连，再将STF和RL短接。

8）连接变频器至电动机。将变频器的主回路输出端子U、V、W、PE与三相异步电动机相连。接线时严禁将变频器的主回路输出端子U、V、W与电源输入端子L1、L2、L3错接，否则会烧毁变频器。

9）将电源模块中的单相交流电源引至PLC模块。

10）将电源模块中的三相电源和接地线引至变频器的主回路输入端子L1、L2、L3、PE。

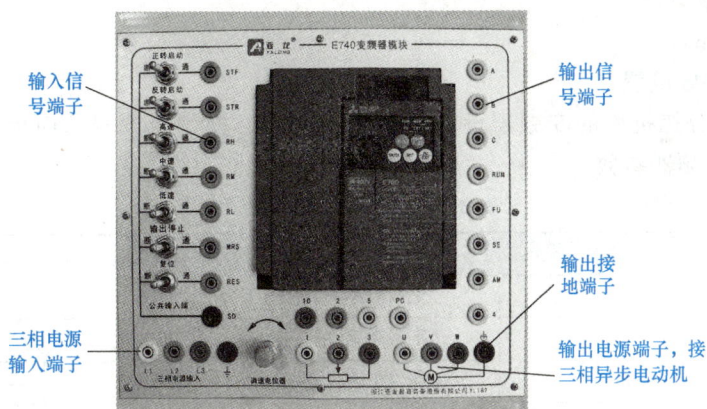

图 3-34   变频器模块

11）电路检查。

12）清理设备台面，工具入箱。

3. 气动回路连接

（1）气路连接前的准备   按要求检查空气压缩机状态，准备图样及工具，并安排气动回路连接步骤。

（2）气路连接步骤   如图 3-35 所示，管路连接时，应避免直角或锐角弯曲，尽量平行布置，力求走向合理且气管最短。

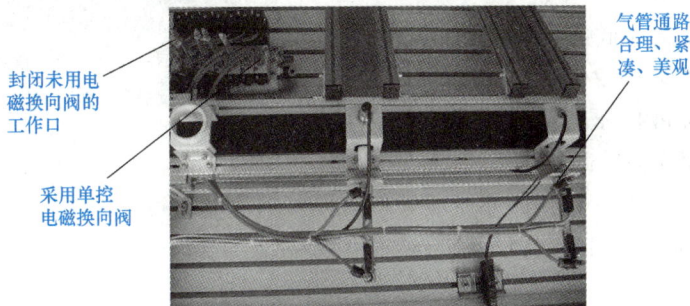

图 3-35   气路连接

1）连接气源。

2）连接执行元件。

3）整理、固定气管。

4）封闭阀组上未用电磁换向阀的气路通道。

5）清理台面杂物，工具入箱。

4. 程序输入

启动三菱 PLC 编程软件，输入梯形图，如图 3-18 所示。

1）启动三菱 PLC 编程软件。

2）创建新文件，选择 PLC 类型。

3）输入程序。

4）转换梯形图。

5）保存文件。

5. 变频器参数设置

物料传送及分拣机构的变频器设定参数见表 3-11。操作变频器的面板如图 3-36 所示，按表 3-11 设定变频器参数。

表 3-11　变频器参数设定表

序号	参数号	名称	设定值	备注
1	Pr. 1	上限频率	50Hz	
2	Pr. 2	下限频率	0Hz	
3	Pr. 6	3 速设定（低速）	30Hz	低速设定
4	Pr. 7	加速时间	5s	
5	Pr. 8	减速时间	5s	
6	Pr. 79	操作模式	2	外部操作模式

1）选择面板操作模式。变频器参数设定必须在面板操作模式下进行，否则无效。先用 MODE 键将监示显示切换至参数设定模式，再在此模式下设定操作模式为 PU 操作模式 Pr. 79 = 1。

2）设定上限频率 Pr. 1 = 50。

3）设定下限频率 Pr. 2 = 0。

4）设定 3 速设定（低速）频率 Pr. 6 = 30。

5）设定加速时间 Pr. 7 = 5。

6）设定减速时间 Pr. 8 = 5。

7）设定操作模式为外部操作模式 Pr. 79 = 2。

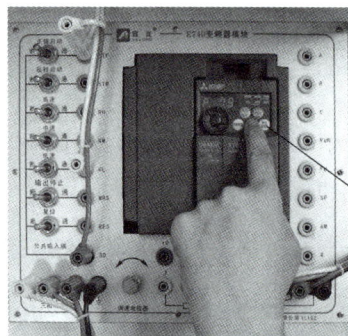

参数设定必须在面板操作模式下进行

图 3-36　变频器参数设定面板

所谓外部操作模式，是指变频器的起停信号和运行频率信号都是由外部输入。在此模式下，变频器不接受面板按键发出的起停信号与频率信号。

6. 设备调试

（1）设备调试前的准备　按照要求清理设备，检查机械装配、电路连接、气路连接等情况，确认其安全性、正确性。在此基础上确定调试流程，本设备的调试流程如图 3-37 所示。

（2）模拟调试

1）PLC 静态调试。

① 连接计算机与 PLC。

② 确认 PLC 的输出负载回路电源处于断开状态，并检查空气压缩机的阀门是否关闭。

③ 合上断路器，给设备供电。

④ 写入程序。

⑤ 运行 PLC，按表 3-12 用 PLC 模块上的钮子开关模拟 PLC 输入信号，观察 PLC 的输出指示灯状态。

⑥ 将 PLC 的 RUN/STOP 开关置于"STOP"位置。

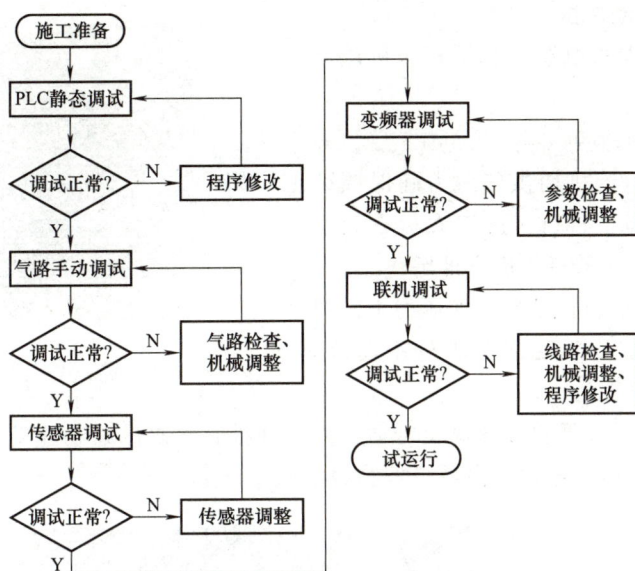

图 3-37 设备调试流程图

⑦ 复位 PLC 模块上的钮子开关。

表 3-12 静态调试情况记载表

步骤	操作任务	观察任务		备注
		正确结果	观察结果	
1	按下起动按钮 SB1, 动作 X23 钮子开关后复位	Y20 指示灯点亮		起动后, 有物料, 传送带运转
2	动作 X20 钮子开关后复位	Y12 指示灯点亮		检测到金属物料, 气缸一活塞杆伸出, 分拣至金属料槽
3	动作 X12 钮子开关	Y12 指示灯熄灭		伸出到位后, 气缸一活塞杆缩回
4	复位 X12 钮子开关, 动作 X13 钮子开关	Y20 指示灯熄灭		缩回到位后, 传送带停止
5	动作 X23 钮子开关后复位	Y20 指示灯点亮		有物料, 传送带运转
6	动作 X21 钮子开关后复位	Y13 指示灯点亮		检测到塑料物料, 气缸二活塞杆伸出, 分拣至塑料料槽
7	动作 X14 钮子开关	Y13 指示灯熄灭		伸出到位后, 气缸二活塞杆缩回
8	复位 X14 钮子开关, 动作 X15 钮子开关	Y20 指示灯熄灭		缩回到位后, 传送带停止
9	动作 X23 钮子开关后复位	Y20 指示灯点亮		有物料, 传送带运转
10	按下停止按钮	传送带不能停止, 必须执行完当前工作循环后才能停止		

2）气动回路手动调试。

① 接通空气压缩机电源，起动空压机压缩空气，等待气源充足。

② 将气源压力调整到 0.4 ~ 0.5MPa 后，开启气动二联件上的阀门给机构供气。为确保调试工作在无气体泄露环境下进行，施工人员需观察气路系统有无泄露现象，若有，应立即解决。

③ 如图 3-38 所示，在正常工作压力下，对推料气缸一和推料气缸二气动回路进行手动调试，直至机构动作完全正常为止。

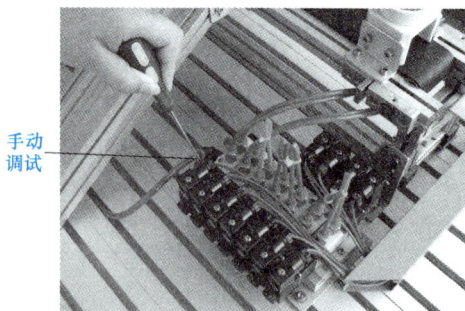

手动调试

图 3-38 气动回路手动调试

④ 如图 3-39 所示，调整节流阀至合适开度，使推料气缸的运动速度趋于合理，避免动作速度过快而打飞物料，速度过慢而打偏物料。

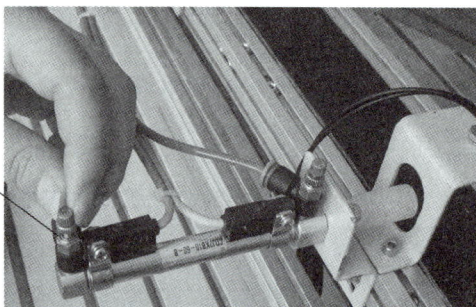

调节节流阀，使推料气缸的动作速度合适

图 3-39 调整推料气缸动作速度

3）传感器调试。调整传感器的位置，观察 PLC 的输入指示灯状态。

① 动作气缸，调整、固定各磁性传感器。

② 如图 3-40 所示，在落料口中先后放入金属物料和塑料物料，调整落料口检测光电传感器的水平位置或光线漫反射灵敏度。

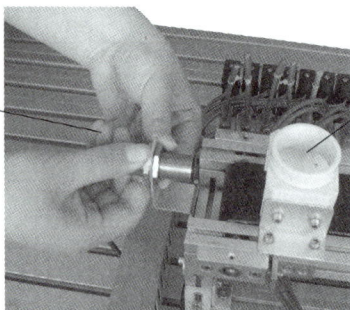

调整落料口检测光电传感器的检测距离

落料口中先后放入金属物料和塑料物料

图 3-40 落料口物料检测传感器的调整固定

③ 如图 3-41 所示，在起动推料气缸一传感器下放置金属物料，调整后固定。

④ 如图 3-42 所示，调整光纤放大器的颜色灵敏度，使光纤传感器检测到白色塑料物料。

调整金属
传感器的
检测距离

图 3-41 起动推料气缸—传感器的调整固定

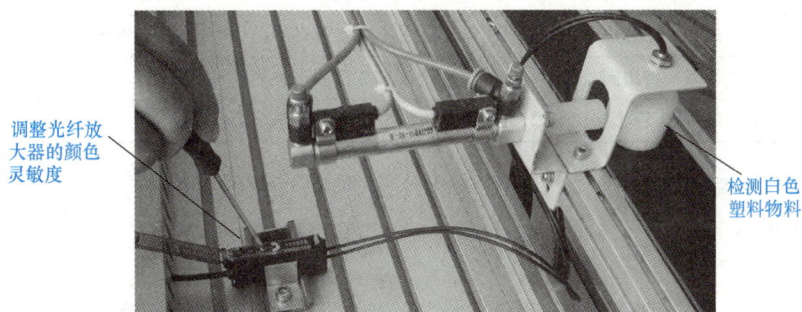

调整光纤放
大器的颜色
灵敏度

检测白色
塑料物料

图 3-42 光纤传感器的调整

4）变频器调试。闭合变频器模块上的 STF、RL 钮子开关，电动机运转，传送带自左向右运行。若电动机反转，须关闭电源后对调输出三相电源 U、V、W 中的任意两根，改变输出三相电源相序后重新调试。调试时注意观察变频器的运行频率是否与要求值相符。

（3）联机调试 模拟调试正常后，接通 PLC 输出负载的电源回路，便可联机调试。调试时，要求施工人员认真观察设备的运行情况，若出现问题，应立即解决或切断电源，避免扩大故障范围。调试观察的主要部位如图 3-43 所示。

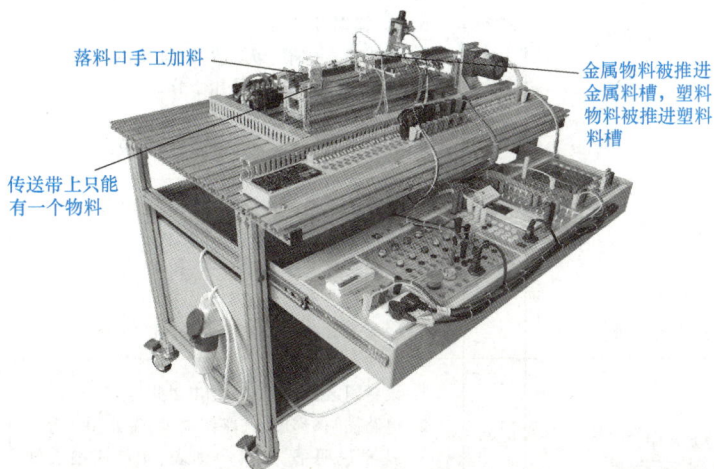

落料口手工加料

金属物料被推进
金属料槽，塑料
物料被推进塑料
料槽

传送带上只能
有一个物料

图 3-43 物料传送及分拣机构

表 3-13 为联机调试的正确结果，若调试中有与之不符的情况，施工人员首先应根据现场情况，判断是否需要切断电源，在分析、判断故障形成的原因（机械、电路、气路或程序问题）的基础上，进行检修、重新调试，直至设备完全实现功能。

表 3-13 联机调试结果一览表

步骤	操作过程	设备实现的功能	备注
1	按下起动按钮 SB1	机构起动	
2	落料口放入金属物料	传送带运转	
3	物料传送至金属传感器	气缸一活塞杆伸出，物料分拣至金属料槽	
4	气缸一活塞杆伸出到位后	气缸一活塞杆缩回，传送带停转	
5	落料口放入塑料物料	传送带运转	
6	物料传送至光纤传感器	气缸二活塞杆伸出，物料分拣至塑料料槽	
7	气缸二活塞杆伸出到位后	气缸二活塞杆缩回，传送带停转	
8	重新加料，按下停止按钮 SB2，机构完成当前工作循环后停止工作		

（4）试运行 施工人员操作物料传送及分拣机构，运行、观察一段时间，确保设备合格、稳定、可靠。

7. 现场清理

设备调试完毕，要求施工人员清点工量具，归类整理资料，清扫现场卫生，并填写设备安装登记表。

8. 设备验收

设备质量验收见表 3-14。

表 3-14 设备质量验收表

验收项目及要求		配分	配分标准	扣分	得分	备注
设备组装	1. 设备部件安装可靠，各部件位置衔接准确 2. 电路安装正确，接线规范 3. 气路连接正确，规范美观	35 分	1. 部件安装位置错误，每处扣 2 分 2. 部件衔接不到位，零件松动，每处扣 2 分 3. 电路连接错误，每处扣 2 分 4. 导线反圈、压皮、松动，每处扣 2 分 5. 错、漏编号，每处扣 1 分 6. 导线未入线槽、布线凌乱，每处扣 2 分 7. 气路连接错误，每处扣 2 分 8. 气路漏气、掉管，每处扣 2 分 9. 气管过长、过短、乱扎，每处扣 2 分			
设备功能	1. 设备起停正常 2. 传送带运转正常 3. 金属物料分拣正常 4. 塑料物料分拣正常 5. 变频器参数设置正确	60 分	1. 设备未按要求起动或停止，扣 10 分 2. 传送带未按要求运转，扣 10 分 3. 金属物料未按要求分拣，扣 10 分 4. 塑料物料未按要求分拣，扣 10 分 5. 变频器参数未按要求设置，扣 10 分			
设备附件	资料齐全，归类有序	5 分	1. 设备组装图缺少，每处扣 2 分 2. 电路图、梯形图、气路图缺少，每处扣 2 分 3. 技术说明书、工具明细表、元件明细表缺少，每处扣 2 分			

（续）

验收项目及要求		配分	配分标准	扣分	得分	备注
安全生产	1. 自觉遵守安全文明生产规程 2. 保持现场干净整洁,工具摆放有序		1. 漏接接地线,每处扣 5 分 2. 每违反一项规定,扣 3 分 3. 发生安全事故,扣 10 分 4. 现场凌乱、乱放工具、乱丢杂物、完成任务后不清理现场扣 5 分			
时间	5h		1. 提前正确完成,每提前 5min 加 5 分 2. 超过定额时间,每超时 5min 扣 2 分			
开始时间:			结束时间:		实际时间:	

四、设备改造

物料传送及分拣机构的改造。改造要求及任务如下:

（1）功能要求

1）传送功能。当传送带落料口的光电传感器检测到物料时,变频器起动,变频器以 15Hz 的频率驱动三相异步电动机正转运行,传送带开始输送物料,分拣完毕,传送带停止运转。

2）分拣功能。

① 分拣黑色塑料物料。当起动推料气缸一传感器检测到黑色塑料物料时,推料气缸一动作,活塞杆伸出将黑色塑料物料推入料槽一内。当推料气缸一伸出限位传感器检测到活塞杆伸出到位后,活塞杆缩回;缩回限位传感器检测活塞杆缩回到位后,三相异步电动机停止运行（提示:黑色物料需到达推料气缸二位置后再返回,以此排除金属物料,确定为黑色塑料物料,返回的变频器频率也为 15Hz）。

② 分拣金属物料。当起动推料气缸二传感器检测到金属物料时,推料气缸二动作,活塞杆伸出将金属物料推入料槽二内。当推料气缸二伸出限位传感器检测到活塞杆伸出到位后,活塞杆缩回;缩回限位传感器检测活塞杆缩回到位后,三相交流异步电动机停止运行。

3）打包功能。当料槽中已有 5 个物料时,要求物料打包取走,打包指示灯点亮,5s 后继续传送分拣工作。

（2）技术要求

1）机构的起停控制要求:

① 按下起动按钮,机构开始工作。

② 按下停止按钮,机构完成当前工作循环后停止。

2）电源要有信号指示灯,电气线路的设计符合工艺要求、安全规范。

3）气动回路的设计符合控制要求、正确规范。

（3）工作任务

1）按机构要求画出电路图。

2）按机构要求画出气路图。

3）按机构要求编写 PLC 控制程序。

4）改装物料传送及分拣机构实现功能。

5）绘制设备装配示意图。

项目四

物料搬运、传送及分拣机构的安装与调试

一、施工任务

1. 根据设备装配示意图组装物料搬运、传送及分拣机构。
2. 按照设备电路图连接物料搬运、传送及分拣机构的电气回路。
3. 按照设备气路图连接物料搬运、传送及分拣机构的气动回路。
4. 输入设备控制程序，正确设置变频器参数，调试物料搬运、传送及分拣机构实现功能。

二、施工前准备

施工人员在施工前应仔细阅读设备随机技术文件，了解物料搬运、传送及分拣机构的组成及其运行情况，看懂装配示意图、电路图、气动回路图及梯形图等图样，然后再根据施工任务制订施工计划、施工方案等。

1. 识读设备图样及技术文件

（1）装置简介　物料搬运、传送及分拣机构主要实现对加料站出料口的物料进行搬运、输送，并能根据物料性质进行分类存放的功能，其动作流程如图4-1所示。

1）机械手复位功能。PLC上电，机械手手爪放松、手爪上升、手臂缩回、手臂左旋至左侧限位处停止。

2）起停控制。机械手复位后，按下起动按钮，机构开始工作。按下停止按钮，机构完成当前工作循环后停止。

3）搬运功能。若加料站出料口有物料，机械手臂伸出→手爪下降→手爪夹紧抓物→0.5s后手爪上升→手臂缩回→手臂右旋→到位0.5s后手臂伸出→手爪下降→0.5s后，若传送带上无物料，则手爪放松、释放物料→手爪上升→手臂缩回→手臂左旋至左侧限位处停止。

4）传送功能。当传送带落料口的光电传感器检测到物料时，变频器起动，变频器以25Hz的频率驱动三相异步电动机正转运行，传送带自左向右传送物料。当物料分拣完毕时，传送带停止运转。

5）分拣功能。

① 分拣金属物料。当金属物料被传送至 A 点位置时，推料气缸一（简称气缸一）活塞杆伸出，将金属物料推入料槽一内。伸出到位后，活塞杆缩回；缩回到位后，三相异步电动机停止运行。

② 分拣白色塑料物料。当白色塑料物料被传送至 B 点位置时，推料气缸二（简称气缸二）活塞杆伸出，将白色塑料物料推入料槽二内。伸出到位后，活塞杆缩回；缩回到位后，三相异步电动机停止运行。

③ 分拣黑色塑料物料。当黑色塑料物料被传送至 C 点位置时，推料气缸三（简称气缸三）活塞杆伸出，将黑色塑料物料推入料槽三内。伸出到位后，活塞杆缩回；缩回到位后，三相异步电动机停止运行。

（2）识读装配示意图　如图 4-2 所示，物料搬运、传送及分拣机构是机械手搬运装置、传送及分拣装置的组合，其安装难点在于机械手气动手爪既能抓取加料站出料口的物料，又能准确地将其送进传送带的落料口内，这就要求机械手、加料站和传送带之间衔接准确，安装尺寸误差要小。

1）结构组成。物料搬运、传送及分拣机构主要由加料站、机械手搬运装置、传送装置及分拣装置等组成。其中机械手主要由气动手爪部件、提升气缸部件、手臂伸缩气缸部件、旋转气缸部件及固定支架等组成；传送装置主要由落料口、落料检测传感器、直线皮带输送线（简称传送线）和三相异步电动机等组成；分拣装置由三类物料检测传感器、料槽、推料气缸及电磁阀阀组组成。物料搬运、传送及分拣机构的示意图如图 4-3 所示。

物料搬运、传送及分拣机构的实物如图 4-4 所示，各部件的功能与项目二、项目三相同。

2）尺寸分析。物料搬运、传送及分拣机构的各部件定位尺寸如图 4-5 所示。

（3）识读电路图　图 4-6 为物料搬运、传送及分拣机构电路图。

1）PLC 机型。PLC 机型为三菱 FX$_{3U}$-48MR。

2）I/O 点分配。PLC 输入/输出设备及 I/O 点的分配情况见表 4-1。

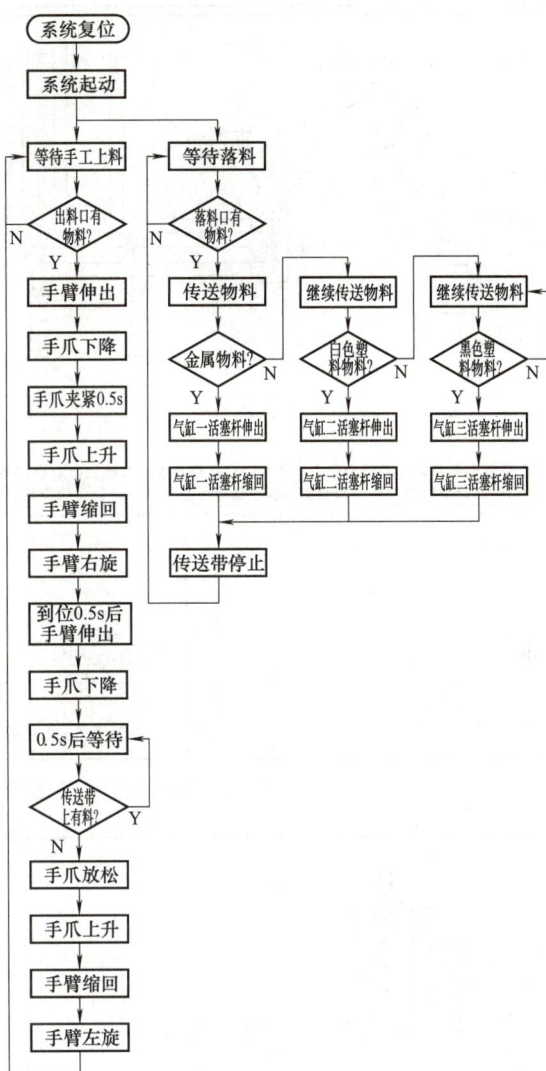

图 4-1　物料搬运、传送及分拣机构动作流程图

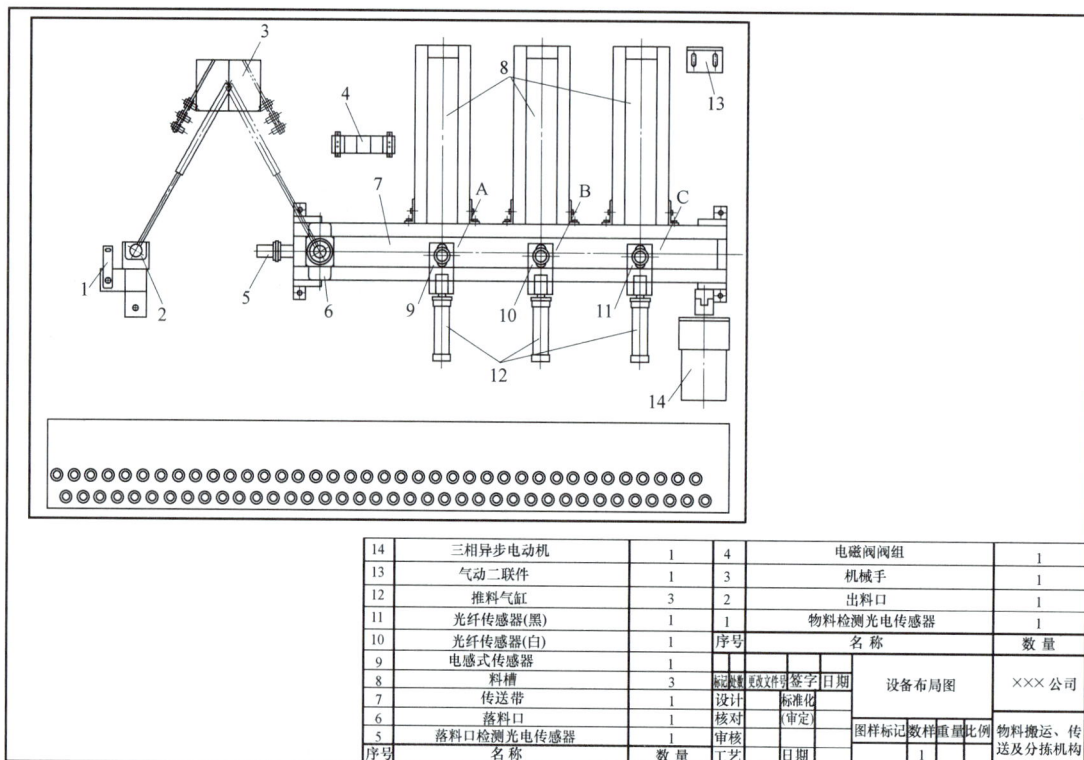

14	三相异步电动机	1	4	电磁阀阀组	1
13	气动二联件	1	3	机械手	1
12	推料气缸	3	2	出料口	1
11	光纤传感器(黑)	1	1	物料检测光电传感器	1
10	光纤传感器(白)	1	序号	名 称	数 量
9	电感式传感器	1			
8	料槽	3	标记 数量 更改文件号 签字 日期	设备布局图	×××公司
7	传送带	1	设计 标准化		
6	落料口	1	核对 (审定)		
5	落料口检测光电传感器	1	审核	图样标记 数量 样 重量 比例	物料搬运、传送及分拣机构
序号	名 称	数 量	工艺 日期	1	

图 4-2 物料搬运、传送及分拣机构设备布局图

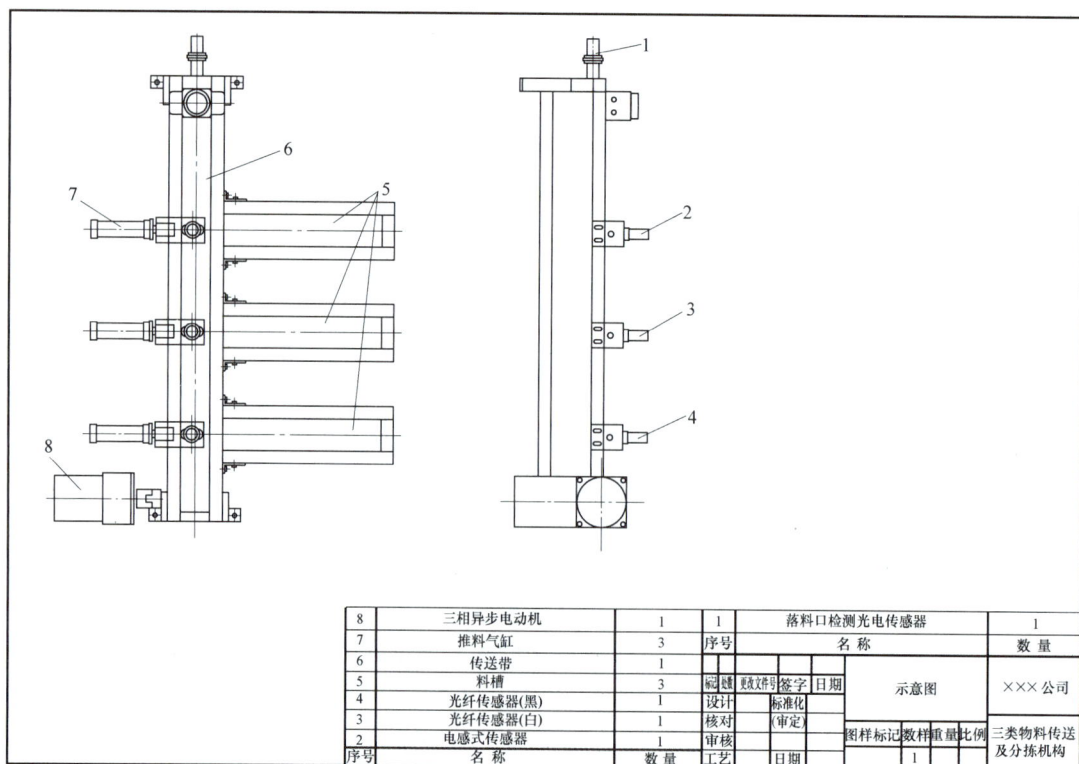

8	三相异步电动机	1	1	落料口检测光电传感器	1
7	推料气缸	3	序号	名 称	数 量
6	传送带	1			
5	料槽	3	标记 数量 更改文件号 签字 日期	示意图	×××公司
4	光纤传感器(黑)	1	设计 标准化		
3	光纤传感器(白)	1	核对 (审定)		
2	电感式传感器	1	审核	图样标记 数量 样 重量 比例	三类物料传送及分拣机构
序号	名 称	数 量	工艺 日期	1	

图 4-3 三类物料传送及分拣机构示意图

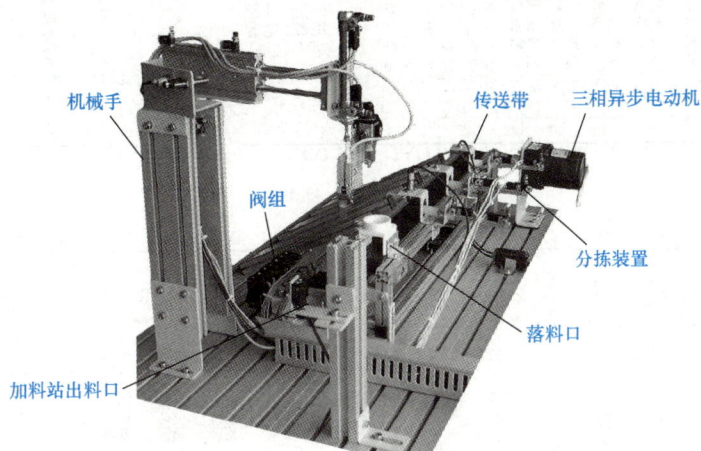

图 4-4　物料搬运、传送及分拣机构的实物

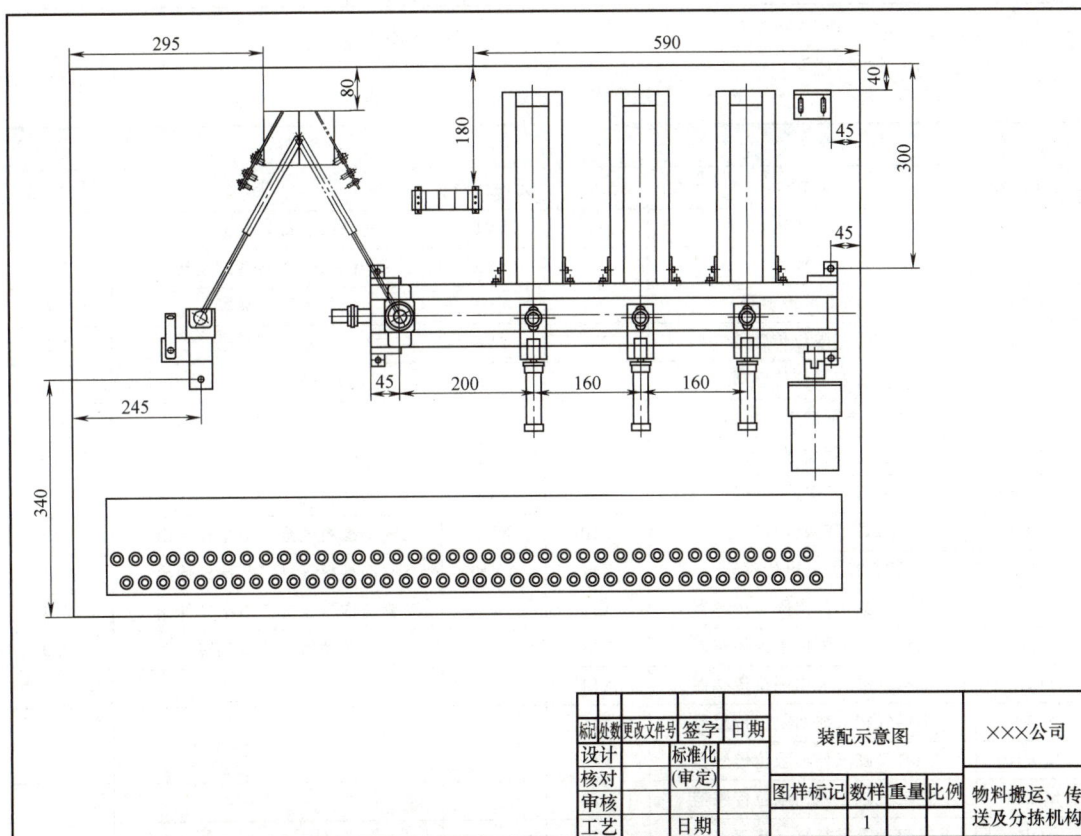

图 4-5　物料搬运、传送及分拣机构装配示意图

旋转气缸正转　旋转气缸反转　气动手爪夹紧　气动手爪放松　提升气缸活塞杆下降　提升气缸活塞杆上升　伸缩气缸活塞杆伸出　伸缩气缸活塞杆缩回　驱动推料气缸一活塞杆伸出　驱动推料气缸二活塞杆伸出　驱动推料气缸三活塞杆伸出　外部电源24V-　外部电源24V+　变频器正转(STF)　变频器低速(RL)　变频器SD

YV1 YV2 YV3 YV4 YV5 YV6 YV7 YV8 YV9 YV10 YV11

Y0 Y2 Y3 Y4 Y5 Y6 Y7 Y10 Y11 Y12 Y13 Y14 Y15 COM1 COM2 COM3 COM4 Y20 Y21 Y22 COM5

三菱 FX$_{3U}$-48MR

X0 X1 X2 X3 X4 X5 X6 X7 X10 X11 X12 X13 X14 X15 X16 X17 X20 X21 X22 X23 0V 24V S/S

SB1 SB2 SCK1 SQP1 SQP2 SCK2 SCK3 SCK4 SCK5 SQP3 SCK6 SCK7 SCK8 SCK9 SCK10 SCK11 SQP4 SQP5 SQP6 SQP7

起动按钮　停止按钮　气动手爪传感器　旋转左限位传感器　旋转右限位传感器　气动手臂伸出传感器　气动手臂缩回传感器　手爪提升限位传感器　手爪下降限位传感器　物料检测光电传感器　推料气缸一伸出限位传感器　推料气缸一缩回限位传感器　推料气缸二伸出限位传感器　推料气缸二缩回限位传感器　推料气缸三伸出限位传感器　推料气缸三缩回限位传感器　起动推料气缸一传感器　起动推料气缸二传感器　起动推料气缸三传感器　传送带落料口检测传感器

机械搬运、传送及分拣机构电路图		图号	比例
设计			
审核		×××公司	

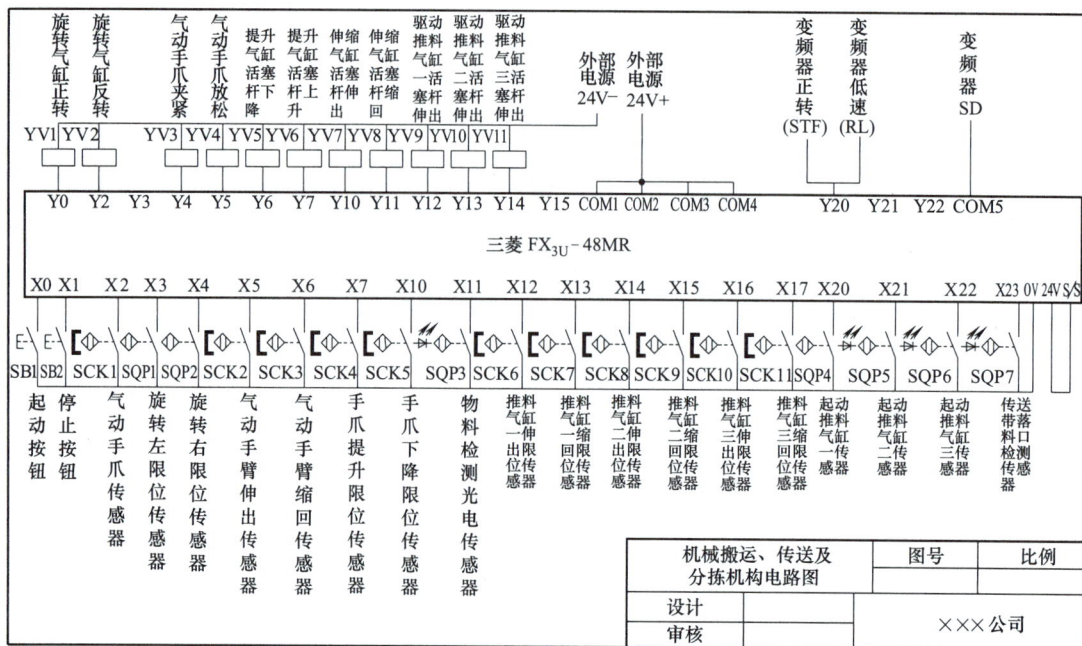

图 4-6　物料搬运、传送及分拣机构电路图

表 4-1　输入/输出设备及 I/O 点分配表

输入			输出		
元件代号	功能	输入点	元件代号	功能	输出点
SB1	起动按钮	X0	YV1	手臂右旋（旋转气缸正转）	Y0
SB2	停止按钮	X1	YV2	手臂左旋（旋转气缸反转）	Y2
SCK1	气动手爪传感器	X2	YV3	气动手爪夹紧	Y4
SQP1	旋转左限位传感器	X3	YV4	气动手爪放松	Y5
SQP2	旋转右限位传感器	X4	YV5	提升气缸活塞杆下降	Y6
SCK2	气动手臂伸出传感器	X5	YV6	提升气缸活塞杆上升	Y7
SCK3	气动手臂缩回传感器	X6	YV7	伸缩气缸活塞杆伸出	Y10
SCK4	手爪提升限位传感器	X7	YV8	伸缩气缸活塞杆缩回	Y11
SCK5	手爪下降限位传感器	X10	YV9	驱动推料气缸一活塞杆伸出	Y12
SQP3	物料检测光电传感器	X11	YV10	驱动推料气缸二活塞杆伸出	Y13
SCK6	推料气缸一伸出限位传感器	X12	YV11	驱动推料气缸三活塞杆伸出	Y14
SCK7	推料气缸一缩回限位传感器	X13	STF（RL）	变频器低速及正转	Y20
SCK8	推料气缸二伸出限位传感器	X14			
SCK9	推料气缸二缩回限位传感器	X15			
SCK10	推料气缸三伸出限位传感器	X16			
SCK11	推料气缸三缩回限位传感器	X17			
SQP4	起动推料气缸一传感器	X20			
SQP5	起动推料气缸二传感器	X21			
SQP6	起动推料气缸三传感器	X22			
SQP7	传送带落料口检测传感器	X23			

3）输入/输出设备连接特点。起动推料气缸二传感器和起动推料气缸三传感器都为光纤传感器，通过调节传感器内光纤放大器的颜色感应灵敏度，便可分别识别白色物料和黑色物料。变频器的输入信号端子回路不可附加外部电源，故选择连接变频器的输出点 Y20 为 PLC 输出端子独立组中的一个。

（4）识读气动回路图　机构的搬运和分拣工作主要是通过电磁换向阀控制气缸的动作来实现的。

1）气路组成。如图 4-7 所示，气动回路中的控制元件分别是 4 个二位五通双控电磁换向阀、3 个二位五通单控电磁换向阀及 14 个节流阀；气动执行元件分别是提升气缸、伸缩气缸、旋转气缸、气动手爪及 3 个推料气缸。

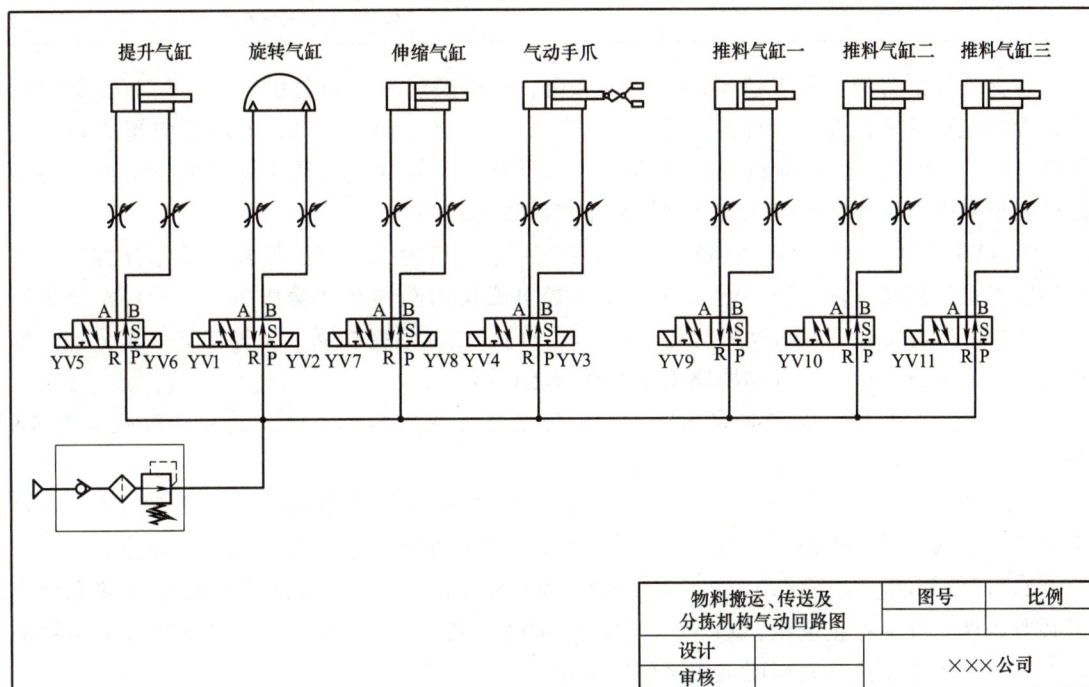

图 4-7　物料搬运、传送及分拣机构气动回路图

2）工作原理。物料搬运、传送及分拣机构气动回路的控制原理见表 4-2。

表 4-2　控制元件、执行元件状态一览表

YV1	YV2	YV3	YV4	YV5	YV6	YV7	YV8	YV9	YV10	YV11	执行元件状态	机构任务
+	−										旋转气缸正转	手臂右旋
−	+										旋转气缸反转	手臂左旋
		+	−								气动手爪夹紧	抓料
		−	+								气动手爪放松	放料
				+	−						提升气缸活塞杆伸出	手爪下降
				−	+						提升气缸活塞杆缩回	手爪上升
						+	−				伸缩气缸活塞杆伸出	手臂伸出

（续）

电磁阀换向线圈得电情况											执行元件状态	机构任务
YV1	YV2	YV3	YV4	YV5	YV6	YV7	YV8	YV9	YV10	YV11		
						−	+				伸缩气缸活塞杆缩回	手臂缩回
								+			推料气缸一活塞杆伸出	分拣金属物料
								−			推料气缸一活塞杆缩回	等待分拣
									+		推料气缸二活塞杆伸出	分拣白色塑料物料
									−		推料气缸二活塞杆缩回	等待分拣
										+	推料气缸三活塞杆伸出	分拣黑色塑料物料
										−	推料气缸三活塞杆缩回	等待分拣

以伸缩气缸为例，若 YV7 得电、YV8 失电，电磁换向阀 A 口为出气口、B 口为回气口，从而控制气缸活塞杆伸出，机械手臂伸出；若 YV7 失电、YV8 得电，电磁换向阀 A 口为回气口、B 口为出气口，从而改变气动回路的气压方向，伸缩气缸活塞杆缩回，机械手臂缩回。其他双控电磁换向阀控制的气动回路工作原理与之相同。

若 YV9 得电，单控电磁换向阀 A 口为出气口、B 口为回气口，气缸一活塞杆伸出，将金属物料推进料槽一内；若 YV9 失电，则单控电磁换向阀则在弹簧作用下复位，A 口为回气口、B 口为出气口，从而改变气动回路气压方向，气缸活塞杆缩回，等待下一次分拣。推料气缸二、推料气缸三的气动回路工作原理与之相同。

（5）识读梯形图　图 4-8 为物料搬运、传送及分拣机构梯形图，其动作过程如图 4-9 所示。

1）机械手复位控制。与项目二相同，PLC 上电瞬间或机构起动时，S0 状态激活，机械手复位：机械手手爪放松、手爪上升、手臂缩回、手臂向左旋转至左侧限位处停止。

2）起停控制。按下起动按钮，X0 = ON，M1 为 ON 且保持，为激活 S20、S30 状态提供了必要条件。按下停止按钮，X1 = ON，M1 为 OFF，致使 S0 向 S20、S1 向 S30 状态转移的条件缺失，故程序执行完当前工作循环后停止。

机械手搬运物料开始，即自 S20 激活起，M2 为 ON，直至传送带开始工作，S30 激活止，M2 方为 OFF，以保证在机械手抓料的情况下，按下停止按钮后机构仍继续完成当前工作后停止。

3）搬运物料。当加料站出料口有物料时，X11 为 ON，激活 S20 状态→Y10 = ON，手臂伸出→X5 = ON，Y6 = ON，手爪下降→X10 = ON，Y4 = ON，手爪夹紧→夹紧定时 0.5s 到，激活 S21 状态→Y7 = ON，手爪上升→X7 = ON，Y11 = ON，手臂缩回→X6 = ON，Y0 = ON，手臂右旋→手臂右旋到位定时 0.5s，激活 S22 状态→Y10 = ON，手臂伸出→X5 = ON，Y6 = ON，手爪下降→手爪下降到位定时 0.5s 到，Y5 = ON，手爪放松→手爪放松到位，X2 = OFF，激活 S23 状态→Y7 = ON，手爪上升→X7 = ON，Y11 = ON，手臂缩回→X6 = ON，Y2 = ON，手臂左旋→手臂左旋到位，X3 = ON，激活 S0 状态，开始新的循环。

4）传送物料。PLC 上电瞬间或机构起动时，S1 状态激活。当落料口检测到物料时，X23 = ON，S30 状态激活，Y20 置位，起动变频器正转低速运行，驱动传送带输送物料。

5）分拣物料。分拣程序有三个分支，根据物料的性质选择不同分支执行。

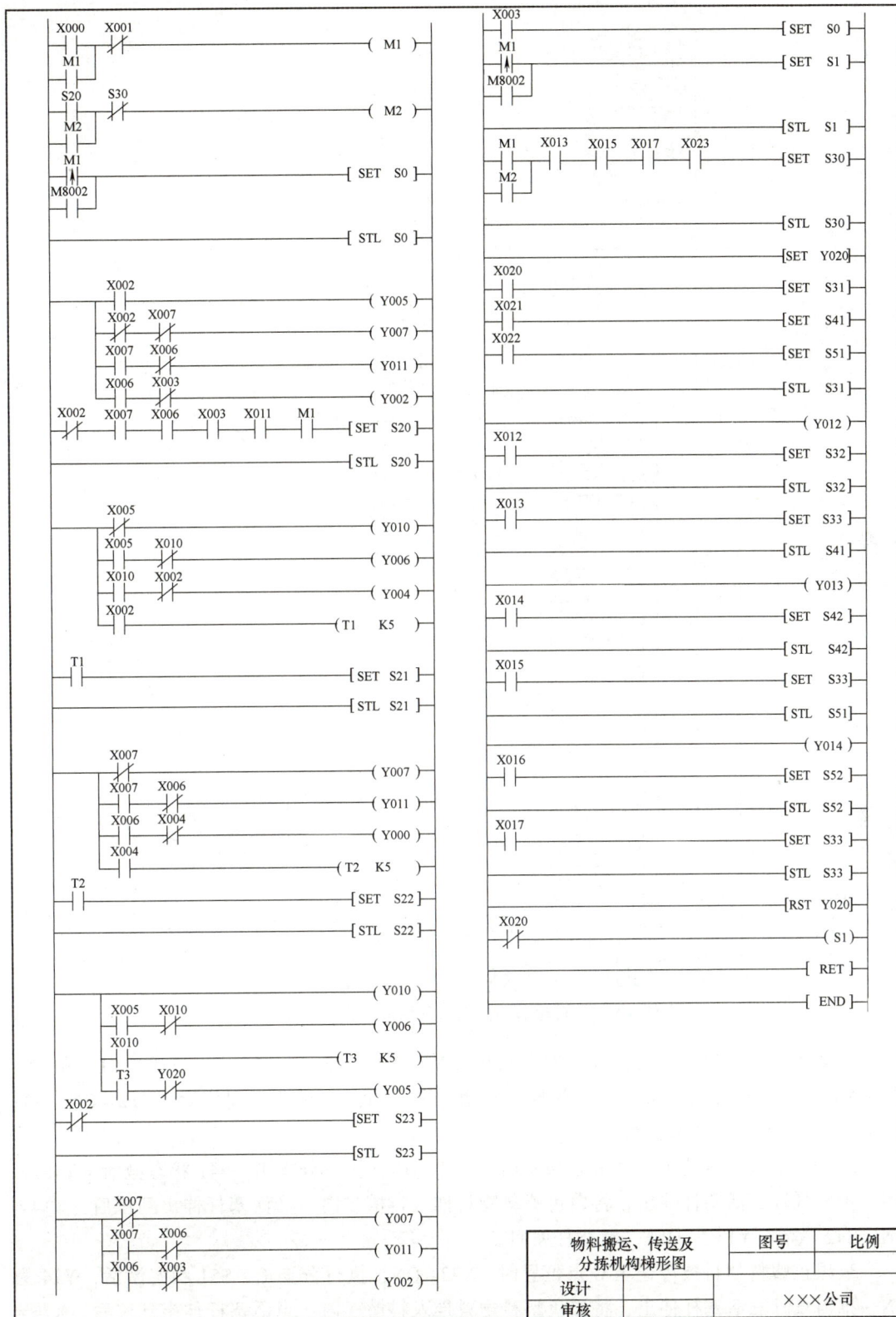

图 4-8　物料搬运、传送及分拣机构梯形图

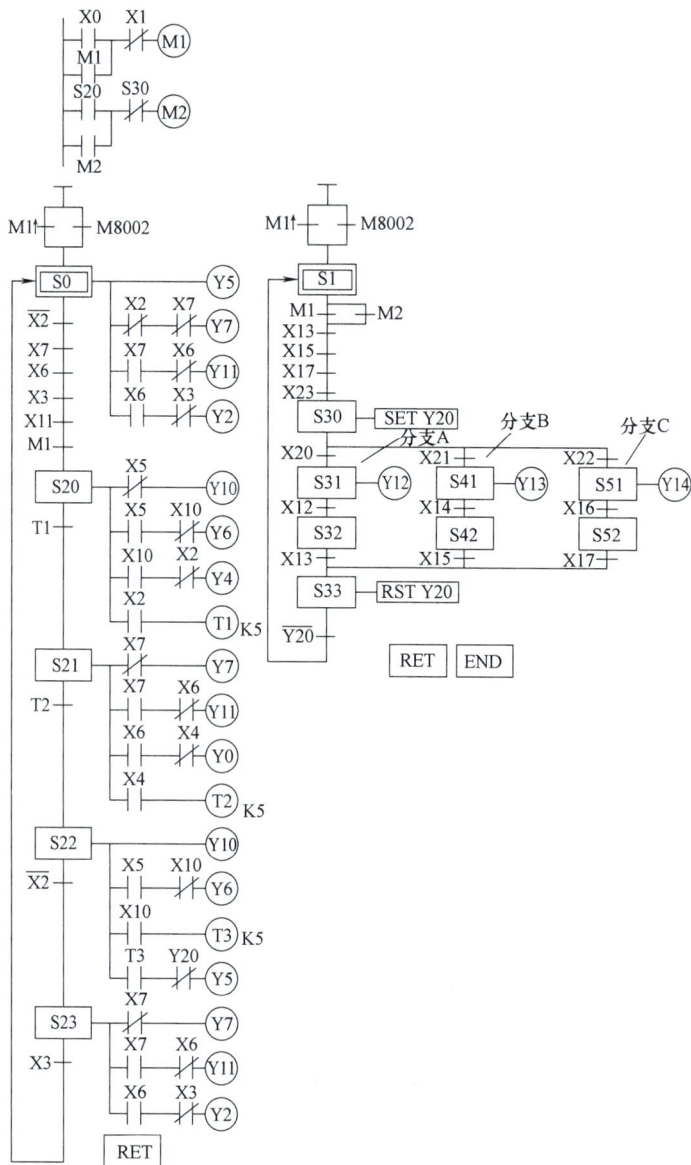

图 4-9　物料搬运、传送及分拣机构状态转移图

① 金属物料被传送至 A 点位置时，X20＝ON，执行分支 A，S31 状态激活，Y12 为 ON，推料气缸一活塞杆伸出，将金属物料推入料槽一内；当活塞杆伸出到位后，X12＝ON，S32 激活，Y12 为 OFF，活塞杆缩回。

② 白色塑料物料被传送至 B 点位置时，X21＝ON，执行分支 B，S41 状态激活，Y13 为 ON，推料气缸二活塞杆伸出，将白色塑料物料推入料槽二内；当活塞杆伸出到位后，X14＝ON，S42 激活，Y13 为 OFF，活塞杆缩回。

③ 黑色塑料物料被传送至 C 点位置时，X22＝ON，执行分支 C，S51 状态激活，Y14 为 ON，推料气缸三活塞杆伸出，将黑色塑料物料推入料槽三内；当活塞杆伸出到位后，X16＝ON，S52 激活，Y17 为 OFF，活塞杆缩回。

当任一分支执行完毕时，即推料气缸活塞杆缩回到位，X13＝ON、X15＝ON 或 X17＝ON，S33 状态激活，复位 Y20，传送带停止工作。

（6）制订施工计划　物料搬运、传送及分拣机构的组装与调试流程如图 4-10 所示。以此为依据，施工人员填写施工计划表（见表 4-3），合理制订施工计划，确保在额定时间内完成规定的施工任务。

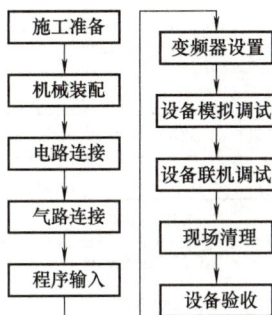

图 4-10　物料搬运、传送及分拣机构的组装与调试流程图

表 4-3　施工计划表

设备名称	施工日期	总工时/h	施工人数/人		施工负责人
物料搬运、传送及分拣机构					
序号	施工任务		施工人员	工序定额	备注
1	阅读设备技术文件				
2	机械装配、调整				
3	电路连接、检查				
4	气路连接、检查				
5	程序输入				
6	变频器设置				
7	设备模拟调试				
8	设备联机调试				
9	现场清理,技术文件整理				
10	设备验收				

2. 施工准备

（1）设备清点　检查物料搬运、传送及分拣机构的部件是否齐全，并归类放置。机构的部件清单见表 4-4。

表 4-4　部件清单

序号	名称	型号规格	数量	单位	备注
1	伸缩气缸套件	CXSM15-100	1	套	
2	提升气缸套件	CDJ2KB16-75-B	1	套	
3	手爪套件	MHZ2-10D1E	1	套	
4	旋转气缸套件	CDRB2BW20-180S	1	套	

（续）

序号	名称	型号规格	数量	单位	备注
5	机械手固定支架		1	套	
6	加料站套件		1	套	
7	缓冲器		2	只	
8	传送带套件	50×700	1	套	
9	推料气缸套件	CDJ2KB10-60-B	3	套	
10	料槽套件		3	套	
11	电动机及安装套件	380V、25W	1	套	
12	落料口		1	只	
13	光电传感器及其支架	E3Z-LS61	1	套	出料口
14		GO12-MDNA-A	1	套	落料口
15	电感式传感器	NSN4-2M60-E0-AM	3	只	
16	光纤传感器及其支架	E3X-NA11	2	套	
17	磁性传感器	D-59B	1	只	手爪紧松
18		SIWKOD-Z73	2	只	手臂伸缩
19		D-C73	8	只	手爪升降、推料限位
20	PLC模块	YL050、FX$_{3U}$-48MR	1	块	
21	变频器模块	E700、0.75kW	1	块	
22	按钮模块	YL157	1	块	
23	电源模块	YL046	1	块	
24	螺钉	不锈钢内六角M6×12	若干	个	
25		不锈钢内六角M4×12	若干	个	
26		不锈钢内六角M3×10	若干	个	
27	螺母	椭圆形螺母M6	若干	个	
28		M4	若干	个	
29		M3	若干	个	
30	垫圈	$\phi4$	若干	个	

（2）工具清点　设备组装工具清单见表4-5，施工人员应清点工具的数量，并认真检查其性能是否完好。

表4-5　工具清单

序号	名称	型号规格	数量	单位
1	工具箱		1	只
2	螺钉旋具	一字、100mm	1	把
3	钟表螺钉旋具		1	套
4	螺钉旋具	十字、150mm	1	把
5	螺钉旋具	十字、100mm	1	把
6	螺钉旋具	一字、150mm	1	把

（续）

序号	名称	型号规格	数量	单位
7	斜口钳	150mm	1	把
8	尖嘴钳	150mm	1	把
9	剥线钳		1	把
10	内六角扳手(组套)	PM-C9	1	套
11	万用表		1	只

三、任务实施

根据制订的施工计划，按顺序对物料搬运、传送及分拣机构实施组装，施工中应注意及时调整进度，保证定额。施工时必须严格遵守安全操作规程，采取安全保障措施，以确保人身和设备安全。

```
施工准备 ──→ 安装电动机
  │            │
  ↓            ↓
画线定位      组装搬运装置
  │            │
  ↓            ↓
组装传送装置   组装上料站
  │            │
  ↓            ↓
组装分拣装置   清理台面
```

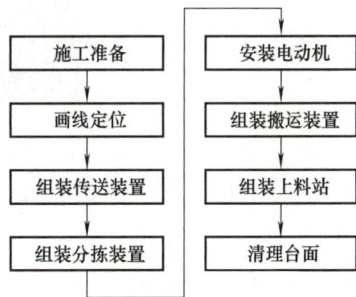

图 4-11　机械装配流程图

1. 机械装配

（1）机械装配前的准备　按要求清理现场、准备图样及工具，并安排装配流程。参考流程如图 4-11 所示。

（2）机械装配步骤　结合项目二、项目三的装配方法，按确定的设备组装顺序组装物料搬运、传送及分拣机构。

1）画线定位。

2）组装传送装置。参考图 4-12 组装传送装置。

① 安装传送线脚支架。

② 固定落料口。

③ 安装落料口传感器。

④ 固定传送带。

图 4-12　组装传送装置

3）组装分拣装置。参考图 4-13 组装分拣装置。

① 固定三个起动推料气缸传感器。

② 固定三个推料气缸。

③ 固定、调整三个料槽及其对应的推料气缸，使之共用同一中性线。

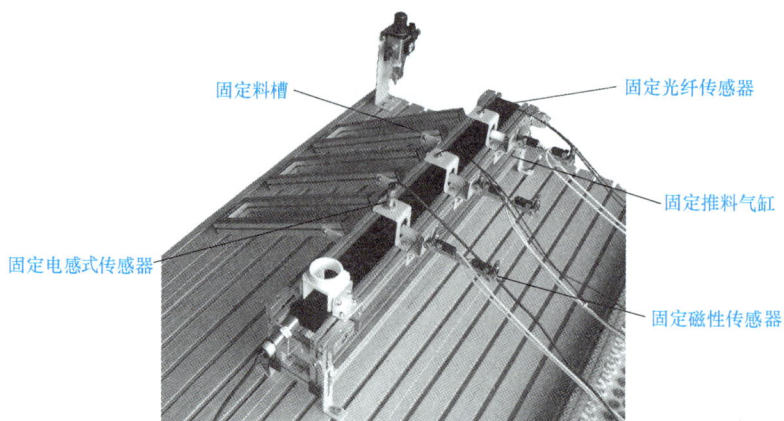

固定料槽
固定光纤传感器
固定推料气缸
固定电感式传感器
固定磁性传感器

图 4-13　组装分拣装置

4）安装电动机。调整电动机的高度、垂直度，直至电动机与传送带同轴，如图 4-14 所示。

调整同轴
度、垂直度
固定电动机

图 4-14　安装电动机

5）固定电磁阀阀组。如图 4-15 所示，将电磁阀阀组固定在定位处。

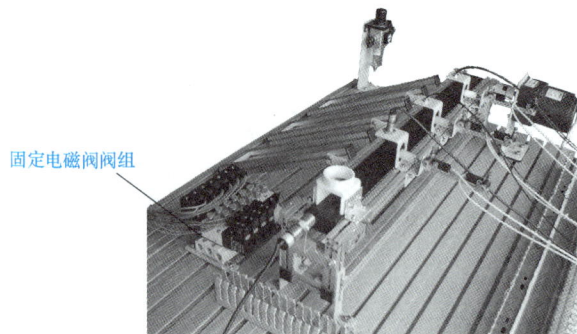

固定电磁阀阀组

图 4-15　固定电磁阀阀组

6）组装搬运装置。如图 4-16 所示组装机械手。
① 安装旋转气缸。
② 组装机械手固定支架。
③ 组装机械手臂。

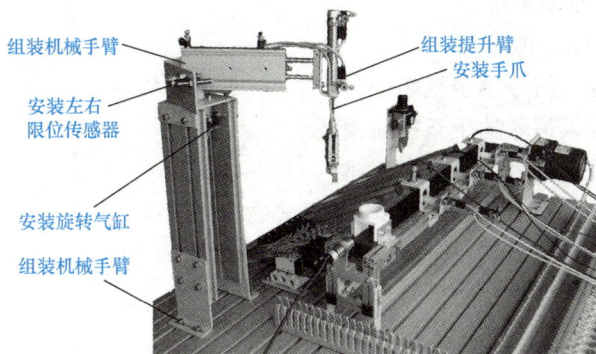

图 4-16　组装机械手

④ 组装提升臂。

⑤ 安装手爪。

⑥ 固定磁性传感器。

⑦ 固定左右限位装置。

⑧ 固定机械手。调整机械手摆幅、高度等尺寸，使机械手能准确地将物料放入传送带落料口内，如图 4-17 所示。

7）固定加料站。如图 4-18 所示，将加料站固定在定位处，调整出料口的高度等尺寸，同时配合调整机械手的部分尺寸，保证机械手气动手爪能准确无误地从出料口抓取物料，同时又能准确无误地释放物料至传送带的落料口内，如图 4-19 所示。

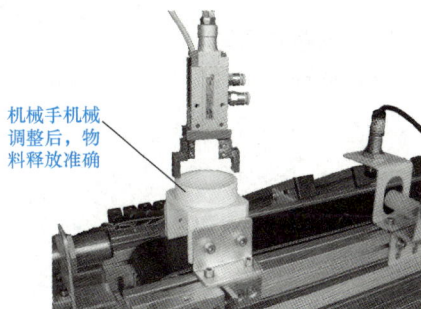

图 4-17　落料准确

图 4-18　固定加料站

8）清理台面，保持台面无杂物或多余部件。

2. 电路连接

（1）电路连接前的准备　按照要求检查电源状态，准备图样、工具及线号管，并安排电路连接流程。参考流程如图 4-20 所示。

（2）电路连接步骤　端子接线布置图如图 1-16 所示。

1）连接传感器至端子排。

2）连接输出元件至端子排。

3）连接电动机至端子排。

4）连接 PLC 的输入信号端子至端子排。

5）连接 PLC 的输入信号端子至按钮模块。

6）连接 PLC 的输出信号端子至端子排。

注意：负载电源暂不连接，待 PLC 模拟调试成功后连接。

7）连接 PLC 的输出信号端子至变频器。

8）连接变频器至电动机。

9）将电源模块中的单相交流电源引至 PLC 模块。

10）将电源模块中的三相电源和接地线引至变频器的主回路输入端子 L1、L2、L3、PE。

11）电路检查。

12）清理设备台面，工具入箱。

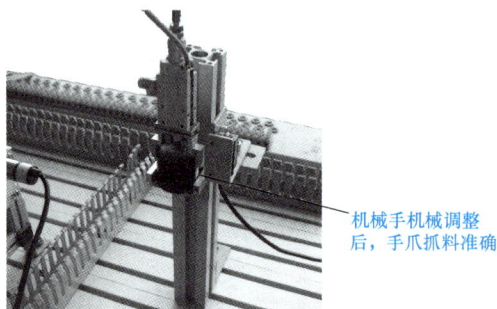

图 4-19　出料口调整

机械手机械调整后，手爪抓料准确

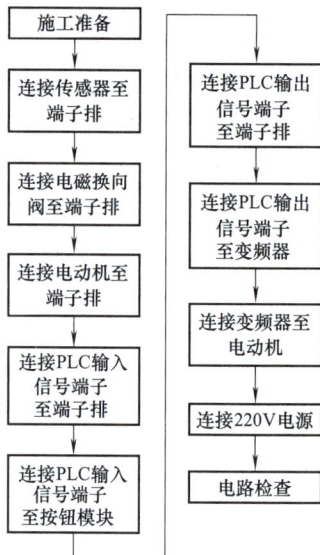

图 4-20　电路连接流程图

3. 气动回路连接

（1）气路连接前的准备　按要求检查空气压缩机状态，准备图样及工具，并安排气动回路连接步骤。

（2）气路连接步骤　根据气路图连接气路。连接时，应避免直角或锐角弯曲，尽量平行布置，力求走向合理且气管最短，如图 4-21 所示。

1）连接气源。

2）连接执行元件。

3）整理、固定气管。

4）清理台面杂物，工具入箱。

4. 程序输入

启动三菱 PLC 编程软件，输入梯形图 4-8。

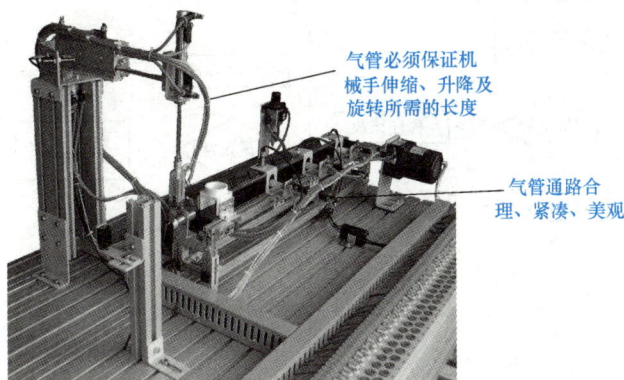

图 4-21 气路连接

1）启动三菱 PLC 编程软件。

2）创建新文件，选择 PLC 类型。

3）输入程序。

4）转换梯形图。

5）保存文件。

5. 变频器参数设置

打开变频器的面板盖板，按表 4-6 设定参数。

表 4-6 变频器参数设定表

序号	参数号	名称	设定值	备注
1	Pr. 1	上限频率	50Hz	
2	Pr. 2	下限频率	0Hz	
3	Pr. 6	3 速设定（低速）	25Hz	低速设定
4	Pr. 7	加速时间	2s	
5	Pr. 8	减速时间	2s	
6	Pr. 79	操作模式	2	外部操作模式

1）用 (MODE) 键将监示显示切换至参数设定模式，设定操作模式为 PU 操作模式 Pr. 79 = 1。

2）设定上限频率 Pr. 1 = 50。

3）设定下限频率 Pr. 2 = 0。

4）设定 3 速设定（低速）频率 Pr. 6 = 25。

5）设定加速时间 Pr. 7 = 2。

6）设定减速时间 Pr. 8 = 2。

7）设定操作模式为外部操作模式 Pr. 79 = 2。

6. 设备调试

（1）设备调试前的准备　按要求清理设备，检查机械装配、电路连接、气路连接等情况，确认其安全性、正确性。在此基础上确定调试流程，本设备的调试流程如图 4-22 所示。

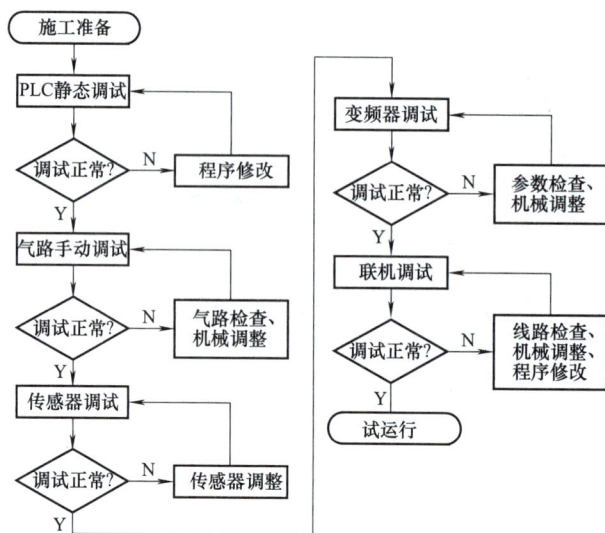

图 4-22 设备调试流程图

（2）模拟调试

1）PLC 静态调试。

① 连接计算机与 PLC。

② 首先确认 PLC 的输出负载回路电源处于断开状态，再检查空气压缩机的阀门是否关闭。

③ 合上断路器，给设备供电。

④ 写入程序。

⑤ 运行 PLC，按表 4-7 和表 4-8 用 PLC 模块上的钮子开关模拟 PLC 输入信号，观察PLC 的输出指示灯状态。

表 4-7 搬运机构静态调试情况记载表

步骤	操作任务	观察任务		备注
		正确结果	观察结果	
1	动作 X2 钮子开关, PLC 上电	Y5 指示灯点亮		手爪放松
2	复位 X2 钮子开关	Y5 指示灯熄灭		放松到位
		Y7 指示灯点亮		手爪上升
3	动作 X7 钮子开关	Y7 指示灯熄灭		上升到位
		Y11 指示灯点亮		手臂缩回
4	动作 X6 钮子开关	Y11 指示灯熄灭		缩回到位
		Y2 指示灯点亮		手臂左旋
5	动作 X3 钮子开关	Y2 指示灯熄灭		左旋到位
6	动作 X11 钮子开关, 按下 SB1	Y10 指示灯点亮		起动设备有物料, 手臂伸出
7	动作 X5 钮子开关, 复位 X6 钮子开关	Y10 指示灯熄灭		伸出到位
		Y6 指示灯点亮		手爪下降

（续）

步骤	操作任务	观察任务		备注
		正确结果	观察结果	
8	动作 X10 钮子开关,复位 X7 钮子开关	Y6 指示灯熄灭		下降到位
		Y4 指示灯点亮		手爪夹紧抓物
9	动作 X2 钮子开关,0.5s 后	Y7 指示灯点亮		手爪上升
10	动作 X7 钮子开关,复位 X10 钮子开关	Y7 指示灯熄灭		上升到位
		Y11 指示灯点亮		手臂缩回
11	动作 X6 钮子开关,复位 X5 钮子开关	Y11 指示灯熄灭		缩回到位
		Y0 指示灯点亮		手臂右旋
12	动作 X4 钮子开关,复位 X3 钮子开关	Y0 指示灯熄灭		右旋到位
13	0.5s 后	Y10 指示灯点亮		手臂伸出
14	动作 X5 钮子开关,复位 X6 钮子开关	Y10 指示灯熄灭		伸出到位
		Y6 指示灯点亮		手爪下降
15	动作 X10 钮子开关,复位 X7 钮子开关	Y6 指示灯熄灭		下降到位
16	0.5s 后,若传送带上无物料	Y5 指示灯点亮		手爪放松
17	复位 X2 钮子开关	Y5 指示灯熄灭		放松到位
		Y7 指示灯点亮		手爪上升
18	动作 X7 钮子开关,复位 X10 钮子开关	Y7 指示灯熄灭		上升到位
		Y11 指示灯点亮		手臂缩回
19	动作 X6 钮子开关,复位 X5 钮子开关	Y11 指示灯熄灭		缩回到位
		Y2 指示灯点亮		手臂左旋
20	动作 X3 钮子开关,复位 X4 钮子开关	Y2 指示灯熄灭		左旋到位
21	一次物料搬运结束,等待加料			
22	重新加料,按下停止按钮 SB2,机构完成当前工作循环后停止工作			

表 4-8　传送及分拣机构静态调试情况记载表

步骤	操作任务	观察任务		备注
		正确结果	观察结果	
1	动作 X23 钮子开关后复位	Y20 指示灯点亮		有物料,传送带运转
2	动作 X20 钮子开关后复位	Y12 指示灯点亮		检测到金属物料,气缸一活塞杆伸出,分拣至金属料槽
3	动作 X12 钮子开关	Y12 指示灯熄灭		伸出到位后,气缸一活塞杆缩回
4	复位 X12 钮子开关,动作 X13 钮子开关	Y20 指示灯熄灭		缩回到位后,传送带停止
5	动作 X23 钮子开关后复位	Y20 指示灯点亮		有物料,传送带运转
6	动作 X21 钮子开关后复位	Y13 指示灯点亮		检测到白色塑料物料,气缸二活塞杆伸出,分拣至料槽二

（续）

步骤	操作任务	观察任务		备注
		正确结果	观察结果	
7	动作 X14 钮子开关	Y13 指示灯熄灭		伸出到位后，气缸二活塞杆缩回
8	复位 X14 钮子开关，动作 X15 钮子开关	Y20 指示灯熄灭		缩回到位后，传送带停止
9	动作 X23 钮子开关后复位	Y20 指示灯点亮		有物料，传送带运转
10	动作 X22 钮子开关后复位	Y14 指示灯点亮		检测到黑色塑料物料，气缸三活塞杆伸出，分拣至料槽三
11	动作 X16 钮子开关	Y14 指示灯熄灭		伸出到位后，气缸三活塞杆缩回
12	复位 X16 钮子开关，动作 X17 钮子开关	Y20 指示灯熄灭		缩回到位后，传送带停止
13	重新加料，按下停止按钮	传送带不能停止，必须执行当前工作循环后才能停止		

⑥ 将 PLC 的 RUN/STOP 开关置于"STOP"位置。

⑦ 复位 PLC 模块上的钮子开关。

2）气动回路手动调试。

① 接通空气压缩机电源，起动空压机压缩空气，等待气源充足。

② 将气源压力调整到 0.4~0.5MPa 后，开启气动二联件上的阀门给机构供气。为确保调试安全，施工人员需观察气路系统有无泄露现象，若有，应立即解决。

③ 在正常工作压力下，对气动回路进行手动调试，直至机构动作完全正常为止。

④ 调整节流阀至合适开度，使各气缸的运动速度趋于合理。

3）传感器调试。调整传感器的位置，观察 PLC 的输入指示灯状态。

① 出料口放置物料，调整、固定各限位传感器。

② 手动机械手，调整、固定各限位传感器。

③ 在落料口中先后放置三类物料，调整、固定落料口物料检测传感器。

④ 在 A 点位置放置金属物料，调整、固定金属传感器。

⑤ 分别在 B 点和 C 点位置放置白色塑料物料和黑色塑料物料，调整、固定光纤传感器。

⑥ 手动推料气缸，调整、固定磁性传感器。

4）变频器调试。闭合变频器模块上的 STF、RL 钮子开关，电动机运转，传送带自左向右传送物料。若电动机反转，须关闭电源，改变三相电源 U、V、W 的相序后重新调试。

（3）联机调试 模拟调试正常后，接通 PLC 输出负载的电源回路，便可联机调试。调试时，要求施工人员认真观察机构的运行情况，若出现问题，应立即解决或切断电源，避免扩大故障范围。调试观察的主要部位如图 4-23 所示。

表 4-9 为联机调试的正确结果，若调试中有与之不符的情况，施工人员首先应根据现场情况，判断是否需要切断电源，在分析、判断故障形成的原因（机械、电路、气路或程序问题）的基础上，进行调整、检修，然后重新调试，直至机构完全实现功能。

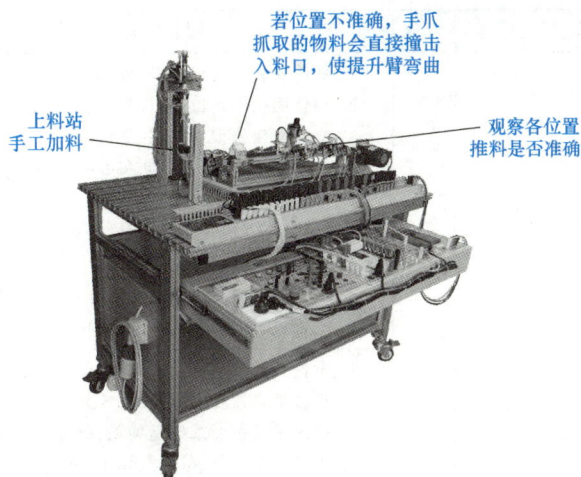

若位置不准确，手爪抓取的物料会直接撞击入料口，使提升臂弯曲

上料站手工加料

观察各位置推料是否准确

图 4-23　物料搬运、传送及分拣机构

表 4-9　联机调试结果一览表

步骤	操作过程	设备实现的功能	备注
1	PLC 上电	机械手复位	
2	上料站放入金属物料	机械手搬运物料	搬运、传送、分拣金属物料
3	机械手释放物料	机械手复位，传送带运转	
4	物料传送至 A 点位置	气缸一活塞杆伸出，物料被分拣至料槽一内	
5	气缸一活塞杆伸出到位后	气缸一活塞杆缩回，传送带停转	
6	上料站放入白色塑料物料	机械手搬运物料	搬运、传送、分拣白色塑料物料
7	机械手释放物料	机械手复位，传送带运转	
8	物料传送至 B 点位置	气缸二活塞杆伸出，物料被分拣至料槽二内	
9	气缸二活塞杆伸出到位后	气缸二活塞杆缩回，传送带停转	
10	上料站放入黑色塑料物料	机械手搬运物料	搬运、传送、分拣黑色塑料物料
11	机械手释放物料	机械手复位，传送带运转	
12	物料传送至 C 点位置	气缸三活塞杆伸出，物料被分拣至料槽三内	
13	气缸三活塞杆伸出到位后	气缸三活塞杆缩回，传送带停转	
14	重新加料，按下停止按钮 SB2，机构完成当前工作循环后停止工作		

（4）试运行　施工人员操作物料搬运、传送及分拣机构，运行、观察一段时间，确保设备合格、稳定、可靠。

7. 现场清理

设备调试完毕，要求施工人员清点工量具，归类整理资料，清扫现场卫生，并填写设备安装登记表。

8. 设备验收

设备质量验收见表 4-10。

表 4-10　设备质量验收表

验收项目及要求		配分	配分标准	扣分	得分	备注
设备组装	1. 设备部件安装可靠,各部件位置衔接准确 2. 电路安装正确,接线规范 3. 气路连接正确,规范美观	35 分	1. 部件安装位置错误,每处扣 2 分 2. 部件衔接不到位、零件松动,每处扣 2 分 3. 电路连接错误,每处扣 2 分 4. 导线反圈、压皮、松动,每处扣 2 分 5. 错、漏编号,每处扣 1 分 6. 导线未入线槽、布线凌乱,每处扣 2 分 7. 气路连接错误,每处扣 2 分 8. 气路漏气、掉管,每处扣 2 分 9. 气管过长、过短、乱接,每处扣 2 分			
设备功能	1. 设备起停正常 2. 机械手复位正常 3. 机械手搬运物料正常 4. 传送带运转正常 5. 金属物料分拣正常 6. 白色塑料物料分拣正常 7. 黑色塑料物料分拣正常 8. 变频器参数设置正确	60 分	1. 设备未按要求起动或停止,每处扣 5 分 2. 机械手未按要求复位,扣 5 分 3. 机械手未按要求搬运物料,每处扣 5 分 4. 传送带未按要求运转,扣 10 分 5. 金属物料未按要求分拣,扣 5 分 6. 白色塑料物料未按要求分拣,扣 5 分 7. 黑色塑料物料未按要求分拣,扣 5 分 8. 变频器参数未按要求设置,扣 5 分			
设备附件	资料齐全,归类有序	5 分	1. 设备组装图缺少,每处扣 2 分 2. 电路图、气路图、梯形图缺少,每处扣 2 分 3. 技术说明书、工具明细表、元件明细表缺少,每处扣 2 分			
安全生产	1. 自觉遵守安全文明生产规程 2. 保持现场干净整洁,工具摆放有序		1. 漏接接地线,每处扣 5 分 2. 每违反一项规定,扣 3 分 3. 发生安全事故,扣 10 分 4. 现场凌乱、乱放工具、乱丢杂物、完成任务后不清理现场扣 5 分			
时间	6h		1. 提前正确完成,每提前 5min 加 5 分 2. 超过定额时间,每超时 5min 扣 2 分			
开始时间:			结束时间:		实际时间:	

四、设备改造

物料搬运、传送及分拣机构的改造。改造要求及任务如下:

（1）功能要求

1）机械手复位功能。PLC 上电,机械手手爪放松、手爪上升、手臂缩回、手臂左旋至左侧限位处停止。

2）搬运功能。若加料站出料口有物料,机械手臂伸出→手爪下降→手爪夹紧抓物→0.5s 后手爪上升→手臂缩回→手臂右旋→0.5s 后手臂伸出→手爪下降→0.5s 后,若传送带上无物料,则手爪放松、释放物料→手爪上升→手臂缩回→左旋至左侧限位处停止。

3）传送功能。当传送带落料口的光电传感器检测到物料时,变频器起动,变频器以 25Hz 的频率驱动三相异步电动机正转运行,传送带传送物料。当物料分拣完毕时,传送带停止运转。

4）分拣功能。

① 分拣金属物料。当起动推料气缸一传感器检测到金属物料时，推料气缸一动作，活塞杆伸出将金属物料推入料槽一内。当伸出限位传感器检测到活塞杆伸出到位后，活塞杆缩回；缩回限位传感器检测活塞杆缩回到位后，三相异步电动机停止运行。

② 分拣黑色塑料物料。当起动推料气缸二传感器检测到黑色塑料物料时，推料气缸二动作，活塞杆伸出将黑色塑料物料推入料槽二内。当伸出限位传感器检测到活塞杆伸出到位后，活塞杆缩回；缩回限位传感器检测活塞杆缩回到位后，三相异步电动机停止运行。

③ 分拣白色塑料物料。当起动推料气缸三传感器检测到白色塑料物料时，推料气缸三动作，活塞杆伸出将白色塑料物料推入料槽三内。当伸出限位传感器检测到活塞杆伸出到位后，活塞杆缩回；缩回限位传感器检测活塞杆缩回到位后，三相异步电动机停止运行。

5）打包报警功能。当料槽中存放有 5 个物料时，要求物料打包取走，打包指示灯按 0.5s 周期闪烁，并发出报警声，5s 后继续搬运、传送及分拣工作。

（2）技术要求

1）工作方式要求。机构有两种工作方式：单步运行和自动运行。

2）机构的起停控制要求：

① 按下起动按钮，机构开始工作。

② 按下停止按钮，机构完成当前工作循环后停止。

③ 按下急停按钮，机构立即停止工作。

3）电气线路的设计符合工艺要求、安全规范。

4）气动回路的设计符合控制要求、正确规范。

（3）工作任务

1）按机构要求画出电路图。

2）按机构要求画出气路图。

3）按机构要求编写 PLC 控制程序。

4）改装物料搬运、传送及分拣机构实现功能。

5）绘制机构装配示意图。

项目五

YL-235A型光机电设备的安装与调试

一、施工任务

1. 根据设备装配示意图组装 YL-235A 型光机电设备。
2. 按照设备电路图连接 YL-235A 型光机电设备的电气回路。
3. 按照设备气路图连接 YL-235A 型光机电设备的气动回路。
4. 根据要求创建触摸屏人机界面。
5. 输入设备控制程序，正确设置变频器参数，调试 YL-235A 型光机电设备实现功能。

二、施工前的准备

施工人员在施工前应仔细阅读 YL-235A 型光机电设备随机技术文件，了解设备的组成及其动作情况，看懂装配示意图、电路图、气动回路图及梯形图等图样，然后再根据施工任务制订施工计划、施工方案等。

1. 识读设备图样及技术文件

（1）装置简介　YL-235A 型光机电设备主要实现自动送料、搬运及输送功能，并能根据不同的物料进行分类存放。

1）起停控制。如图 5-1 所示，触摸人机界面上的起动按钮，设备开始工作，机械手复位：手爪放松、手爪上升、手臂缩回、手臂左旋至左侧限位处停止。触摸停止按钮，系统完成当前工作循环后停止。设备动作流程如图 5-2 所示。

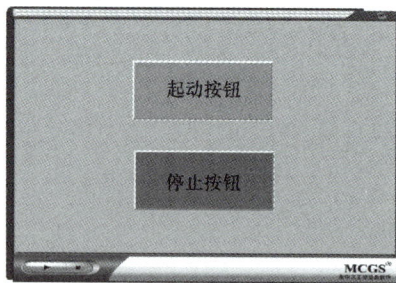

2）送料功能。设备起动后，送料机构开始检测物料检测支架上的物料，警示灯绿灯闪烁。若无物料，PLC 便起动送料电动机工作，驱动页扇旋转。物料在

图 5-1　人机界面

页扇推挤下，从放料转盘中移至出料口。当物料检测传感器检测到物料时，电动机停止旋转。若送料电动机运行 10s 后，物料检测传感器仍未检测到物料，则说明料盘内已无物料，此时机构停止工作并报警，警示灯红灯闪烁。

3）搬运功能。送料机构出料口有物料，机械手臂伸出→手爪下降→手爪夹紧物料→0.5s 后手爪上升→手臂缩回→手臂右旋→0.5s 后手臂伸出→手爪下降→0.5s 后，若传送带上无物料，则手爪放松、释放物料→手爪上升→手臂缩回→左旋至左侧限位处停止。

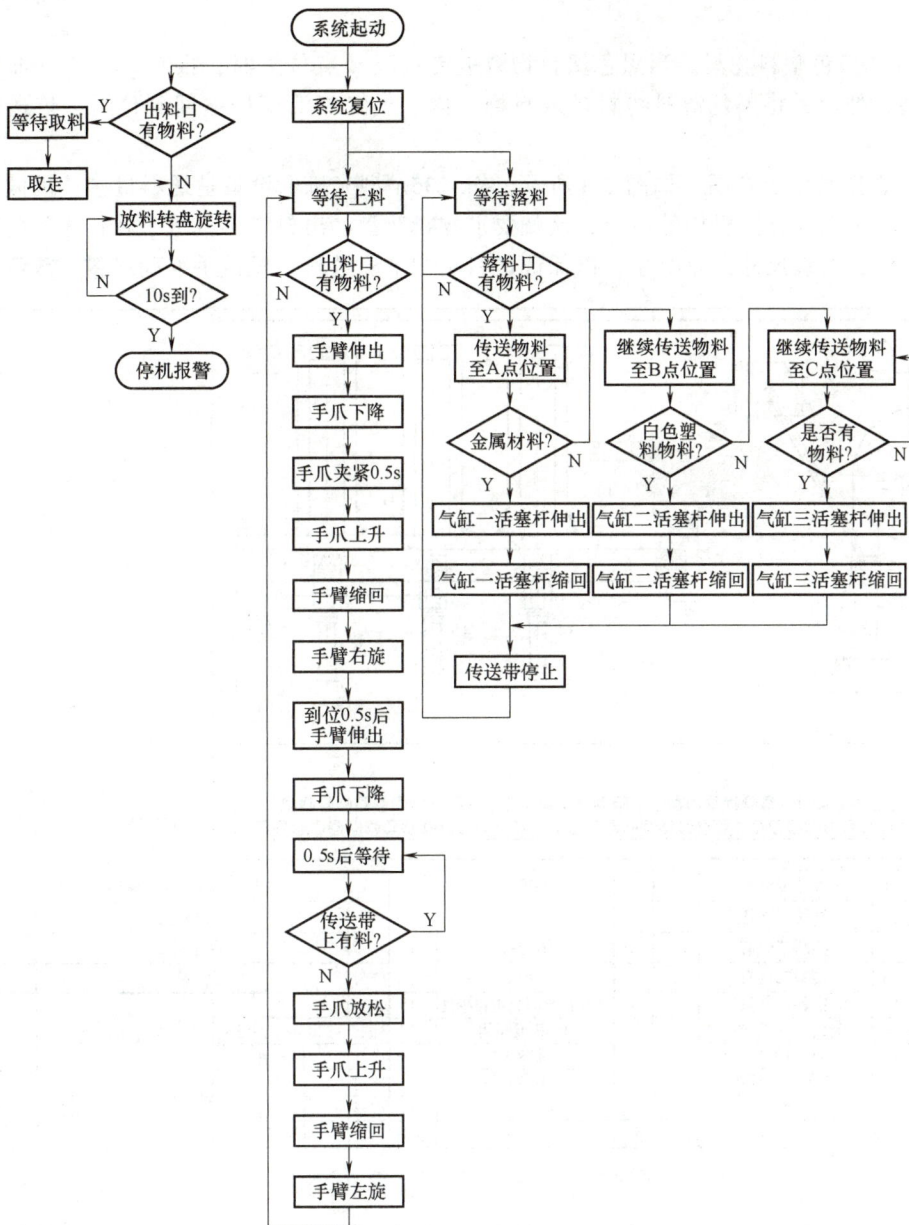

图 5-2 YL-235A 型光机电设备动作流程图

4）传送功能。当传送带落料口的光电传感器检测到物料时，变频器起动，变频器以 25Hz 的频率驱动三相异步电动机正转运行，传送带开始传送物料。当物料分拣完毕时，传送带停止运转。

5）分拣功能。

① 分拣金属物料。当金属物料被传送至 A 点位置时，推料气缸一（简称气缸一）活塞杆伸出，将金属物料推入料槽一内。气缸一活塞杆缩回到位后，传送带停止运行。

② 分拣白色塑料物料。当白色塑料物料被传送至 B 点位置时，推料气缸二（简称气缸二）活塞杆伸出，将白色塑料物料推入料槽二内。气缸二活塞杆缩回到位后，传送带停止

运行。

③ 分拣黑色塑料物料。当黑色塑料物料被传送至 C 点位置时，推料气缸三（简称气缸三）活塞杆伸出，将黑色塑料物料推入料槽三内。气缸三活塞杆缩回到位后，传送带停止运行。

（2）识读装配示意图 如图 5-3 所示，YL-235A 型光机电设备是送料机构、机械手搬运机构、物料传送及分拣机构的组合，这就要求物料转盘、出料口、机械手及传送带落料口之间衔接准确，安装尺寸误差要小，以保证送料机构平稳送料、机械手准确抓料、放料。

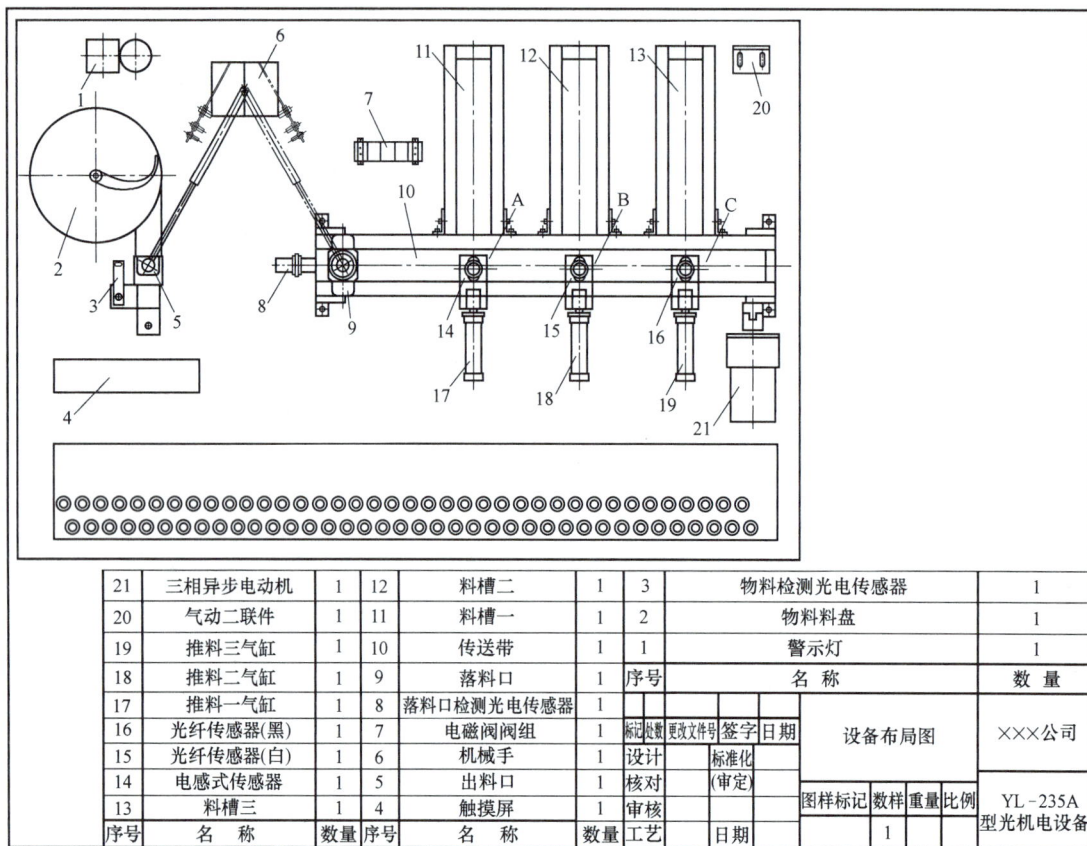

21	三相异步电动机	1	12	料槽二	1	3	物料检测光电传感器	1
20	气动二联件	1	11	料槽一	1	2	物料料盘	1
19	推料三气缸	1	10	传送带	1	1	警示灯	1
18	推料二气缸	1	9	落料口	1	序号	名 称	数 量
17	推料一气缸	1	8	落料口检测光电传感器	1			
16	光纤传感器(黑)	1	7	电磁阀阀组	1	标记 处数 更改文件号 签字 日期	设备布局图	×××公司
15	光纤传感器(白)	1	6	机械手	1	设计 标准化		
14	电感式传感器	1	5	出料口	1	核对 (审定)		
13	料槽三	1	4	触摸屏	1	审核	图样标记 数样 重量 比例	YL-235A 型光机电设备
序号	名 称	数量	序号	名 称	数量	工艺 日期	1	

图 5-3 YL-235A 型光机电设备布局图

1）结构组成。YL-235A 型光机电设备主要由触摸屏、物料料盘、出料口、机械手、传送带及分拣装置等组成。各部分的功能见项目一、项目二和项目三。设备实物如图 5-4 所示。

2）尺寸分析。YL-235A 型光机电设备的各部件定位尺寸如图 5-5 所示。

（3）识读触摸屏相关技术文件 触摸屏简称 HMI，主要用作人机交流、控制。本设备使用昆仑通态 TPC7062KS 型触摸屏，对外提供 5 个端口，如图 5-6 所示，其中电源输入接口的电源电压为直流 24V（±20%）；串行接口 COM 用于连接触摸屏和具有 RS-232/RS-485通信端口的控制器；USB1 接口是 USB 主设备，与 USB1.1 兼容使用；USB2 接口是 USB 从设备，用于与 PC 连接，进行组态的下载和 HMI 的设置；LAN 为以太网端口。

应用 MCGS 组态软件可对 TPC7062KS 型触摸屏创建人机界面工程，它的优点是简单灵活、可视化。下面组态一个仅含一只开关元件的 MCGS 工程，其步骤如下：

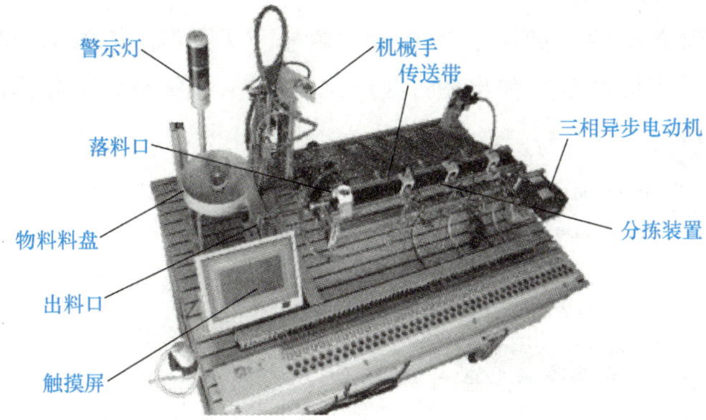

图 5-4　YL-235A 型光机电设备

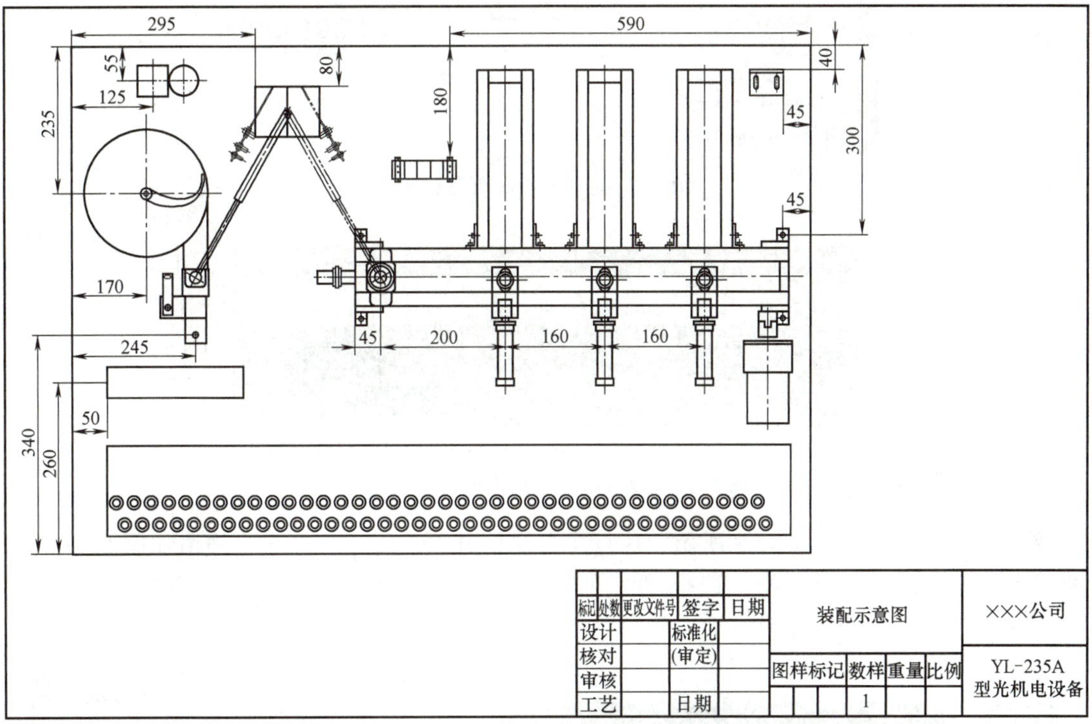

图 5-5　YL-235A 型光机电设备装配示意图

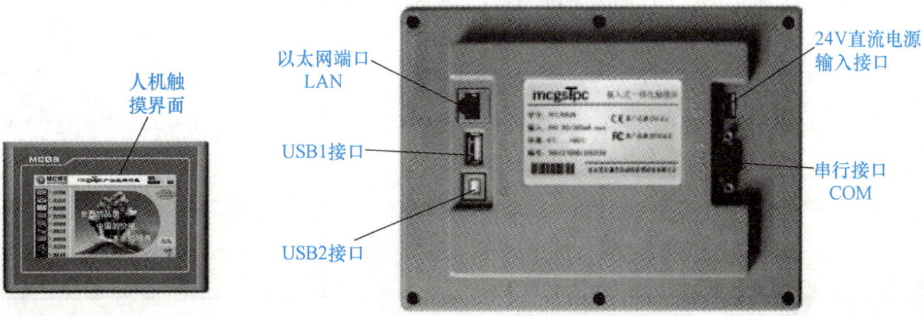

图 5-6　昆仑通态 TPC7062KS 型触摸屏

第一大步：建立工程

1）启动 MCGS 组态软件。如图 5-7 所示，单击【程序】→【MCGS 组态软件】→【嵌入版】→【MCGSE 组态环境】命令，弹出图 5-8 所示的 MCGS 嵌入版组态软件编程窗口。

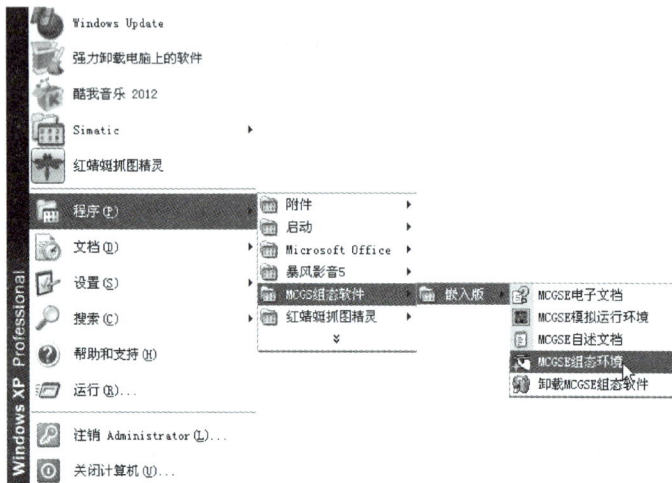

图 5-7　启动 MCGS 组态软件

图 5-8　MCGS 嵌入版组态软件编程窗口

2）建立新工程。如图 5-9 所示，执行【文件】→【新建工程】命令，弹出如图 5-10 所示的"新建工程设置"对话框，选择 TPC 的类型为"TPC7062KS"，单击【确定】按钮后，弹出如图 5-11 所示的工作台。

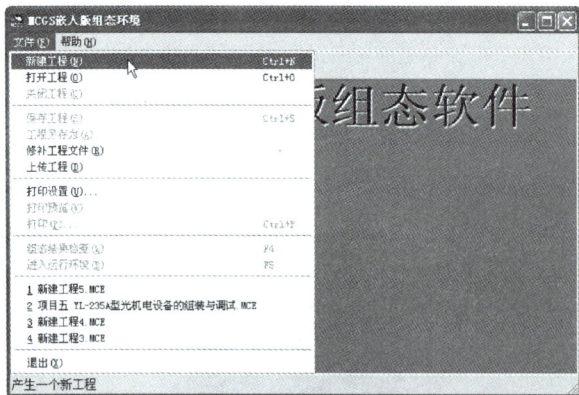

图 5-9　【新建工程】命令

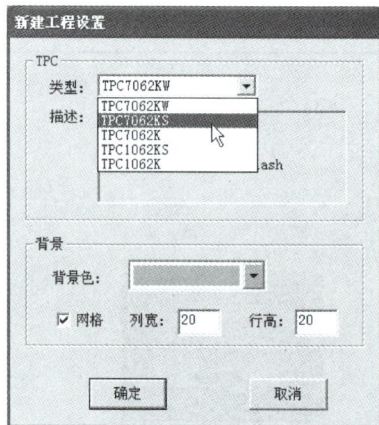

图 5-10　"新建工程设置"对话框

第二大步：组态设备窗口

1）进入"设备窗口"。如图 5-11 所示，单击工作台上的【设备窗口】选项卡，进入如图 5-12 所示的设备窗口，便可看到窗口内的"设备窗口"图标。

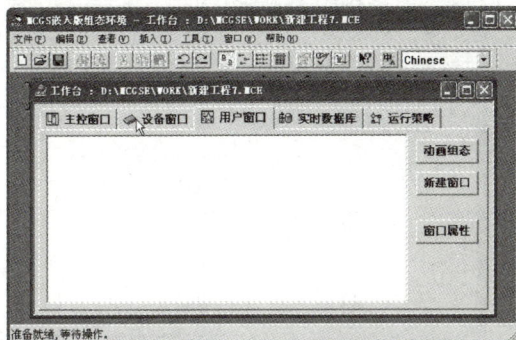

图 5-11　工作台

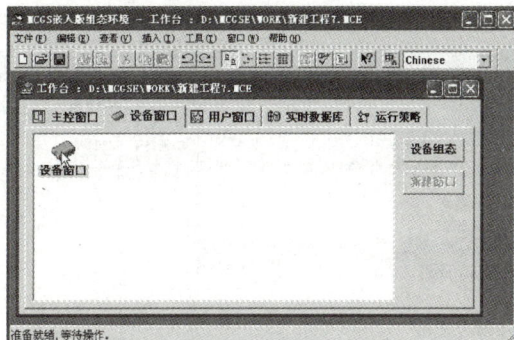

图 5-12　设备窗口

2）进入"设备组态：设备窗口"。如图 5-12 所示，双击"设备窗口"图标，便进入如图 5-13 所示的"设备组态：设备窗口"。

3）打开"设备工具箱"。如图 5-13 所示，单击组态软件工具条中的图标 ，弹出如图 5-14 所示的"设备工具箱"，工具箱中提供多种类型的设备构件，这些构件是系统与外部设备进行联系的媒介。

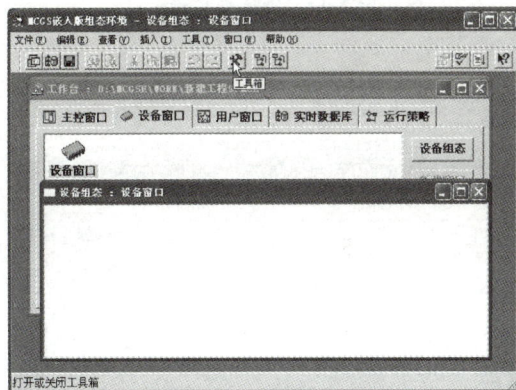

图 5-13　设备组态：设备窗口

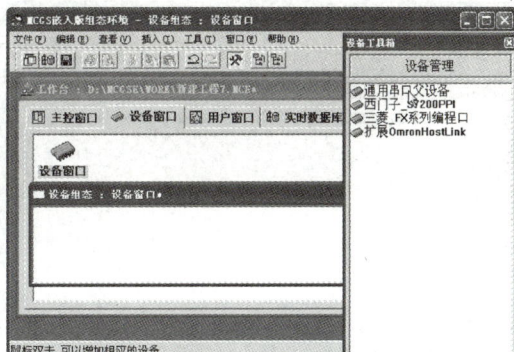

图 5-14　设备工具箱

4）选择设备构件。如图 5-14 所示，双击"设备工具箱"中的"通用串口父设备"，便将通用串口父设备添加到设备窗口中，如图 5-15 所示。双击"三菱_FX 系列编程口"，便将三菱_FX 系列编程口添加到设备窗口中，如图 5-16 所示。软件将自动弹出"是否使用'三菱_FX 系列编程口'驱动的默认通讯参数设置串口父设备参数"提示框，如图 5-17 所示，选择【是】即可。

第三大步：组态用户窗口

1）进入用户窗口。单击工作台上的【用户窗口】选项卡，便进入如图 5-18 所示的用户窗口。

2）创建新的用户窗口。单击如图 5-18 所示的【新建窗口】按钮，便可创建出一个如图 5-19 所示的新用户窗口"窗口 0"。

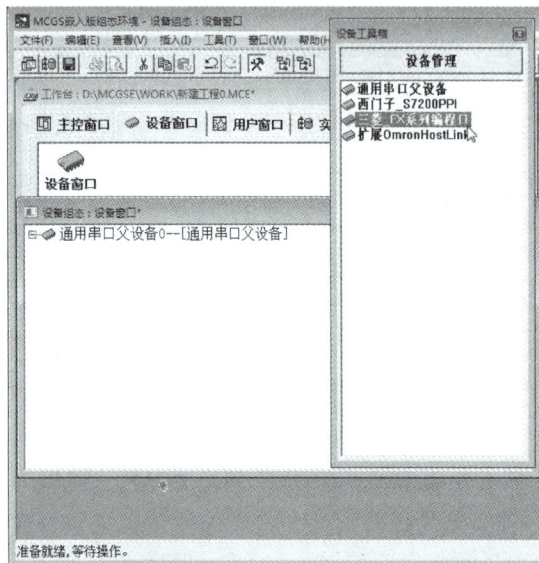

图 5-16 "三菱_FX 系列编程口" 添加
完成后的设备窗口

图 5-17 确认提示框

图 5-15 "通用串口父设备" 添加完成的设备窗口

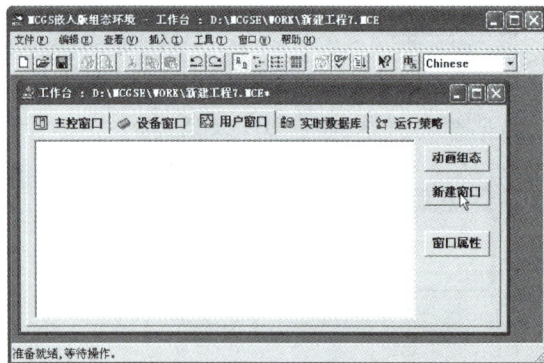

图5-18 用户窗口

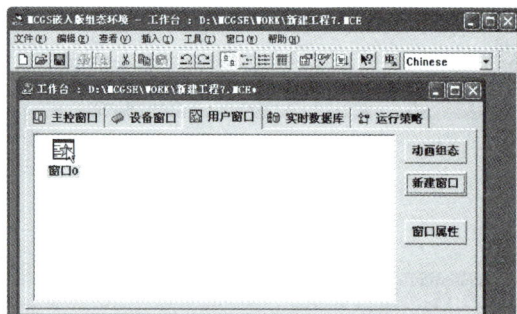

图 5-19 新建的用户窗口 "窗口 0"

3）设置用户窗口属性。

第 1 步：进入 "用户窗口属性设置" 对话框。如图 5-19 所示，右击待定义的用户窗口 "窗口 0" 图标，弹出如图 5-20 所示的下拉菜单，执行【属性】命令，弹出如图 5-21 所示的 "用户窗口属性设置" 对话框。

第 2 步：为新的用户窗口命名。如图 5-21 所示，选择【基本属性】选项卡，将窗口名称中的 "窗口 0" 修改为 "三菱命令窗口"，单击【确认】按钮后，"窗口 0" 便修改为 "三菱命令窗口"，如图 5-22 所示。

4）创建图形对象。

第 1 步：进入动画组态窗口。如图 5-22 所示，双击 "三菱命令窗口" 图标，进入如图 5-23 所示的 "动画组态三菱命令窗口"。

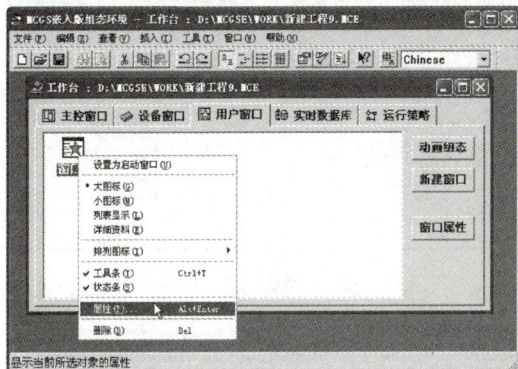

图 5-20　右击"窗口 0"图标后的下拉菜单

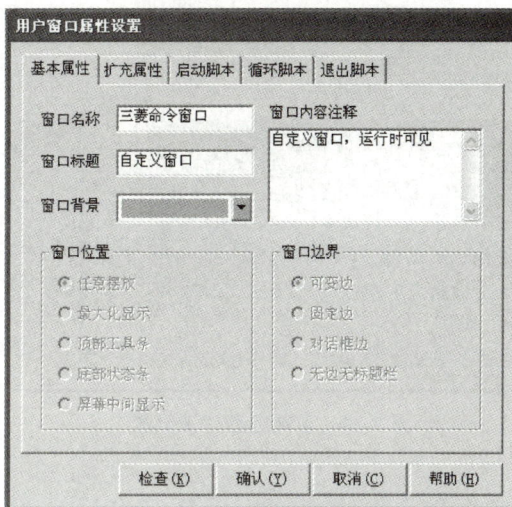

图 5-21　"用户窗口属性设置"对话框

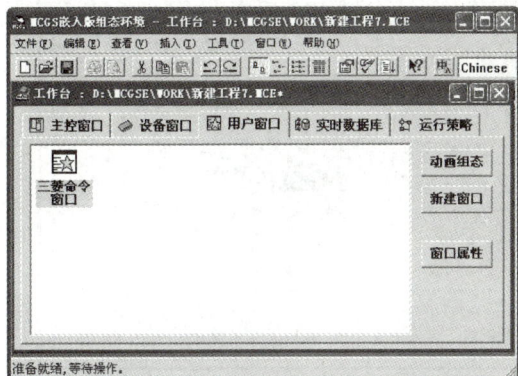

图 5-22　将用户窗口命名为"三菱命令窗口"

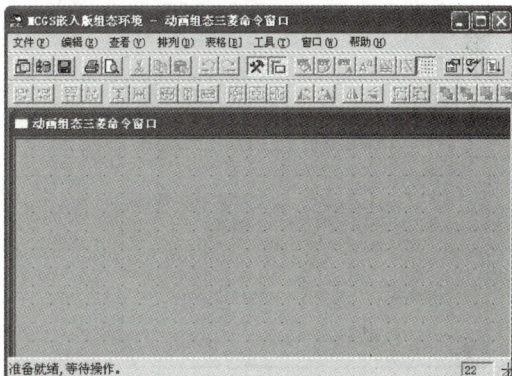

图 5-23　动画组态三菱命令窗口

　　第 2 步：创建按钮图形。如图 5-23 所示，单击组态软件工具条中的图标 🔧，弹出如图 5-24 所示的动画组态"工具箱"。

　　选择工具箱中"标准按钮"图标 ▭，在窗口编辑处按住左键并拖放出一定大小的矩形后，松开左键，便创建出一个如图 5-25 所示的按钮图形。

　　第 3 步：定义按钮图形属性。

　　① 基本属性设置。双击新建的"按钮"图形，弹出如图 5-26 所示的"标准按钮构件属性设置"对话框，选择【基本属性】选项卡，将状态设置为"抬起"，文本内容修改为"X0"。

　　② 操作属性设置。如图 5-27 所示，选择【操作属性】选项卡，单击"抬起功能"，勾选"数据对象值操作"，选择"按 1 松 0"，并单击其后面的图标 ?，弹出如图 5-28 所示的"变量选择"对话框，勾选"根据采集信息生成"，并将通道类型设置为"X 输入寄存器"，通道地址设置为"0"，读写类型设置为"读写"，单击【确认】按钮，X0 按钮属性便设置完成，如图 5-29 所示。

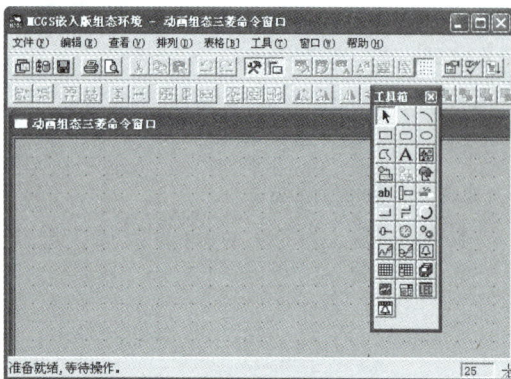

图 5-24　动画组态"工具箱"

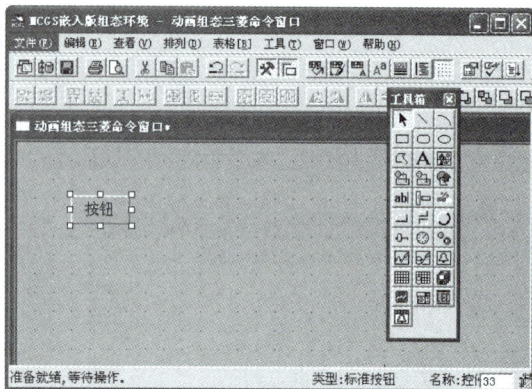

图 5-25　创建的按钮图形

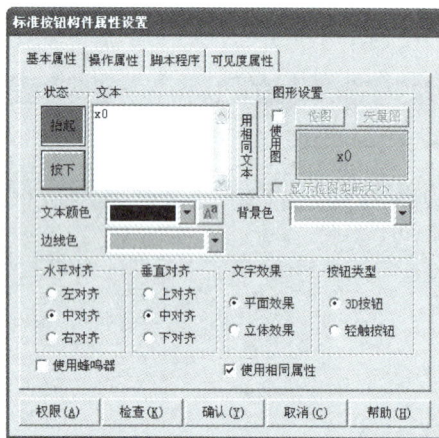

图 5-26　"标准按钮构件属性设置"对话框

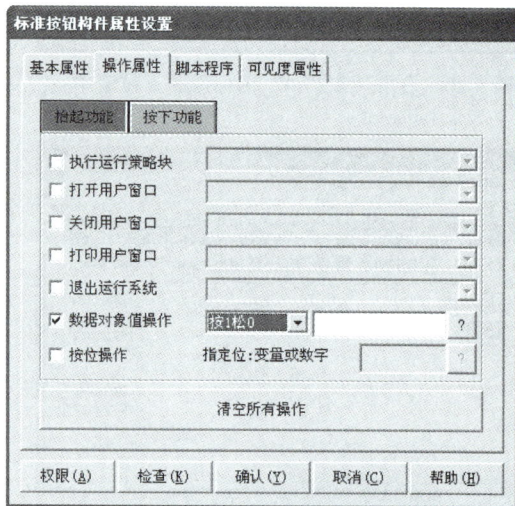

图 5-27　标准按钮构件操作属性设置

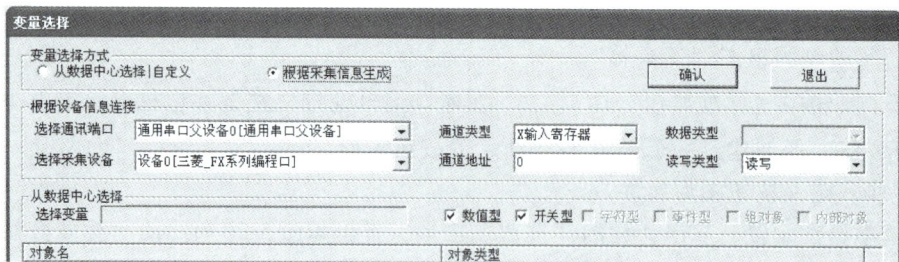

图 5-28　"变量选择"对话框

第四大步：工程下载

如图 5-30 所示，执行【工具】→【下载配置】命令，弹出如图 5-31 所示的工程保存对话框，单击【是】按钮后，弹出如图 5-32 所示的"下载配置"对话框，单击【工程下载】按钮开始下载工程，同时在窗口中显示下载的信息。如图 5-33 所示，信息显示"工程下载成功！"说明此工程已创建完成。

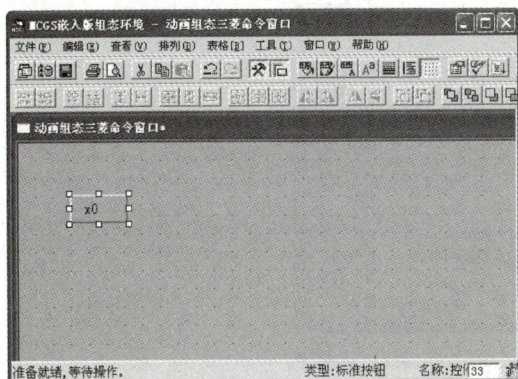

图 5-29　设置完成的按钮

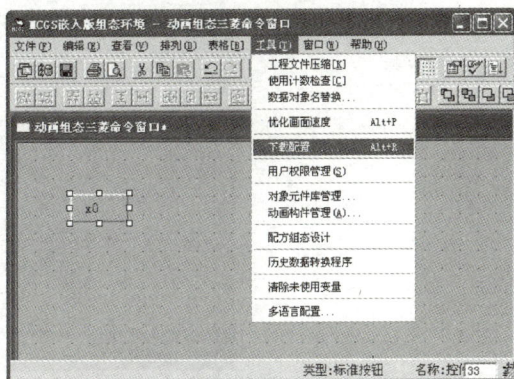

图 5-30　工程下载命令

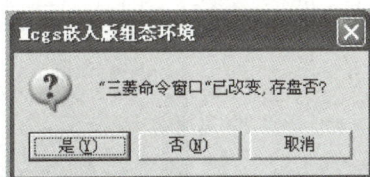

图 5-31　工程保存对话框

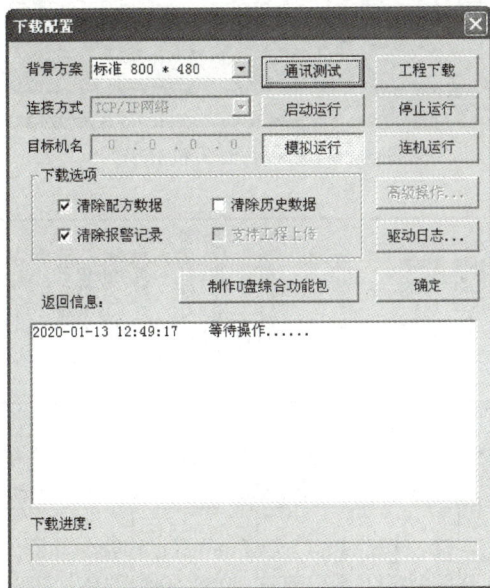

图 5-32　"下载配置"对话框

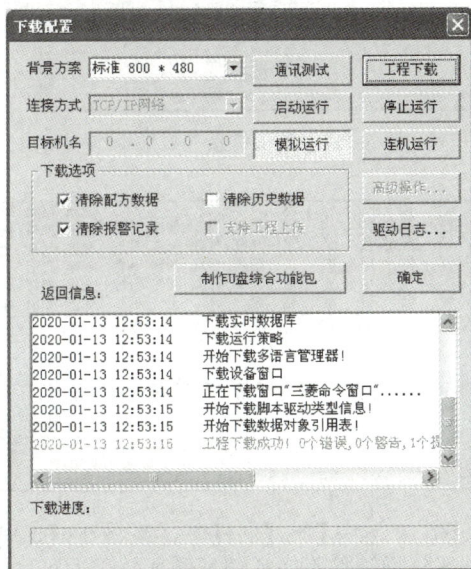

图 5-33　下载完成信息显示

第五大步：离线模拟

如图 5-33 所示，单击【模拟运行】按钮，弹出如图 5-34 所示的 MCGS 模拟界面，单击【运行】按钮，弹出如图 5-35 所示的"提示信息"对话框，单击【确认】按钮后，进入如图 5-36 所示的离线仿真人机界面。

（4）识读电路图　图 5-37 为 YL‑235A 型光机电设备电路图。

1）PLC 机型。PLC 机型为三菱 FX_{3U}-48MR。

图 5-34　MCGS 模拟界面

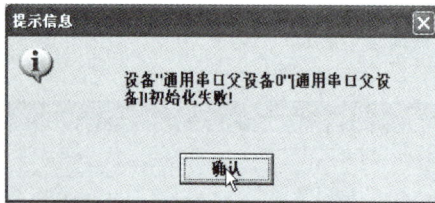

图 5-36　离线仿真人机界面

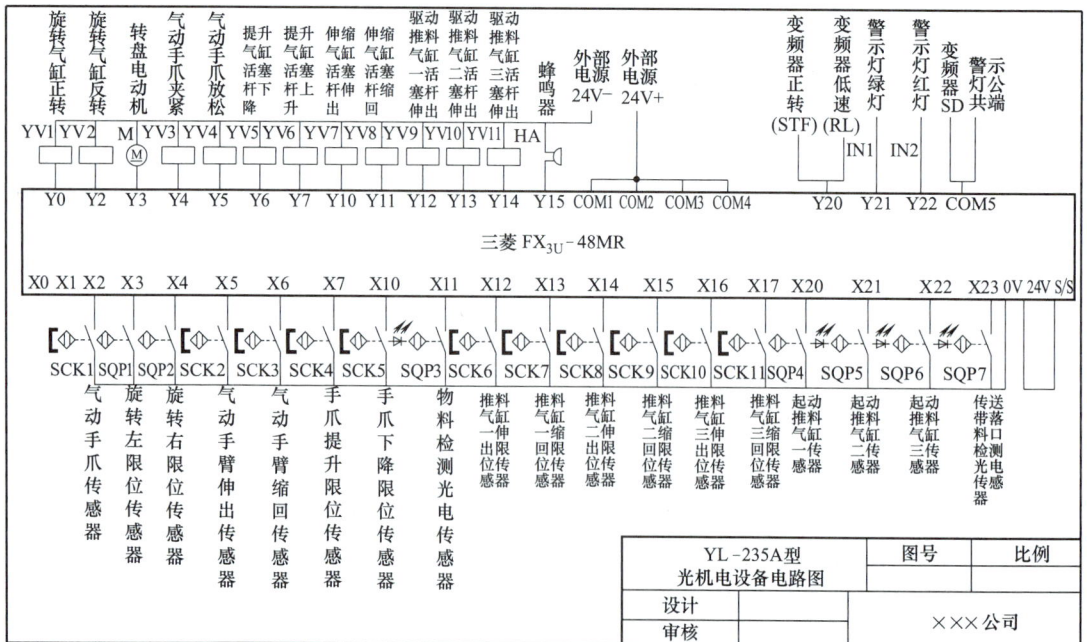

图 5-35　"提示信息"对话框

图 5-37　YL-235A 型光机电设备电路图

2）I/O点分配。PLC输入/输出设备及I/O点的分配情况见表5-1。

表5-1　PLC输入/输出设备及I/O点分配表

输入			输出		
元件代号	功能	输入点	元件代号	功能	输出点
	触摸起动	X0	YV1	手臂右旋（旋转气缸正转）	Y0
	触摸停止	X1	YV2	手臂左旋（旋转气缸反转）	Y2
SCK1	气动手爪传感器	X2	M	转盘电动机	Y3
SQP1	旋转左限位传感器	X3	YV3	气动手爪夹紧	Y4
SQP2	旋转右限位传感器	X4	YV4	气动手爪放松	Y5
SCK2	气动手臂伸出传感器	X5	YV5	提升气缸活塞杆下降	Y6
SCK3	气动手臂缩回传感器	X6	YV6	提升气缸活塞杆上升	Y7
SCK4	手爪提升限位传感器	X7	YV7	伸缩气缸活塞杆伸出	Y10
SCK5	手爪下降限位传感器	X10	YV8	伸缩气缸活塞杆缩回	Y11
SQP3	物料检测光电传感器	X11	YV9	驱动推料气缸一活塞杆伸出	Y12
SCK6	推料气缸一伸出限位传感器	X12	YV10	驱动推料气缸二活塞杆伸出	Y13
SCK7	推料气缸一缩回限位传感器	X13	YV11	驱动推料气缸三活塞杆伸出	Y14
SCK8	推料气缸二伸出限位传感器	X14	HA	蜂鸣器	Y15
SCK9	推料气缸二缩回限位传感器	X15	STF（RL）	变频器低速及正转	Y20
SCK10	推料气缸三伸出限位传感器	X16	IN1	警示灯绿灯	Y21
SCK11	推料气缸三缩回限位传感器	X17	IN2	警示灯红灯	Y22
SQP4	起动推料气缸一传感器	X20			
SQP5	起动推料气缸二传感器	X21			
SQP6	起动推料气缸三传感器	X22			
SQP7	传送带落料口检测光电传感器	X23			

3）输入/输出设备连接特点。触摸屏为YL-235A型光机电设备的输入设备，供给PLC起动及停止信号。特别说明，触摸屏一般不能直接改写PLC输入点的状态，通常的做法是改变PLC内部辅助继电器的状态，再用辅助继电器的触点进行程序控制。本书中为了静态调试程序的方便，才使用了触摸屏直接改写PLC输入点状态的方法（只适合三菱PLC）。

起动推料气缸二传感器和起动推料气缸三传感器均为光纤传感器，分别识别白色物料和黑色物料。连接警示灯绿灯的输出点Y21、红灯的输出点Y22、变频器的输出点Y20共用一组PLC输出端子，且回路中无外接电源。

（5）识读气动回路图　图5-38为YL-235A型光机电设备气动回路图，其气路组成及工作原理与项目四相同，各控制元件、执行元件的工作状态见表5-2。

（6）识读梯形图　图5-39为YL-235A型光机电设备的梯形图，其动作过程如图5-40所示。

1）起停控制。触摸人机界面上的起动按钮，X0＝ON，M1为ON且保持，为激活S20、S30状态提供了必要条件。触摸停止按钮，X1＝ON，M1为OFF，致使S0向S20、S1向S30状态转移的条件缺失，故程序执行完当前工作循环后停止。

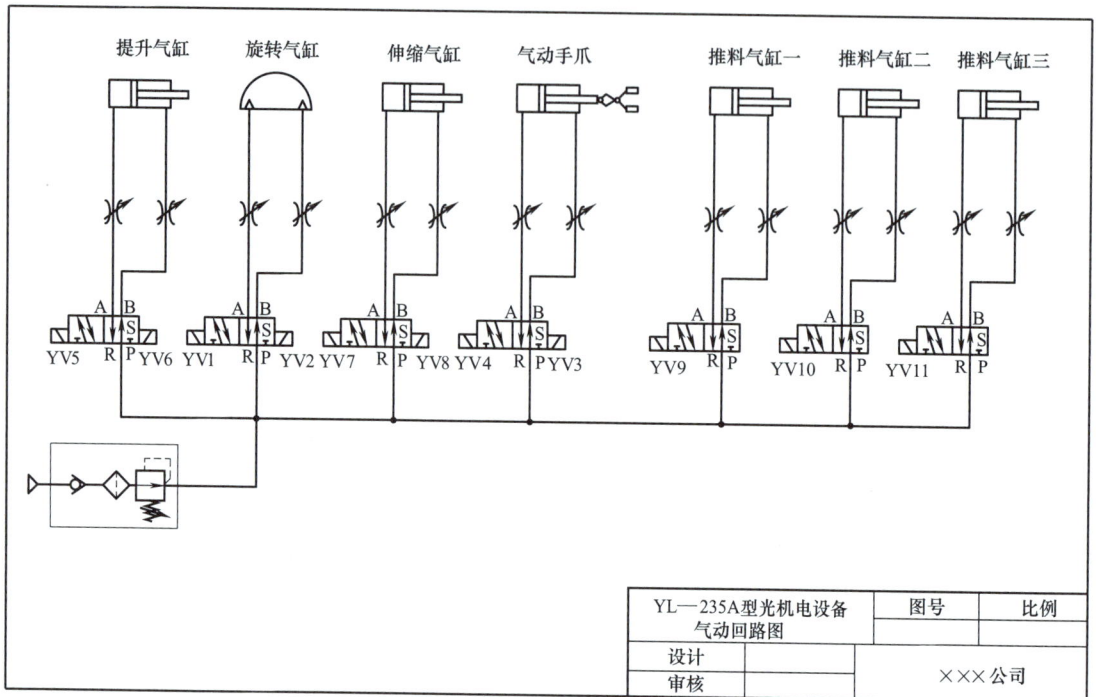

图 5-38　YL-235A 型光机电设备气动回路图

表 5-2　控制元件、执行元件状态一览表

电磁换向阀的线圈得电情况											执行元件状态	机构任务
YV1	YV2	YV3	YV4	YV5	YV6	YV7	YV8	YV9	YV10	YV11		
+	−										旋转气缸正转	手臂右旋
−	+										旋转气缸反转	手臂左旋
		+	−								气动手爪夹紧	抓料
		−	+								气动手爪放松	放料
				+	−						提升气缸活塞杆伸出	手爪下降
				−	+						提升气缸活塞杆缩回	手爪上升
						+	−				伸缩气缸活塞杆伸出	手臂伸出
						−	+				伸缩气缸活塞杆缩回	手臂缩回
								+			推料气缸一活塞杆伸出	分拣金属物料
								−			推料气缸一活塞杆缩回	等待分拣
									+		推料气缸二活塞杆伸出	分拣白色塑料物料
									−		推料气缸二活塞杆缩回	等待分拣
										+	推料气缸三活塞杆伸出	分拣黑色塑料物料
										−	推料气缸三活塞杆缩回	等待分拣

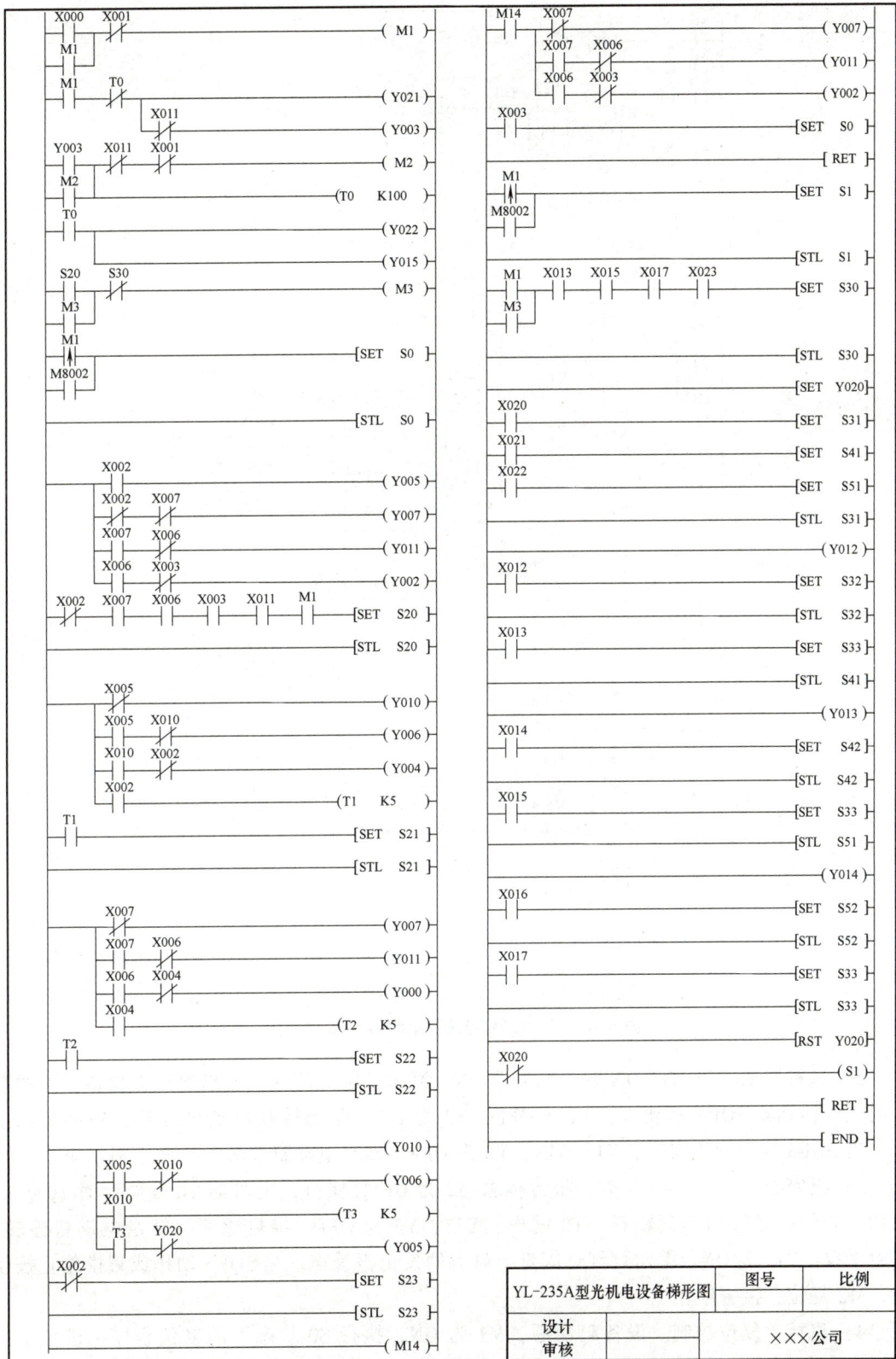

图 5-39 YL-235A 型光机电设备梯形图

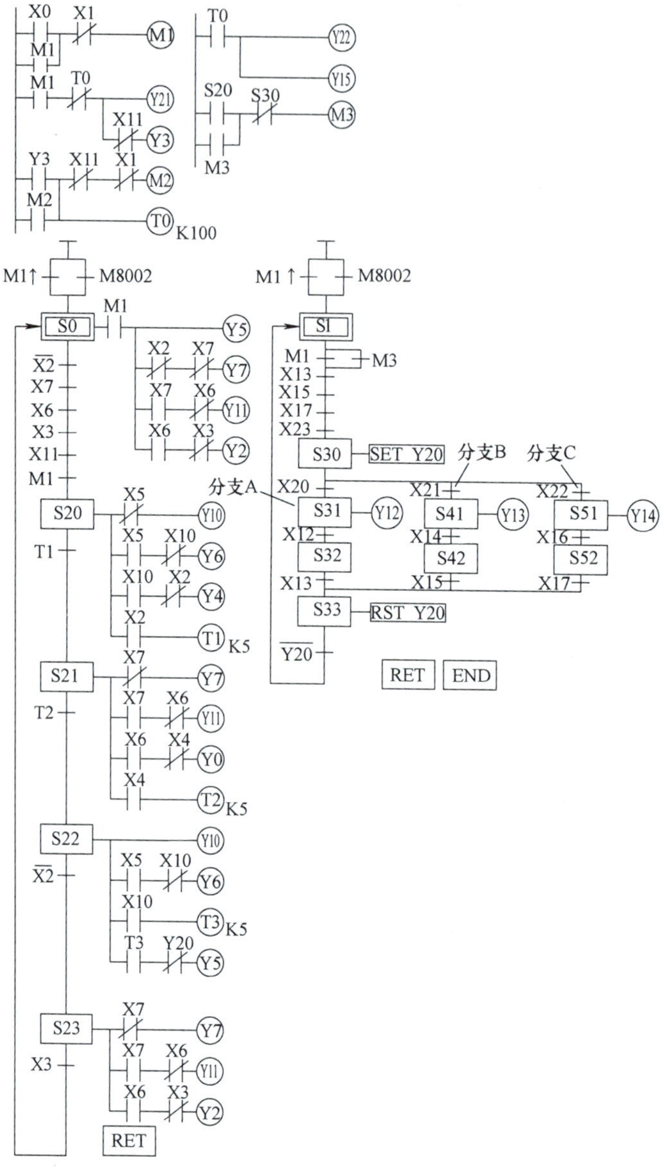

图 5-40 YL-235A 型光机电设备状态转移图

2）送料控制。当 M1＝ON 后，Y21 为 ON，警示灯绿灯闪烁。若出料口无物料，则物料检测光电传感器 SQP3 不动作，X11＝OFF，Y3 为 ON，驱动转盘电动机旋转，物料挤压上料。当 SQP3 检测到物料时，X11＝ON，Y3 为 OFF，转盘电动机停转，一次上料结束。

3）报警控制。Y3 为 ON 时，报警标志 M2 为 ON 且保持，定时器 T0 开始计时 10s。时间到，若传感器检测不到物料，T0 动作，Y21、Y3 为 OFF，绿灯熄灭，转盘电动机停转；同时 Y22、Y15 为 ON，警示灯红灯闪烁，蜂鸣器发出报警声。当 SQP3 动作或触摸停止按钮时，M2 复位，报警停止。

4）机械手复位控制。设备起动后，M1 为 ON，执行 S0 状态下的复位程序：机械手手爪放松、手爪上升、手臂缩回、手臂向左旋转至左侧限位处停止。

机械手开始搬运，即 S20 激活起，M3 为 ON，直至传送带开始工作，S30 激活止，M3 方为 OFF，以保证在机械手抓料的情况下，触摸停止按钮后传送分拣机构继续完成当前分拣任务后停止。

5）搬运物料。送料机构出料口有物料，X11 为 ON，激活 S20 状态→Y10＝ON，手臂伸出→X5＝ON，Y6＝ON，手爪下降→X10＝ON，Y4＝ON，手爪夹紧→夹紧定时 0.5s 到，激活 S21 状态→Y7＝ON，手爪上升→X7＝ON，Y11＝ON，手臂缩回→X6＝ON，Y0＝ON，手臂右旋→ 手臂右旋到位定时 0.5s，激活 S22 状态→Y10＝ON，手臂伸出→X5＝ON，Y6＝ON，手爪下降→ 手爪下降到位定时 0.5s 到，Y5＝ON，手爪放松→手爪放松到位，X2＝OFF，激活 S23 状态→Y7＝ON，手爪上升→X7＝ON，Y11＝ON，手臂缩回→X6＝ON，Y2＝ON，手臂左旋→手臂左旋到位，X3＝ON，激活 S0 状态，开始新的循环。

6）传送物料。PLC 上电瞬间或设备起动时，S1 状态激活。当落料口检测到物料时，X23＝ON，S30 状态激活，Y20 置位，起动变频器，驱动传送带自左向右低速传送物料。

7）分拣物料。如图 5-40 所示，分拣程序有三个分支，根据物料的性质选择不同分支执行。

若物料为金属物料，传送至 A 点位置时，执行分支 A，X20＝ON，S31 状态激活，Y12 为 ON，推料气缸一活塞杆伸出，将金属物料推入料槽一内。伸出到位后，X12＝ON，S32 激活，Y12 为 OFF，推料气缸一活塞杆缩回。

若物料为白色塑料物料，传送至 B 点位置时，执行分支 B，X21＝ON，S41 状态激活，Y13 为 ON，推料气缸二活塞杆伸出，将白色塑料物料推入料槽二内。伸出到位后，X14＝ON，S42 激活，Y13 为 OFF，推料气缸二活塞杆缩回。

若物料为黑色塑料物料，传送至 C 点位置时，执行分支 C，X22＝ON，S51 状态激活，Y14 为 ON，推料气缸三活塞杆伸出，将黑色塑料物料推入料槽三内。伸出到位后，X16＝ON，S52 激活，Y14 为 OFF，推料气缸三活塞杆缩回。

当任一分支执行完毕时，即推料气缸活塞杆缩回到位，X13＝ON、X15＝ON 或 X17＝ON，S33 状态激活，复位 Y20，传送带停止工作。

（7）制订施工计划　YL-235A 型光机电设备的组装与调试流程图如图 5-41 所示。以此为依据，施工人员填写施工计划表（见表 5-3），合理制订施工计划，确保在额定时间内完成规定的施工任务。

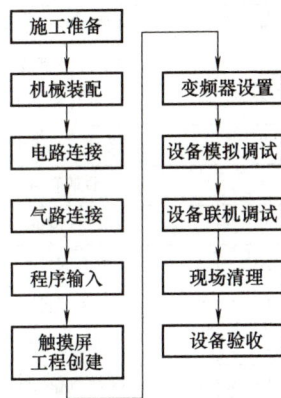

图 5-41　YL-235A 型光机电设备的组装与调试流程图

表 5-3　施工计划表

设备名称	施工日期	总工时/h	施工人数/人	施工负责人
YL-235A 型光机电设备				

序号	施工任务	施工人员	工序定额	备注
1	阅读设备技术文件			
2	机械装配、调整			
3	电路连接、检查			
4	气路连接、检查			

（续）

设备名称	施工日期	总工时/h	施工人数/人		施工负责人	
YL-235A 型光机电设备						
序号	施工任务		施工人员	工序定额		备注
5	程序输入					
6	触摸屏工程创建					
7	变频器设置					
8	设备模拟调试					
9	设备联机调试					
10	现场清理，技术文件整理					
11	设备验收					

2. 施工准备

（1）设备清点　检查 YL-235A 型光机电设备的部件是否齐全，并归类放置。YL-235A 型光机电的部件清单见表 5-4。

表 5-4　部件清单

序号	名称	型号规格	数量	单位	备注
1	直流减速电动机	24V	1	台	
2	放料转盘		1	个	
3	转盘支架		2	个	
4	物料检测支架		1	套	
5	警示灯及其支架	两色、闪烁	1	套	
6	伸缩气缸套件	CXSM15-100	1	套	
7	提升气缸套件	CDJ2KB16-75-B	1	套	
8	手爪套件	MHZ2-10D1E	1	套	
9	旋转气缸套件	CDRB2BW20-180S	1	套	
10	机械手固定支架		1	套	
11	缓冲器		2	只	
12	传送带套件	50cm×700cm	1	套	
13	推料气缸套件	CDJ2KB10-60-B	3	套	
14	料槽套件		3	套	
15	电动机及安装套件	380V、25W	1	套	
16	落料口		1	只	
17	光电传感器及其支架	E3Z-LS61	1	套	出料口
18		GO12-MDNA-A	1	套	落料口
19	电感式传感器	NSN4-2M60-E0-AM	3	只	
20	光纤传感器及其支架	E3X-NA11	2	套	
21	磁性传感器	D-59B	1	只	手爪紧松
22		SIWKOD-Z73	2	只	手臂伸缩
23		D-C73	8	只	手爪升降、推料限位

（续）

序号	名称	型号规格	数量	单位	备注
24	PLC 模块	YL050、FX$_{3U}$-48MR	1	块	
25	变频器模块	E700、0.75kW	1	块	
26	触摸屏及通信线	昆仑通态 TPC7062KS	1	套	
27	按钮模块	YL157	1	块	
28	电源模块	YL046	1	块	
29		不锈钢内六角 M6×12	若干	个	
30	螺钉	不锈钢内六角 M4×12	若干	个	
31		不锈钢内六角 M3×10	若干	个	
32		椭圆形螺母 M6	若干	个	
33	螺母	M4	若干	个	
34		M3	若干	个	
35	垫圈	φ4	若干	个	

（2）工具清点　设备组装工具清单见表 5-5，施工人员应清点工具的数量，并认真检查其性能是否完好。

表 5-5　工具清单

序号	名称	型号规格	数量	单位
1	工具箱		1	只
2	螺钉旋具	一字、100mm	1	把
3	钟表螺钉旋具		1	套
4	螺钉旋具	十字、150mm	1	把
5	螺钉旋具	十字、100mm	1	把
6	螺钉旋具	一字、150mm	1	把
7	斜口钳	150mm	1	把
8	尖嘴钳	150mm	1	把
9	剥线钳		1	把
10	内六角扳手（组套）	PM-C9	1	套
11	万用表		1	只

三、任务实施

根据制订的施工计划，按顺序对 YL-235A 型光机电设备实施组装，施工中应注意及时调整进度，保证定额。施工时必须严格遵守安全操作规程，采取安全保障措施，以确保人身和设备安全。

1. 机械装配

（1）机械装配前的准备　按照要求清理现场、准备图样及工具，并安排装配流程，参考流程如图 5-42 所示。

（2）机械装配步骤　按确定的设备组装顺序组装YL-235A型光机电设备。

1）画线定位。

2）组装传送装置。参考图4-12组装传送装置。

① 安装传送带脚支架。

② 固定落料口。

③ 安装落料口传感器。

④ 固定传送带。

3）组装分拣装置。参考图4-13组装分拣装置。

①组装起动推料气缸传感器。

②组装推料气缸。

③固定、调整料槽及其对应的推料气缸，使之共用同一中性线。

4）安装电动机。调整电动机的高度、垂直度，直至电动机与传送带同轴，参考图4-14。

5）固定电磁阀阀组。参考图4-15，将电磁阀阀组固定在定位处。

6）组装搬运装置。参考图4-16，组装固定机械手。

① 安装旋转气缸。

② 组装机械手固定支架。

③ 组装机械手臂。

④ 组装提升臂。

⑤ 安装手爪。

⑥ 固定磁性传感器。

⑦ 固定左右限位装置。

⑧ 固定机械手，调整机械手摆幅、高度等尺寸，使机械手能准确地将物料放入传送带落料口内。

7）组装固定物料检测支架及出料口。如图5-43所示，在物料检测支架上装好出料口，安装传感器后将其固定在定位处。调整出料口的高度等尺寸的同时，配合调整机械手的部分尺寸，保证机械手气动手爪能准确无误地从出料口抓取物料，同时又能准确无误地将物料释放至传送带的落料口内，实现出料口、机械手、落料口三者之间的无偏差衔接。

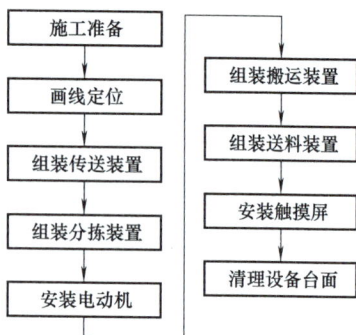

图5-42　机械装配流程图

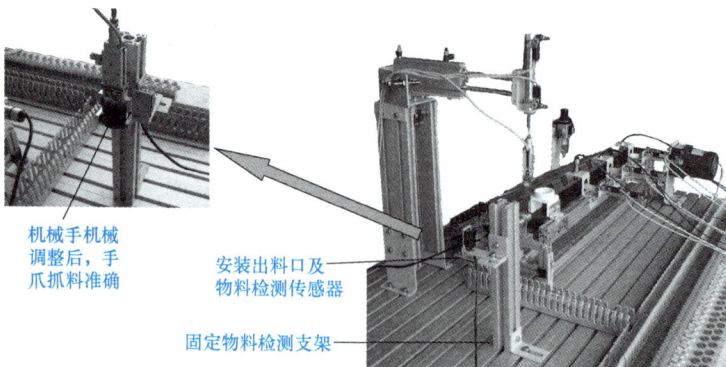

图5-43　固定物料检测支架及出料口

8）安装转盘及其支架。如图 5-44 所示，装好物料料盘，并将其固定在定位处。

固定物
料料盘

图 5-44　安装转盘及其支架

9）固定触摸屏。如图 5-45 所示，将触摸屏固定在定位处。

10）固定警示灯。如图 5-45 所示，将警示灯固定在定位处。

固定
警示灯

固定
触摸屏

图 5-45　固定触摸屏及警示灯

11）清理设备台面，保持台面无杂物或多余部件。

2. 电路连接

（1）电路连接前的准备　按照要求检查电源状态，准备图样、工具及线号管，并安排电路连接流程，参考流程如图 5-46 所示。

（2）电路连接步骤　电路连接应符合工艺、安全规范要求，所有导线应置于线槽内。导线与端子排连接时，应套线号管并及时编号，避免错编、漏编。插入端子排的连接线必须接触良好且紧固。端子接线布置图如图 1-16 所示。

1）连接传感器至端子排。

2）连接输出点至端子排。

3）连接电动机至端子排。

4）连接 PLC 的输入信号端子至端子排。

5）连接 PLC 的输出信号端子至端子排（负载电源暂不连接，待 PLC 模拟调试成功后连接）。

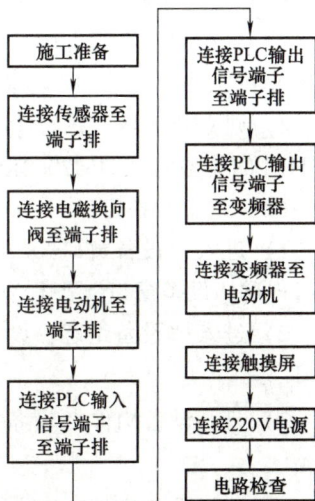

施工准备 → 连接传感器至端子排 → 连接电磁换向阀至端子排 → 连接电动机至端子排 → 连接PLC输入信号端子至端子排

连接PLC输出信号端子至端子排 → 连接PLC输出信号端子至变频器 → 连接变频器至电动机 → 连接触摸屏 → 连接220V电源 → 电路检查

图 5-46　电路连接流程图

6）连接 PLC 的输出信号端子至变频器。

7）连接变频器至电动机。

8）连接触摸屏的电源输入端子至电源模块中的 24V 直流电源。

9）将电源模块中的单相交流电源引至 PLC 模块。

10）将电源模块中的三相电源引至变频器的主回路输入端子 L1、L2、L3、PE。

11）电路检查。

12）清理设备台面，工具入箱。

3. 气动回路连接

（1）气路连接前的准备　按照要求检查空气压缩机状态，准备图样及工具，并安排气动回路连接步骤。

（2）气路连接步骤　根据气路图连接气路。连接时，应避免急剧弯曲，尽量平行布置，力求走向合理且气管最短，如图 4-21 所示。

1）连接气源。

2）连接执行元件。

3）整理、固定气管。

4）清理台面杂物，工具入箱。

4. 程序输入

启动三菱 PLC 编程软件，按图 5-39 输入梯形图。

1）启动三菱 PLC 编程软件。

2）创建新文件，选择 PLC 类型。

3）输入程序。

4）转换梯形图。

5）保存文件。

5. 触摸屏工程创建

根据设备控制功能创建触摸屏人机界面，其方法参考触摸屏技术文件。

（1）建立工程

1）启动 MCGS 组态软件。单击【程序】→【MCGS 组态软件】→【嵌入版】→【MCGSE 组态环境】文件，启动 MCGS 嵌入版组态软件。

2）建立新工程。执行【文件】→【新建工程】命令，弹出"新建工程设置"对话框，选择 TPC 的类型为"TPC7062KS"，单击【确定】按钮后，弹出新建工程的工作台。

（2）组态设备窗口

1）进入"设备窗口"。单击工作台上的【设备窗口】选项卡，进入设备窗口，可看到窗口内的"设备窗口"图标。

2）进入"设备组态：设备窗口"。双击"设备窗口"图标，便进入"设备组态：设备窗口"。

3）打开设备构件"设备工具箱"。单击组态软件工具条中的图标，打开"设备工具箱"。

4）选择设备构件。双击"设备工具箱"中的"通用串口父设备"，将通用串口父设备添加到设备窗口中。接着双击"设备工具箱"中的"三菱_FX 系列编程口"图标，弹出默认通信参数设备父设备参数的确认对话框，单击【是】按钮，便完成"三菱_FX 系列编程口"设备的添加。关闭设备窗口，返回至工作台。

（3）组态用户窗口

1）进入用户窗口。单击工作台上的【用户窗口】选项卡，进入用户窗口。

2）创建新的用户窗口。单击用户窗口中的【新建窗口】按钮，创建一个新的用户窗口"窗口 0"。

3）设置用户窗口属性。

① 进入"用户窗口属性设置"对话框。右击待定义的用户窗口"窗口 0"图标，执行下拉菜单【属性】命令，弹出"用户窗口属性设置"对话框。

② 为新的用户窗口命名。选择【基本属性】选项卡，将窗口名称中的"窗口 0"修改为"三菱控制画面"。

4）创建图形对象。起动按钮的创建步骤如下：

① 进入动画组态窗口。双击用户窗口"三菱控制画面"图标，进入"动画组态三菱命令窗口"。

② 创建"起动按钮"图形。单击组态软件工具条中的图标，弹出动画组态"工具箱"。

选择工具箱中"标准按钮"图标，在窗口编辑处按住左键并拖放出合适大小的矩形后，松开左键，便创建出一个如图 5-47 所示的按钮图形。

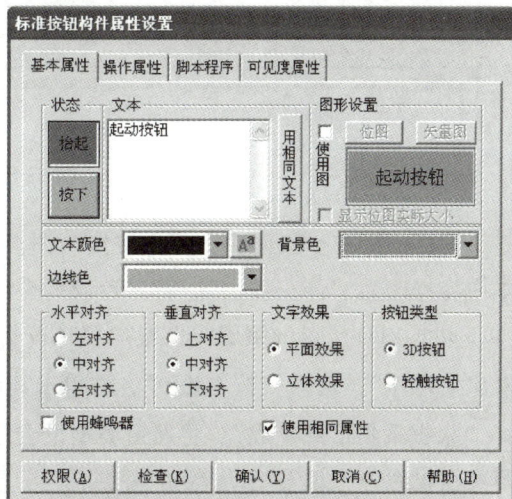

③ 定义"起动按钮"图形属性。

基本属性设置。双击新建的"按钮"图形，弹出如图 5-48 所示的"标准按钮构件属性设置"对话框，选择【基本属性】选项卡，将状态设置为"抬起"，文本内容修改为"起动按钮"，背景色设置为绿色，单击【确认】按钮后保存。

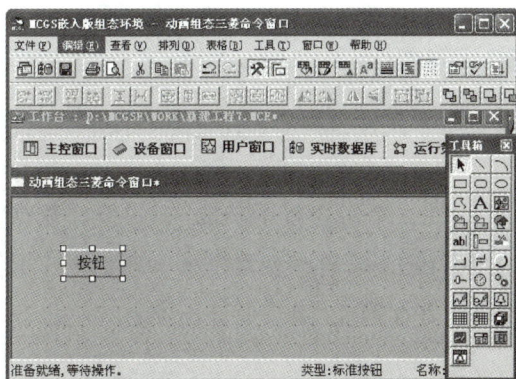

图 5-47　创建的按钮图形　　图 5-48　"标准按钮构件属性设置"对话框

操作属性设置。如图 5-49 所示，选择【操作属性】选项卡，单击"按下功能"，勾选"数据对象值操作"，选择"按 1 松 0"，并单击其后面的图标，弹出如图 5-50 所示的

"变量选择"对话框，选择"根据采集信息生成"，并将通道类型设置为"M辅助寄存器"，通道地址设置为"3"，读写类型设置为"读写"。单击【确认】按钮，起动按钮的属性便设置完成。

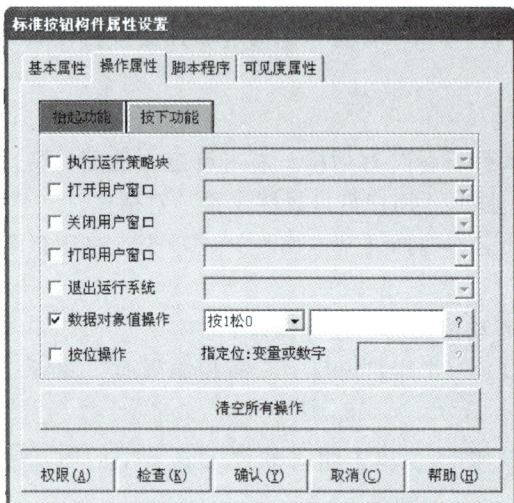

图 5-49   标准按钮构件操作属性设置

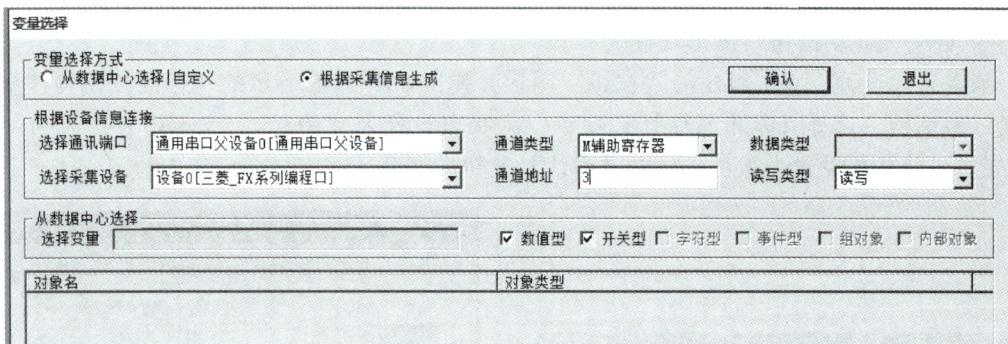

图 5-50   "变量选择"对话框

同样的操作步骤创建"停止按钮"图形，设置其基本属性，将状态设置为"按下"，文本内容修改为"停止按钮"，背景色设置为红色。

根据 PLC 资源分配表，设置"停止按钮"操作属性，单击"按下功能"，勾选"数据对象值操作"，选择"按 1 松 0"，并单击其后面的图标 ? ，设置"变量选择"对话框，选择"根据采集信息生成"，将通道类型设置为"M 辅助寄存器"，通道地址设置为"4"，读写类型设置为"读写"。

5）编辑图形对象。按住 Ctrl 键，单击选中两个按钮图形，可以使用组态软件工具条中的等高宽、左对齐等命令对它们进行位置排列，如图 5-51 所示。

（4）工程下载   执行【工具】→【下载配置】命令，将工程保存后下载。

（5）离线模拟   执行【模拟运行】命令，即可实现图 5-1 所示的触摸控制功能。

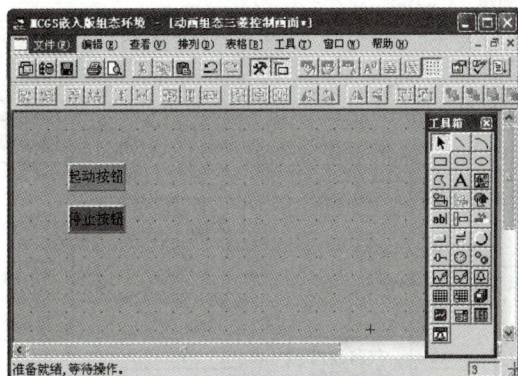

图 5-51 创建完成后的组态画面

6. 变频器参数设置

打开变频器的面板盖板，按照表 5-6 设定参数。

表 5-6 变频器参数设定表

序号	参数号	名称	设定值	备注
1	Pr. 1	上限频率	50Hz	
2	Pr. 2	下限频率	0Hz	
3	Pr. 6	3 速设定(低速)	25Hz	低速设定
4	Pr. 7	加速时间	2s	
5	Pr. 8	减速时间	2s	
6	Pr. 79	操作模式	2	外部操作模式

1）用 (MODE) 键将监示显示切换至参数设定模式，再设定操作模式为 PU 操作模式，即 Pr. 79 = 1。

2）设定上限频率 Pr. 1 = 50。

3）设定下限频率 Pr. 2 = 0。

4）设定 3 速设定（低速）频率 Pr. 6 = 25。

5）设定加速时间 Pr. 7 = 2。

6）设定减速时间 Pr. 8 = 2。

7）设定操作模式为外部操作模式 Pr. 79 = 2。

7. 设备调试

（1）设备调试前的准备 按照要求清理设备，检查机械装配、电路连接、气路连接等情况，确认其安全性、正确性。在此基础上确定调试流程，本设备的调试流程如图 5-52 所示。

（2）模拟调试

1）PLC 静态调试。

① 连接计算机与 PLC。

② 确认 PLC 的输出负载回路电源处于断开状态，并检查空气压缩机的阀门是否关闭。

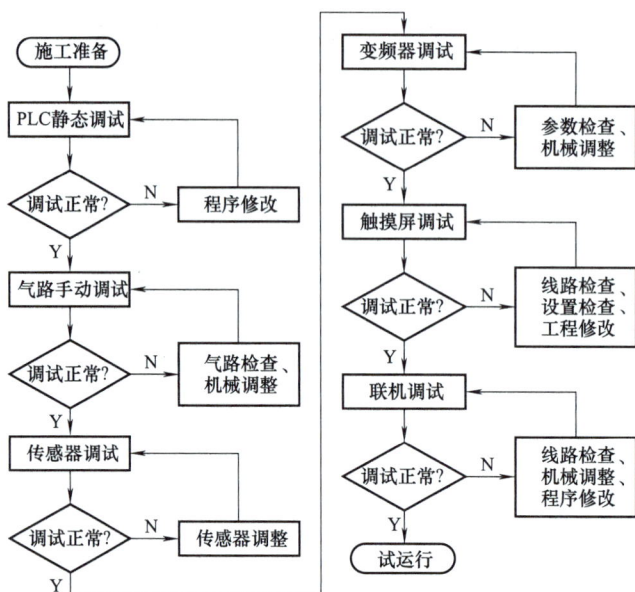

图 5-52 设备调试流程图

③ 合上断路器，给设备供电。

④ 写入程序。

⑤ 运行 PLC，按表 5-7、表 5-8 和表 5-9 用 PLC 模块上的钮子开关模拟 PLC 输入信号，观察 PLC 的输出指示灯状态。

表 5-7 送料机构静态调试情况记载表

步骤	操作任务	观察任务		备注
		正确结果	观察结果	
1	动作 X0	Y25 指示灯点亮		警示绿灯闪烁
		Y3 指示灯点亮		电动机旋转,上料
2	X11 在 10s 后仍不动作	Y25 指示灯熄灭		10s 后无料,转盘电动机停止,红灯闪烁,报警
		Y3 指示灯熄灭		
		Y26 指示灯点亮		
		Y15 指示灯点亮		
3	动作 X11 钮子开关	Y25 指示灯点亮		出料口有料,等待取料
4	复位 X11 钮子开关	Y25 指示灯点亮		电动机旋转,上料
		Y3 指示灯点亮		
5	动作 X11 钮子开关	Y25 指示灯点亮		出料口有料,等待取料
		Y3 指示灯熄灭		
6	动作 X1	Y25 指示灯熄灭		系统停止

⑥ 将 PLC 的 RUN/STOP 开关置于"STOP"位置。

⑦ 复位 PLC 模块上的钮子开关。

表5-8　搬运机构静态调试情况记载表

步骤	操作任务	观察任务		备注
		正确结果	观察结果	
1	动作 X2、X0 钮子开关	Y5 指示灯点亮		手爪放松
2	复位 X2 钮子开关	Y5 指示灯熄灭		放松到位
		Y7 指示灯点亮		手爪上升
3	动作 X7 钮子开关	Y7 指示灯熄灭		上升到位
		Y11 指示灯点亮		手臂缩回
4	动作 X6 钮子开关	Y11 指示灯熄灭		缩回到位
		Y0 指示灯点亮		手臂右旋
5	动作 X4 钮子开关	Y0 指示灯熄灭		右旋到位
6	动作 X11 钮子开关	Y10 指示灯点亮		有料,手臂伸出
7	动作 X5 钮子开关,复位 X6 钮子开关	Y10 指示灯熄灭		伸出到位
		Y6 指示灯点亮		手爪下降
8	动作 X10 钮子开关,复位 X7 钮子开关	Y6 指示灯熄灭		下降到位
		Y4 指示灯点亮		手爪夹紧
9	动作 X2 钮子开关,0.5s 后	Y7 指示灯点亮		手爪上升
10	动作 X7 钮子开关,复位 X10 钮子开关	Y7 指示灯熄灭		上升到位
		Y11 指示灯点亮		手臂缩回
11	动作 X6 钮子开关,复位 X5 钮子开关	Y11 指示灯熄灭		缩回到位
		Y2 指示灯点亮		手臂左旋
12	动作 X4 钮子开关,复位 X3 钮子开关	Y2 指示灯熄灭		左旋到位
13	0.5s 后	Y10 指示灯点亮		手臂伸出
14	动作 X5 钮子开关,复位 X6 钮子开关	Y10 指示灯熄灭		伸出到位
		Y6 指示灯点亮		手爪下降
15	动作 X10 钮子开关,复位 X7 钮子开关	Y6 指示灯熄灭		下降到位
16	0.5s 后	Y5 指示灯点亮		手爪放松
17	复位 X2 钮子开关	Y5 指示灯熄灭		放松到位
		Y7 指示灯点亮		手爪上升
18	动作 X7 钮子开关,复位 X10 钮子开关	Y7 指示灯熄灭		上升到位
		Y11 指示灯点亮		手臂缩回
19	动作 X6 钮子开关,复位 X5 钮子开关	Y11 指示灯熄灭		缩回到位
		Y0 指示灯点亮		手臂右旋
20	动作 X4 钮子开关,复位 X3 钮子开关	Y0 指示灯熄灭		右旋到位
21	一次物料搬运结束,等待加料			
22	重新加料,动作 X1 钮子开关,机构完成当前工作循环后停止工作			

表 5-9　传送、加工及分拣机构静态调试情况记载表

步骤	操作任务	观察任务		备注
		正确结果	观察结果	
1	动作 X23 钮子开关后复位	Y20 指示灯点亮		有物料，传送带运转
2	动作 X20 钮子开关后复位	Y12 指示灯点亮		检测到金属物料，气缸一活塞杆伸出，分拣至金属料槽
3	动作 X12 钮子开关	Y12 指示灯熄灭		伸出到位后，气缸一活塞杆缩回
4	复位 X12 钮子开关，动作 X13 钮子开关	Y20 指示灯熄灭		缩回到位后，传送带停止
5	动作 X23 钮子开关后复位	Y20 指示灯点亮		有物料，传送带运转
6	动作 X21 钮子开关后复位	Y13 指示灯点亮		检测到白色塑料物料，气缸二活塞杆伸出，分拣至料槽二
7	动作 X14 钮子开关	Y13 指示灯熄灭		伸出到位后，气缸二活塞杆缩回
8	复位 X14 钮子开关，动作 X15 钮子开关	Y20 指示灯熄灭		缩回到位后，传送带停止
9	动作 X23 钮子开关后复位	Y20 指示灯点亮		有物料，传送带运转
10	动作 X22 钮子开关后复位	Y14 指示灯点亮		检测到黑色塑料物料，气缸三活塞杆伸出，分拣至料槽三
11	动作 X16 钮子开关	Y14 指示灯熄灭		伸出到位后，气缸三活塞杆缩回
12	复位 X16 钮子开关，动作 X17 钮子开关	Y20 指示灯熄灭		缩回到位后，传送带停止
13	重新加料，动作 X1 钮子开关	传送带不能停止，必须完成当前工作循环后才能停止		

2）气动回路手动调试。

① 接通空气压缩机电源，起动空压机压缩空气，等待气源充足。

② 将气源压力调整到 0.4~0.5MPa 后，开启气动二联件上的阀门给系统供气。为确保调试安全，施工人员需观察气路系统有无泄露现象，若有，应立即解决。

③ 在正常工作压力下，对气动回路进行手动调试，直至机构动作完全正常为止。

④ 调整节流阀至合适开度，使各气缸的运动速度趋于合理。

3）传感器调试。调整传感器的位置，观察 PLC 的输入指示灯状态。

① 出料口放置物料，调整、固定物料检测光电传感器。

② 手动机械手，调整、固定各限位传感器。

③ 在落料口中先后放置三类物料，调整、固定传送带落料口检测光电传感器。

④ 在 A 点位置放置金属物料，调整、固定金属传感器。

⑤ 分别在 B 点和 C 点位置放置白色塑料物料和黑色塑料物料，调整、固定光纤传感器。

⑥ 手动推料气缸，调整、固定磁性传感器。

4）变频器调试。闭合变频器模块上的 STF、RL 钮子开关，传送带自左向右运行。若电动机反转，须关闭电源，改变变频器三相输出电源相序 U、V、W 后重新调试。

5）触摸屏调试。拉下设备断路器，关闭设备总电源。

① 连接触摸屏与 PLC。

② 连接计算机与触摸屏。

③ 接通设备总电源。

④ 下载触摸屏程序。

⑤ 调试触摸屏程序。运行 PLC，触摸人机界面上的起动按钮，PLC 输出指示灯显示设备开始工作；触摸停止按钮，设备停止工作。

（3）联机调试　模拟调试正常后，接通 PLC 输出负载的电源回路，便可联机调试。调试时，要求施工人员认真观察设备的运行情况，若出现问题，应立即解决或切断电源，避免扩大故障范围。调试观察的主要部位如图 5-53 所示。

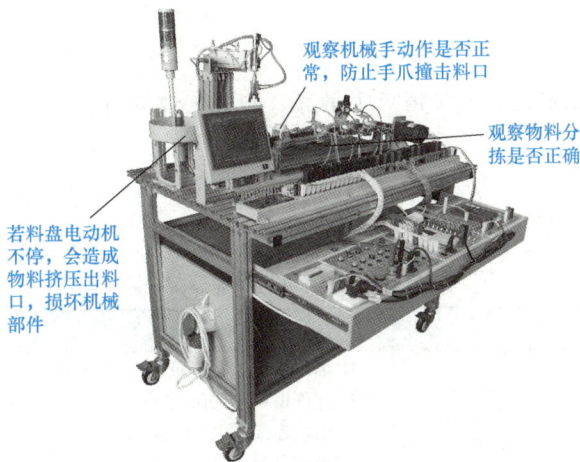

观察机械手动作是否正常，防止手爪撞击料口

观察物料分拣是否正确

若料盘电动机不停，会造成物料挤压出料口，损坏机械部件

图 5-53　YL-235A 型光机电设备

表 5-10 为联机调试的正确结果，若调试中有与之不符的情况，施工人员首先应根据现场情况，判断是否需要切断电源，在分析、判断故障形成的原因（机械、电路、气路或程序问题）的基础上，进行调整、检修，然后重新调试，直至设备完全实现功能。

表 5-10　联机调试结果一览表

步骤	操作过程	设备实现的功能	备注
1	触摸起动按钮	机械手复位	
		送料机构送料	送料
2	10s 后无物料	报警	
3	出料口有物料	机械手搬运物料	搬运物料
4	机械手释放物料（金属）	传送带运转	
5	物料传送至 A 点位置	气缸一活塞杆伸出，物料被分拣至料槽一内	传送、分拣金属物料
6	气缸一活塞杆伸出到位后	气缸一活塞杆缩回，传送带停转	
7	机械手释放物料（白色塑料）	传送带运转	
8	物料传送至 B 点位置	气缸二活塞杆伸出，物料被分拣至料槽二内	传送、分拣白色塑料物料
9	气缸二活塞杆伸出到位后	气缸二活塞杆缩回，传送带停转	

（续）

步骤	操作过程	设备实现的功能	备注
10	机械手释放物料(黑色塑料)	传送带运转	传送、分拣黑色塑料物料
11	物料传送至C点位置	气缸三活塞杆伸出,物料被分拣至料槽三内	
12	气缸三活塞杆伸出到位后	气缸三活塞杆缩回,传送带停转	
13	重新加料,触摸停止按钮,机构完成当前工作循环后停止工作		

（4）试运行　施工人员操作 YL-235A 型光机电设备，运行、观察一段时间，确保设备合格、稳定、可靠。

8. 现场清理

设备调试完毕，要求施工人员清点工量具，归类整理资料，清扫现场卫生，并填写设备安装登记表。

9. 设备验收

设备质量验收见表 5-11。

表 5-11　设备质量验收表

验收项目及要求		配分	配分标准	扣分	得分	备注
设备组装	1. 设备部件安装可靠,各部件位置衔接准确 2. 电路安装正确,接线规范 3. 气路连接正确,规范美观	35分	1. 部件安装位置错误,每处扣2分 2. 部件衔接不到位、零件松动,每处扣2分 3. 电路连接错误,每处扣2分 4. 导线反圈、压皮、松动,每处扣2分 5. 错、漏编号,每处扣1分 6. 导线未入线槽、布线凌乱,每处扣2分 7. 气路连接错误,每处扣2分 8. 气路漏气、掉管,每处扣2分 9. 气管过长、过短、乱接,每处扣2分			
设备功能	1. 设备起停正常 2. 送料机构正常 3. 机械手复位正常 4. 机械手搬运物料正常 5. 传送带运转正常 6. 金属物料分拣正常 7. 白色塑料物料分拣正常 8. 黑色塑料物料分拣正常 9. 变频器参数设置正确 10. 触摸屏人机界面触摸正常	60分	1. 设备未按要求起动或停止,每处扣5分 2. 送料机构未按要求送料,扣10分 3. 机械手未按要求复位,扣5分 4. 机械手未按要求搬运物料,每处扣5分 5. 传送带未按要求运转,扣5分 6. 金属物料未按要求分拣,扣5分 7. 白色塑料物料未按要求分拣,扣5分 8. 黑色塑料物料未按要求分拣,扣5分 9. 变频器参数未按要求设置,扣5分 10. 人机界面未按要求创建,扣5分			
设备附件	资料齐全,归类有序	5分	1. 设备组装图缺少,每处扣2分 2. 电路图、气路图、梯形图缺少,每处扣2分 3. 技术说明书、工具明细表、元件明细表缺少,每处扣2分			
安全生产	1. 自觉遵守安全文明生产规程 2. 保持现场干净整洁,工具摆放有序		1. 漏接接地线,每处扣5分 2. 每违反一项规定,扣3分 3. 发生安全事故,扣10分 4. 现场凌乱、乱放工具、丢杂物、完成任务后不清理现场扣5分			

（续）

验收项目及要求		配分	配分标准	扣分	得分	备注
时间	8h		1. 提前正确完成，每提前 5min 加 5 分 2. 超过定额时间，每超时 5min 扣 2 分			
开始时间：			结束时间：	实际时间：		

四、设备改造

YL‑235A 型光机电设备的改造。改造要求及任务如下：

（1）功能要求

1）起停控制。触摸人机界面上的起动按钮，设备开始工作，机械手复位：机械手手爪放松、手爪上升、手臂左旋至限位处停止。触摸停止按钮，设备完成当前工作循环后停止。

2）送料功能。设备起动后，送料机构开始检测物料检测支架上的物料，警示灯绿灯闪烁。若无物料，PLC 便起动送料电动机工作，驱动页扇旋转，物料在页扇推挤下，从转盘中移至出料口。当物料检测传感器检测到物料时，电动机停止旋转。若送料电动机运行 10s 后，传感器仍未检测到物料，则说明料盘内已无物料，此时机构停止工作并报警，警示灯红灯闪烁。

3）搬运功能。送料机构出料口有物料，机械手臂伸出→手爪下降→手爪夹紧抓物→0.5s 后手爪上升→手臂缩回→手臂右旋→0.5s 后手臂伸出→手爪下降→0.5s 后，若传送带上无物料，则手爪放松、释放物料→手爪上升→手臂缩回→左旋至左侧限位处停止。

4）传送功能。当传送带落料口的光电传感器检测到物料时，变频器起动，变频器以 25Hz 的频率驱动三相异步电动机正转运行，传送带开始自左向右传送物料。当物料分拣完毕时，传送带停止运转。

5）分拣功能。

① 分拣金属物料。金属物料在 A 点位置由推料气缸一活塞杆推入料槽一内。活塞杆缩回到位后，三相异步电动机停止运行。

② 分拣黑色塑料物料。黑色塑料物料在 B 点位置由推料气缸二活塞杆推入料槽二内。活塞杆缩回到位后，三相异步电动机停止运行。

③ 分拣白色塑料物料。白色塑料物料在 C 点位置处由推料气缸三活塞杆推入料槽三内。活塞杆缩回到位后，三相异步电动机停止运行。

6）打包报警功能。当料槽中存放有 5 个物料时，要求物料打包取走，打包指示灯按 0.5s 周期闪烁，并发出报警声，5s 后继续工作。

（2）技术要求

1）工作方式要求。设备有两种工作方式：单步运行和自动运行。

2）设备的起停控制要求：

① 触摸起动按钮，设备自动工作。

② 触摸停止按钮，设备完成当前工作循环后停止。

③ 按下急停按钮，设备立即停止工作。

3）电气线路的设计符合工艺要求、安全规范。

4）气动回路的设计符合控制要求、正确规范。

（3）工作任务

1）按设备要求画出电路图。

2）按设备要求画出气路图。

3）按设备要求编写 PLC 控制程序。

4）改装 YL-235A 型光机电设备实现功能。

5）绘制设备装配示意图。

项目六

生产加工设备的安装与调试

一、施工任务

1. 根据设备装配示意图组装生产加工设备。
2. 按照设备电路图连接生产加工设备的电气回路。
3. 按照设备气路图连接生产加工设备的气动回路。
4. 根据要求创建触摸屏人机界面。
5. 输入设备控制程序，正确设置变频器参数，调试生产加工设备实现功能。

二、施工前准备

施工人员在施工前应仔细阅读生产加工设备随机技术文件，了解设备的组成及其运行情况，看懂装配示意图、电路图、气动回路图及梯形图等图样，然后再根据施工任务制订施工计划、施工方案等。

1. 识读设备图样及技术文件

（1）装置简介　生产加工设备的主要功能是自动上料、搬运，并能根据物料的性质进行分类输送、加工和存放，其工作流程如图 6-1 所示。

1）起停控制。触摸人机界面上的起动按钮，设备开始工作，机械手复位：机械手手爪放松、手爪上升、手臂缩回、手臂右旋至右侧限位处停止。触摸停止按钮，设备完成当前工作循环后停止。

2）送料功能。设备起动后，送料机构开始检测物料检测支架上的物料，警示灯绿灯闪烁。若无物料，PLC 便起动送料电动机工作，驱动放料转盘的页扇旋转。物料在页扇推挤下，从转盘内移至出料口。当传感器检测到物料时，转盘页扇停止旋转。若送料电动机运行10s 后，仍未检测到物料，则说明转盘内已无物料，此时送料机构停止工作并报警，警示灯红灯闪烁。

3）搬运功能。出料口有物料→机械手臂伸出→手爪下降→手爪夹紧抓物→0.5s 后手爪上升→手臂缩回→手臂左旋→0.5s 后手臂伸出→手爪下降→0.5s 后，若传送带上无物料，则手爪放松、释放物料→手爪上升→手臂缩回→右旋至右侧限位处停止。

4）传送、加工及分拣功能。当传送带落料口有物料时，变频器起动，变频器以 25Hz 的频率驱动三相异步电动机反转运行，传送带自右向左开始传送物料。

① 传送、加工及分拣金属物料。金属物料被传送至 A 点位置→传送带停止，进行第一

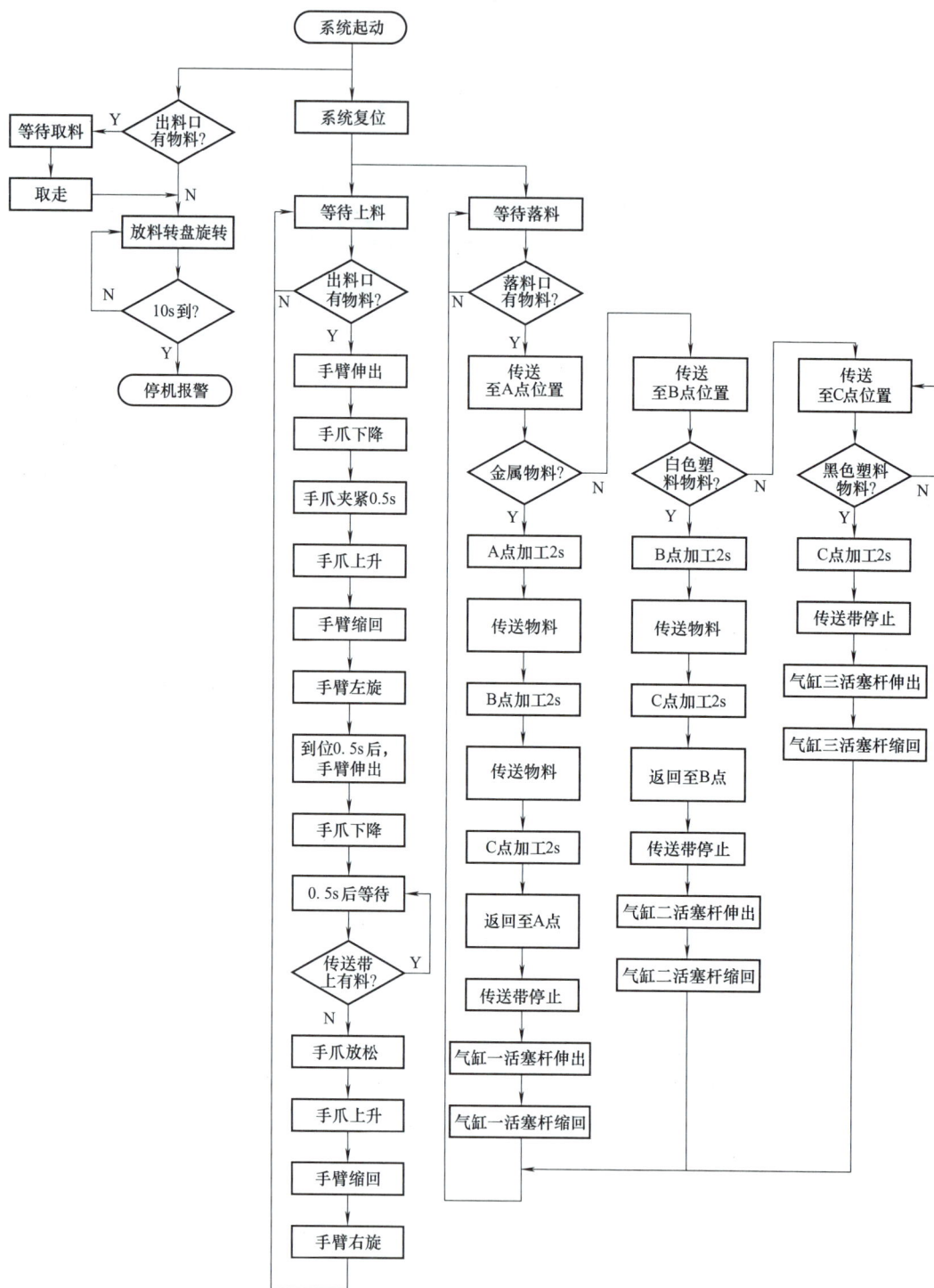

图 6-1　生产加工设备工作流程图

次加工→2s后变频器以 20Hz 的频率驱动传送带继续向左传送至 B 点位置→传送带停止，进行第二次加工→2s后变频器以 15Hz 的频率驱动传送带继续向左传送至 C 点位置→传送带停止，进行第三次加工→2s后变频器以25Hz的频率驱动传送带返回至A点位置停止→推料气缸一（简称气缸一）活塞杆伸出，将它推入料槽一内。

② 传送、加工及分拣白色塑料物料。白色塑料物料被传送至B点位置→传送带停止，进行第一次加工→2s后变频器以20Hz的频率驱动传送带继续向左传送至C点位置→传送带停止，进行第二次加工→2s后变频器以25Hz的频率驱动传送带返回至B点位置停止→推料气缸二（简称气缸二）活塞杆伸出，将它推入料槽二内。

③ 传送、加工及分拣黑色塑料物料。黑色塑料物料被传送至C点位置→传送带停止，进行加工→2s后推料气缸三（简称气缸三）活塞杆伸出，将它推入料槽三内。

5）触摸屏功能。

① 如图6-2所示，触摸屏人机界面的首页上方显示"×××生产加工设备"，同时设有界面切换开关"进入命令界面"和"进入监视界面"。

② 如图6-3所示，命令界面上设置设备"起动按钮"和"停止按钮"。

③ 如图6-4所示，监视界面上显示三类分拣物料的个数，当计数显示等于100时，数值复位为0后重新计数。

图6-2　人机界面首页

图6-3　命令界面

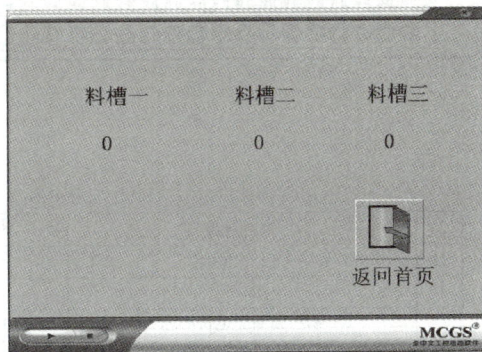

图6-4　监视界面

（2）识读装配示意图　如图6-5所示，生产加工设备的结构布局自右向左分别为送料机构、机械手搬运机构、物料传送分拣机构，介于料盘本身高于出料口，且物料检测光电传感器固定在物料检测支架的左侧，为了保证机械手搬运物料往返顺畅，物料料盘、出料口、机械手之间必须调整准确，安装尺寸误差要小。

1）结构组成。生产加工设备的结构组成与项目五相同，主要由物料料盘、出料口、机械手、传送带及分拣装置等组成，两者只是安装布局不同而已，其实物如图6-6所示。

2）尺寸分析。生产加工设备各部件的定位尺寸如图6-7所示。

（3）识读电路图　图6-8为生产加工设备电路图。

1）PLC机型。PLC机型为三菱FX_{3U}-48MR。

2）I/O点分配。PLC输入/输出设备及I/O点的分配情况见表6-1。

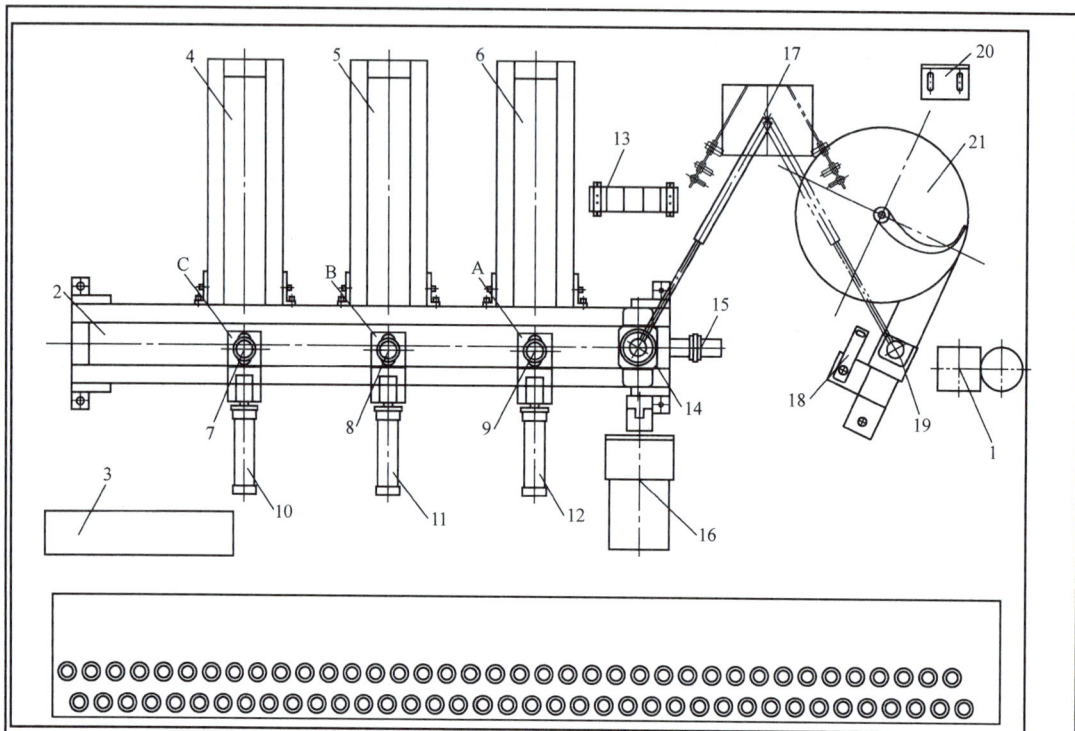

21	物料料盘	1
20	气动二联件	1
19	出料口	1
18	物料检测光电传感器	1
17	机械手	1
16	三相异步电动机	1
15	落料口检测光电传感器	1
14	落料口	1
13	电磁阀阀组	1
12	推料一气缸	1
11	推料二气缸	1
10	推料三气缸	1
9	电感式传感器	1

8	光纤传感器(白)	1
7	光纤传感器(黑)	1
6	料槽一	1
5	料槽二	1
4	料槽三	1
3	触摸屏	1
2	传送带	1
1	警示灯	1
序号	名　称	数　量

序号	名　称	数　量	标记	处数	更改文件号	签字	日期	设备布局图	×××公司
			设计			标准化			
			核对			(审定)		图样标记 数样 重量 比例	生产加工设备
			审核						
			工艺			日期		1	

图6-5　生产加工设备布局图

图 6-6　生产加工设备

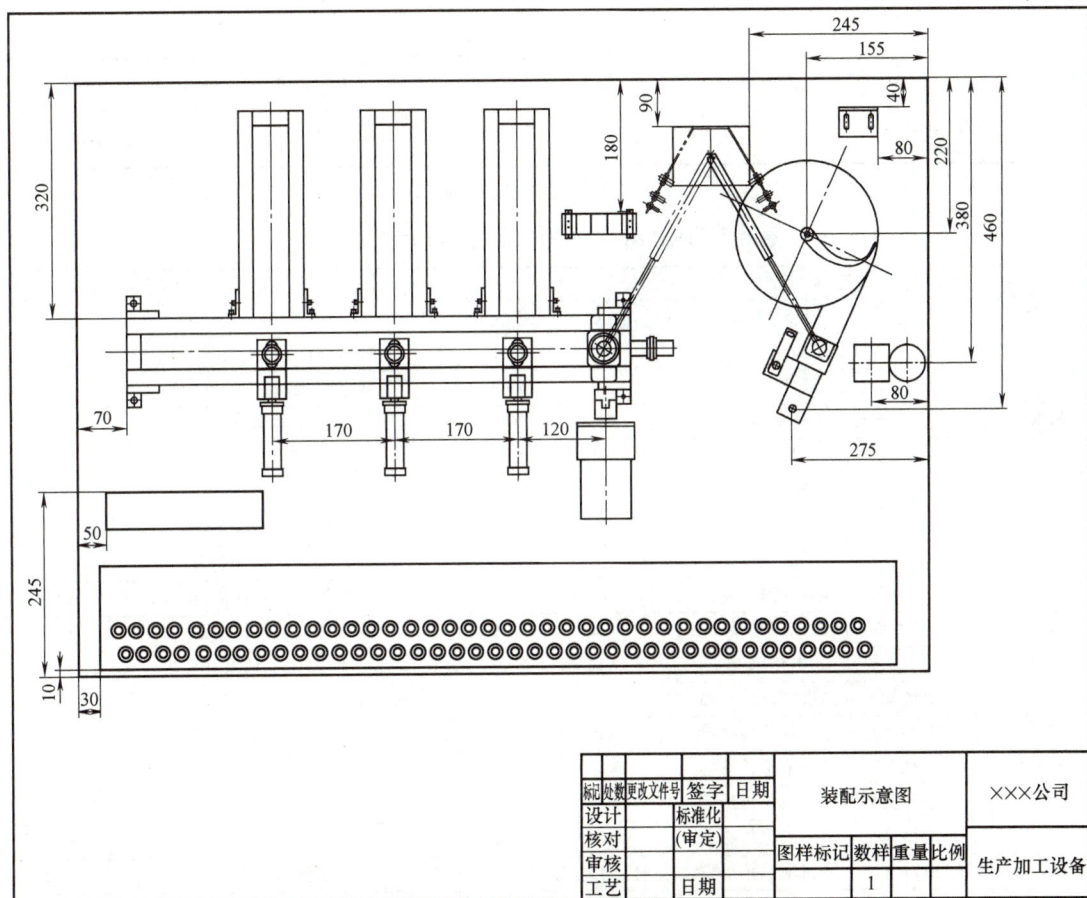

图 6-7　生产加工设备装配示意图

旋转气缸正转 YV1 Y0
旋转气缸反转 YV2 Y2
转盘电动机 M Y3
手爪夹紧 YV3 Y4
手爪放松 YV4 Y5
提升气缸活塞杆下降 YV5 Y6
提升气缸活塞杆上升 YV6 Y7
伸缩气缸活塞杆伸出 YV7 Y10
伸缩气缸活塞杆缩回 YV8 Y11
驱动推料气缸一活塞杆伸出 YV9 Y12
驱动推料气缸二活塞杆伸出 YV10 Y13
驱动推料气缸三活塞杆伸出 YV11 Y14
蜂鸣器 HA Y15
外部电源24V- 外部电源24V+
COM1 COM2 COM3 COM4
变频器正转 (STF) Y20
变频器反转 (STR) Y21
变频器高速 (RH) Y22
变频器中速 (RM) Y23
变频器低速 (RL) Y24
警示灯绿灯 IN1 Y25
警示灯红灯 IN2 Y26
变频器警示灯SD共端 COM5

三菱FX₃U-48MR

X0 X1 X2 X3 X4 X5 X6 X7 X10 X11 X12 X13 X14 X15 X16 X17 X20 X21 X22 X23 0V 24V S/S

SCK1 SQP1 SQP2 SCK2 SCK3 SCK4 SCK5 SQP3 SCK6 SCK7 SCK8 SCK9 SCK10 SCK11 SQP4 SQP5 SQP6 SQP7

气动手爪传感器 旋转左限位传感器 旋转右限位传感器 气动手臂伸出传感器 气动手臂缩回传感器 手爪提升限位传感器 手爪下降限位传感器 物料检测光电传感器 推料气缸一伸出限位传感器 推料气缸一缩回限位传感器 推料气缸二伸出限位传感器 推料气缸二缩回限位传感器 推料气缸三伸出限位传感器 推料气缸三缩回限位传感器 起动推料气缸一传感器 起动推料气缸二传感器 起动推料气缸三传感器 传送带落料口测传感器

生产加工设备电路图	图号	比例
设计	××× 公司	
审核		

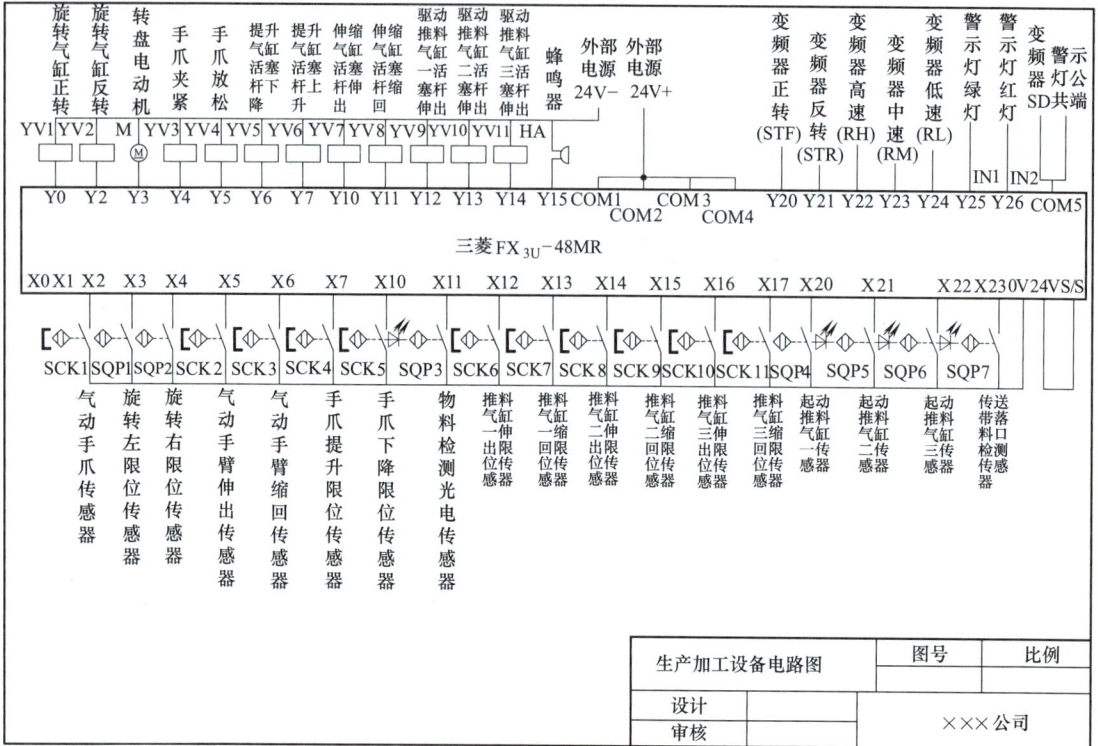

图 6-8　生产加工设备电路图

表 6-1　PLC 输入/输出设备及 I/O 点分配表

输入			输出		
元件代号	功能	输入点	元件代号	功能	输出点
	触摸起动	X0	YV1	手臂右旋（旋转气缸正转）	Y0
	触摸停止	X1	YV2	手臂左旋（旋转气缸反转）	Y2
SCK1	气动手爪传感器	X2	M	转盘电动机	Y3
SQP1	旋转左限位传感器	X3	YV3	手爪夹紧	Y4
SQP2	旋转右限位传感器	X4	YV4	手爪放松	Y5
SCK2	气动手臂伸出传感器	X5	YV5	提升气缸活塞杆下降	Y6
SCK3	气动手臂缩回传感器	X6	YV6	提升气缸活塞杆上升	Y7
SCK4	手爪提升限位传感器	X7	YV7	伸缩气缸活塞杆伸出	Y10
SCK5	手爪下降限位传感器	X10	YV8	伸缩气缸活塞杆缩回	Y11
SQP3	物料检测光电传感器	X11	YV9	驱动推料气缸一活塞杆伸出	Y12
SCK6	推料气缸一伸出限位传感器	X12	YV10	驱动推料气缸二活塞杆伸出	Y13
SCK7	推料气缸一缩回限位传感器	X13	YV11	驱动推料气缸三活塞杆伸出	Y14
SCK8	推料气缸二伸出限位传感器	X14	HA	蜂鸣器	Y15
SCK9	推料气缸二缩回限位传感器	X15	STF	变频器正转	Y20
SCK10	推料气缸三伸出限位传感器	X16	STR	变频器反转	Y21
SCK11	推料气缸三缩回限位传感器	X17	RH	变频器高速	Y22
SQP4	起动推料气缸一传感器	X20	RM	变频器中速	Y23
SQP5	起动推料气缸二传感器	X21	RL	变频器低速	Y24
SQP6	起动推料气缸三传感器	X22	IN1	警示灯绿灯	Y25
SQP7	传送带落料口检测传感器	X23	IN2	警示灯红灯	Y26

3）输入/输出设备连接特点。设备的起、停信号均由触摸屏提供，PLC 驱动变频器三段速正、反向运行。

（4）识读气动回路图　图 6-9 为生产加工设备气动回路图，各控制元件、执行元件的工作状态见表 6-2。

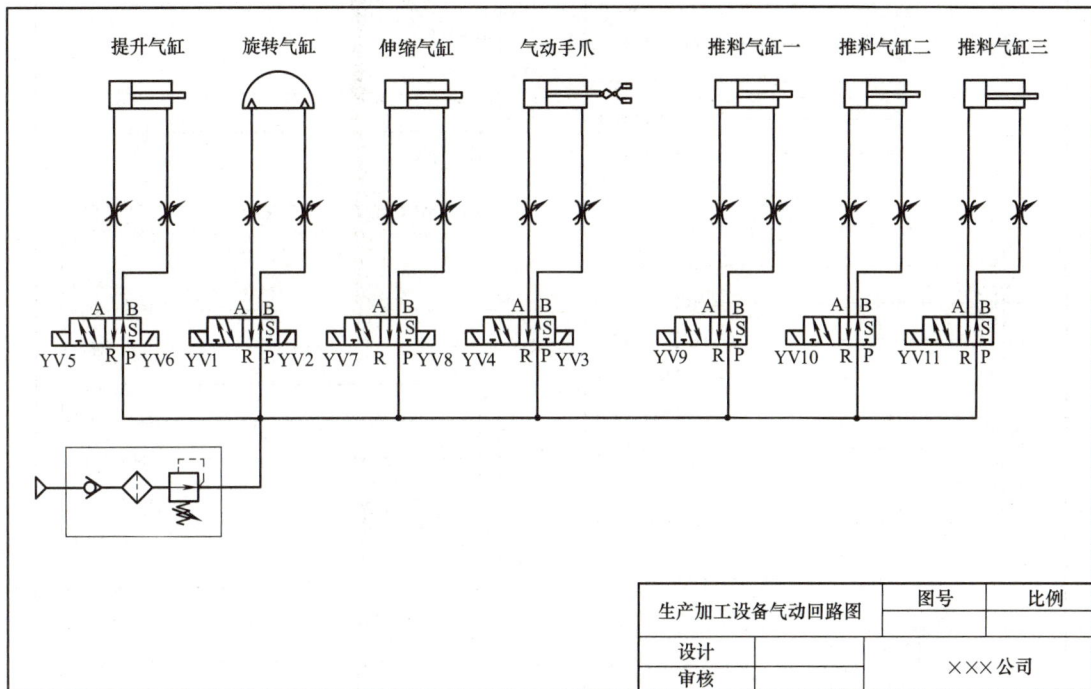

图 6-9　生产加工设备气动回路图

表 6-2　控制元件、执行元件状态一览表

电磁换向阀的线圈得电情况											执行元件状态	机构任务
YV1	YV2	YV3	YV4	YV5	YV6	YV7	YV8	YV9	YV10	YV11		
+	−										旋转气缸正转	手臂右旋
−	+										旋转气缸反转	手臂左旋
		+	−								气动手爪夹紧	抓料
		−	+								气动手爪放松	放料
				+	−						提升气缸活塞杆伸出	手爪下降
				−	+						提升气缸活塞杆缩回	手爪上升
						+	−				伸缩气缸活塞杆伸出	手臂伸出
						−	+				伸缩气缸活塞杆缩回	手臂缩回
								+			推料气缸一活塞杆伸出	分拣金属物料
								−			推料气缸一活塞杆缩回	等待分拣
									+		推料气缸二活塞杆伸出	分拣白色物料
									−		推料气缸二活塞杆缩回	等待分拣
										+	推料气缸三活塞杆伸出	分拣黑色物料
										−	推料气缸三活塞杆缩回	等待分拣

（5）识读梯形图　图 6-10 为生产加工设备的梯形图，其动作过程如图 6-11 所示。

```
X000  X001
─┤├──┤/├──────────────────────────( M1 )
 │
 M1
─┤├─
 │
 M1        T0
─┤├──────┤/├────────────────────────( Y025 )
                  X011
                 ─┤├──────────────────( Y003 )
 Y003  X011  X001
─┤├───┤/├───┤/├──────────────────────( M2 )
 M2
─┤├─
                               ( T0   K100 )
 T0
─┤├──────────────────────────────────( Y026 )
                                     ( Y015 )
 S20   S30
─┤├───┤/├────────────────────────────( M3 )
 M3
─┤├─
 Y012
─┤↑├─────────────────────────( C0   K100 )
 Y013
─┤↑├─────────────────────────( C1   K100 )
 Y014
─┤↑├─────────────────────────( C2   K100 )
 C0
─┤├──────────────────────────────[ RST C0 ]
 C1
─┤├──────────────────────────────[ RST C1 ]
 C2
─┤├──────────────────────────────[ RST C2 ]
 M8002
─┤├──────────────────────────[ ZRST C0 C2 ]
 M1
─┤↑├─
 M8002
─┤├──────────────────────────────[ SET S0 ]
 M1
─┤↑├─
                                  [ STL S0 ]
       M1
      ─┤├────────────────────────────( Y005 )
       X002  X007
      ─┤/├──┤/├───────────────────────( Y007 )
       X007  X006
      ─┤├──┤/├────────────────────────( Y011 )
       X006  X004
      ─┤├──┤/├────────────────────────( Y000 )
 X002 X007 X006 X004 X011  M1
─┤/├─┤├──┤├──┤├──┤├──┤├─────────────[ SET S20 ]
                                  [ STL S20 ]
       X005
      ─┤/├───────────────────────────( Y010 )
       X005  X010
      ─┤├──┤/├────────────────────────( Y006 )
       X010  X002
      ─┤├──┤/├────────────────────────( Y004 )
       X002
      ─┤├────────────────────────( T1   K5 )
 T1
─┤├──────────────────────────────[ SET S21 ]
                                  [ STL S21 ]
       X007
      ─┤/├───────────────────────────( Y007 )
       X007  X006
      ─┤├──┤/├────────────────────────( Y011 )
       X006  X003
      ─┤├──┤/├────────────────────────( Y002 )
       X003
      ─┤├────────────────────────( T2   K5 )
 T2
─┤├──────────────────────────────[ SET S22 ]
                                  [ STL S22 ]
                                     ( Y010 )
       X005  X010
      ─┤├──┤/├────────────────────────( Y006 )
       X010
      ─┤├────────────────────────( T3   K5 )
 T3    S1
─┤├───┤├─────────────────────────────( Y005 )


 X002
─┤├──────────────────────────────[ SET S23 ]
                                  [ STL S23 ]
             X007
            ─┤/├─────────────────────( Y007 )
             X007  X006
            ─┤├──┤/├──────────────────( Y011 )
             X006  X004
            ─┤├──┤/├──────────────────( Y000 )
 X004
─┤├──────────────────────────────[ SET S0 ]
                                     [ RET ]
 M8002
─┤├──────────────────────────────[ SET S1 ]
 M1
─┤↑├─
                                  [ STL S1 ]
 M1   X013 X015 X017 X023
─┤├──┤/├──┤/├──┤/├──┤/├────────────[ SET S30 ]
 M3
─┤├─
                                  [ STL S30 ]
                                     ( Y021 )
                                     ( Y022 )
 X020
─┤├──────────────────────────────[ SET S31 ]
 X021
─┤├──────────────────────────────[ SET S41 ]
 X022
─┤├──────────────────────────────[ SET S51 ]
                                  [ STL S31 ]
                               ( T4   K20 )
             T4
            ─┤├──────────────────────( Y021 )
                                     ( Y023 )
 X021
─┤├──────────────────────────────[ SET S32 ]
                                  [ STL S32 ]
                               ( T5   K20 )
             T5
            ─┤├──────────────────────( Y021 )
                                     ( Y024 )
 X022
─┤├──────────────────────────────[ SET S33 ]
                                  [ STL S33 ]
                               ( T6   K20 )
             T6
            ─┤├──────────────────────( Y020 )
                                     ( Y022 )
 X020
─┤├──────────────────────────────[ SET S34 ]
                                  [ STL S34 ]
                                     ( Y012 )
 X012
─┤├──────────────────────────────[ SET S35 ]
                                  [ STL S35 ]
```

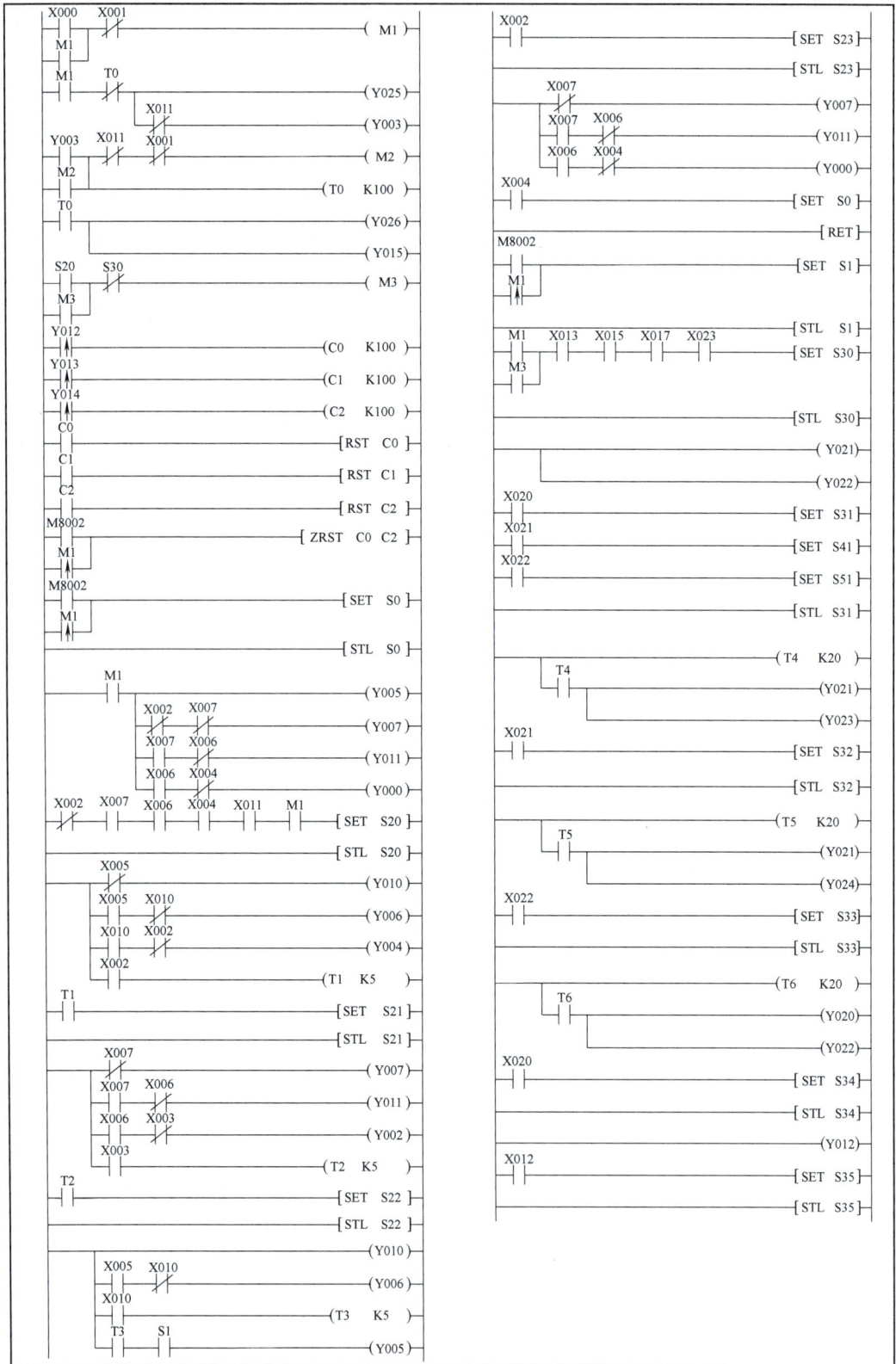

图6-10 生产加工设备梯形图

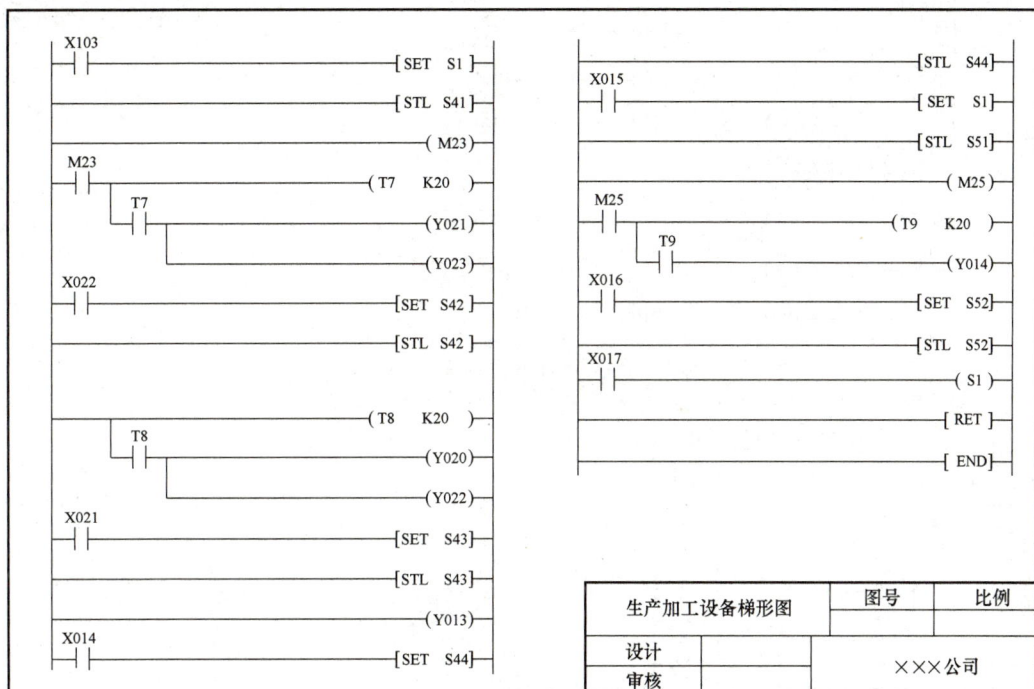

图 6-10　生产加工设备梯形图（续）

1）起停控制。触摸命令界面上的起动按钮，X0＝ON，M1 为 ON 且保持，为激活 S20、S30 状态提供了必要条件。触摸停止按钮，X1＝ON，M1 为 OFF，致使 S0 向 S20、S1 向 S30 状态转移的条件缺失，故控制程序执行完当前工作循环后停止。

2）送料控制。当 M1＝ON 后，Y25 为 ON，警示灯绿灯闪烁。若出料口无物料，则物料检测传感器 SQP3 不动作，X11＝OFF，Y3 为 ON，驱动转盘电动机旋转，物料挤压上料。当 SQP3 检测到物料时，X11＝ON，Y3 为 OFF，转盘电动机停转，一次上料结束。

3）报警控制。Y3 为 ON 时，报警标志 M2 为 ON 且保持，定时器 T0 开始计时 10s。时间到，若传感器检测不到物料，T0 为 ON，Y25、Y3 为 OFF，绿灯熄灭，转盘电动机停转；同时 Y26、Y15 为 ON，警示灯红灯闪烁，蜂鸣器发出报警声。当 SQP3 动作或触摸停止按钮时，M2 复位，报警停止。

4）机械手复位控制。设备起动后，M1 为 ON，执行 S0 状态下的复位程序：机械手手爪放松、手爪上升、手臂缩回、手臂向右旋转至右侧限位处停止。

机械手搬运物料开始，即 S20 激活起，M3 为 ON，一直保持至传送带开始运转，S30 激活止，M3 方为 OFF，以保证在机械手抓料的情况下，触摸停止按钮后传送、加工及分拣机构继续完成当前任务后停止。

5）搬运物料。若送料机构出料口有物料，X11 为 ON，激活 S20 状态→Y10＝ON，手臂伸出→X5＝ON，Y6＝ON，手爪下降→X10＝ON，Y4＝ON，手爪夹紧→0.5s 后，激活 S21 状态→Y7＝ON，手爪上升→X7＝ON，Y11＝ON，手臂缩回→X6＝ON，Y2＝ON，手臂左旋→手

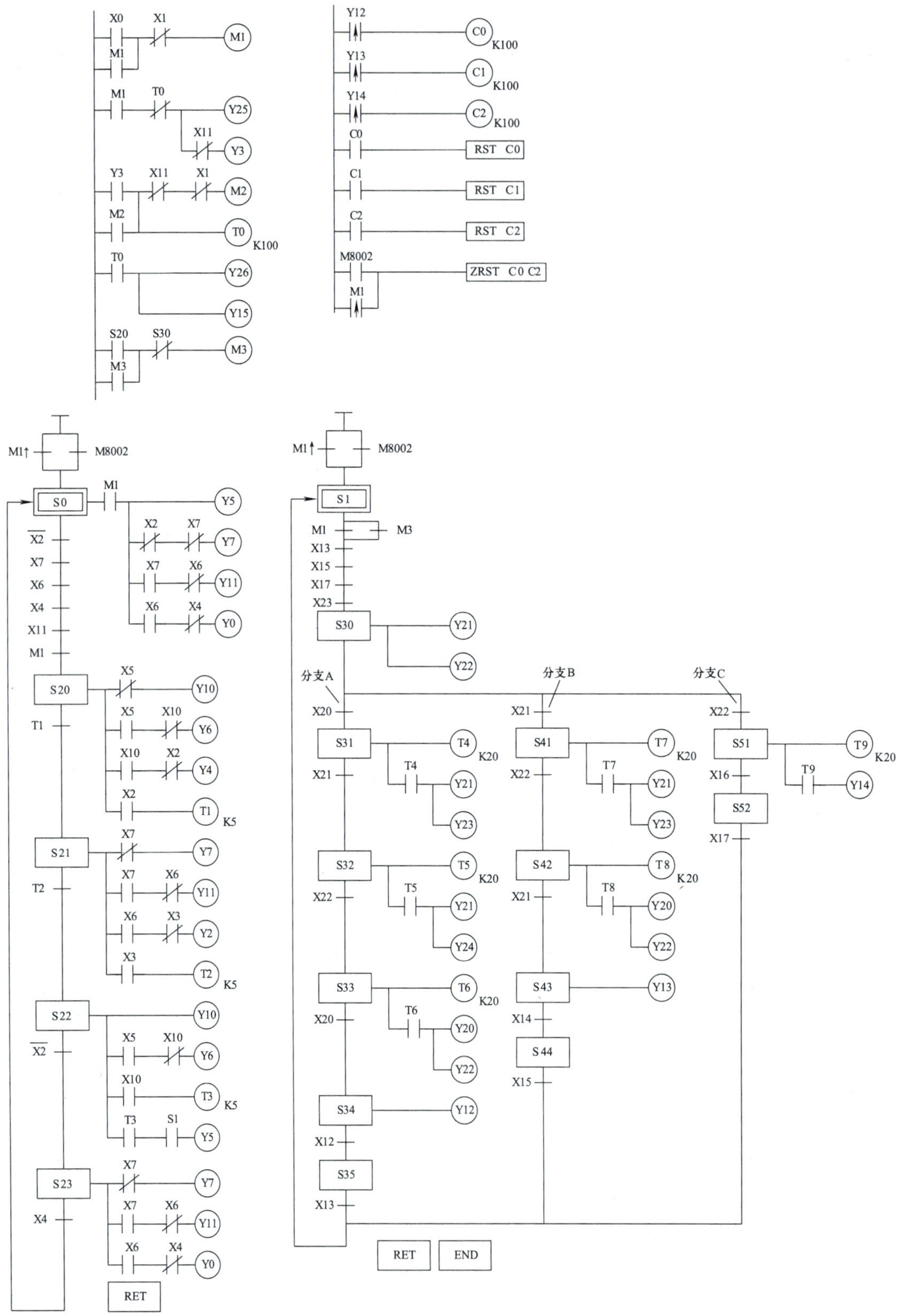

图 6-11　生产加工设备状态转移图

臂左旋到位停止，0.5s后激活S22状态→Y10=ON，手臂伸出→X5=ON，Y6=ON，手爪下降→手爪下降到位停止，0.5s后Y5=ON，手爪放松→手爪放松到位，X2=OFF，激活S23状态→Y7=ON，手爪上升→X7=ON，Y11=ON，手臂缩回→X6=ON，Y0=ON，手臂右旋→手臂右旋到位，X4=ON，激活S0状态，开始新的循环。

6）传送物料。PLC上电瞬间或设备起动时，S1状态激活。当落料口检测到物料时，X23=ON，S30状态激活，Y21=ON、Y22=ON，起动变频器反转高速运行，驱动传送带自右向左高速输送物料。

7）加工及分拣物料。如图6-11所示，加工及分拣程序有三个分支，根据物料的性质选择不同分支执行。

若物料为金属物料，当它被传送至A点位置时，执行分支A，X20=ON，S30状态关闭，Y21=OFF、Y22=OFF，传送带停止、进行第一次加工；S31状态激活，T4开始计时，2s到，加工结束，Y21=ON、Y23=ON，传送带以中速向左继续传送此物料。至点B位置，X21=ON，S31状态关闭，传送带停止、进行第二次加工；S32状态激活，T5开始计时，2s到，加工结束，Y21=ON、Y24=ON，传送带以低速向左继续传送物料。至C点位置，X22=ON，S32状态关闭，传送带停止、物料开始第三次加工；S33状态激活，T6开始计时，2s到，加工结束，Y20=ON、Y22=ON，物料自左向右以高速返回至A点位置，X20=ON，S34状态激活，Y12=ON，推料气缸一活塞杆伸出将金属物料推入料槽一内，伸出到位后，X13=ON，S35激活，Y12为OFF，推料气缸一活塞杆缩回。

若物料为白色塑料物料，当它被传送至B点位置时，执行分支B，X21=ON，S30状态关闭，传送带停止、进行第一次加工；S41状态激活，T7开始计时，2s到，加工结束，Y21=ON、Y23=ON，传送带以中速向左继续传送此物料。至C点位置，X22=ON，S41状态关闭，传送带停止、进行第二次加工；S42状态激活，T8开始计时，2s到，加工结束，Y20=ON、Y22=ON，物料自左向右以高速返回至B点位置，X21=ON，S43状态激活，Y13=ON，推料气缸二活塞杆伸出将白色塑料物料推入料槽二内，伸出到位后，X14=ON，S44激活，Y13为OFF，推料气缸二活塞杆缩回。

若物料为黑色塑料物料，当它被传送至C点位置时，执行分支C，X22=ON，S30状态关闭，传送带停止、物料开始加工；S51状态激活，T9开始计时，2s到，Y14=ON，推料气缸三活塞杆伸出将黑色塑料物料推入料槽三内，伸出到位后，X16=ON，S52激活，Y14为OFF，推料气缸三活塞杆缩回。

当任一分支执行完毕时，即推料气缸活塞缩回到位，X13=ON、X15=ON或X17=ON，S1状态激活，进入下一个循环。

8）监视界面计数显示。C0对推料气缸一的活塞杆伸出次数（分拣金属物料的个数）进行计数，C1对推料气缸二的活塞杆伸出次数（分拣白色塑料物料的个数）进行计数，C2对推料气缸三的活塞杆伸出次数（分拣黑色塑料物料的个数）进行计数，当计数满100时，计数器复位，重新开始。这三个计数器的当前值由触摸屏读入，并在监视界面上显示。

（6）制订施工计划　生产加工设备的安装与调试流程如图6-12所示。以此为依据，施工人员填写施工计划表（见表6-3），合理制订施工计划，确保在额定时间内完成规定的施工任务。

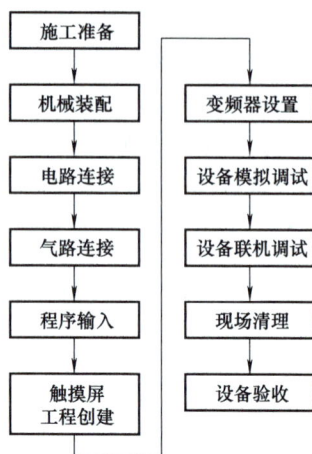

图 6-12　生产加工设备的安装与调试流程图

表 6-3　施工计划表

设备名称	施工日期	总工时/h	施工人数/人	施工负责人
生产加工设备				

序号	施工任务	施工人员	工序定额	备注
1	阅读设备技术文件			
2	机械装配、调整			
3	电路连接、检查			
4	气路连接、检查			
5	程序输入			
6	触摸屏工程创建			
7	变频器设置			
8	设备模拟调试			
9	设备联机调试			
10	现场清理，技术文件整理			
11	设备验收			

2. 施工准备

（1）设备清点　检查生产加工设备的部件是否齐全，并归类放置。生产加工设备的部件清单见表6-4。

表 6-4　部件清单

序号	名称	型号规格	数量	单位	备注
1	直流减速电动机	24V	1	台	
2	放料转盘		1	个	
3	转盘支架		2	个	
4	物料检测支架		1	套	

（续）

序号	名称	型号规格	数量	单位	备注
5	警示灯及其支架	两色、闪烁	1	套	
6	伸缩气缸套件	CXSM15-100	1	套	
7	提升气缸套件	CDJ2KB16-75-B	1	套	
8	手爪套件	MHZ2-10D1E	1	套	
9	旋转气缸套件	CDRB2BW20-180S	1	套	
10	机械手固定支架		1	套	
11	缓冲器		2	只	
12	传送带套件	50cm×700cm	1	套	
13	推料气缸套件	CDJ2KB10-60-B	3	套	
14	料槽套件		3	套	
15	电动机及安装套件	380V、25W	1	套	
16	落料口		1	只	
17	光电传感器及其支架	E3Z-LS61	1	只	出料口
18		GO12-MDNA-A	1	套	落料口
19	电感式传感器	NSN4-2M60-E0-AM	3	只	
20	光纤传感器及其支架	E3X-NA11	2	套	
21	磁性传感器	D-59B	1	只	手爪紧松
22		SIWKOD-Z73	2	只	手臂伸缩
23		D-C73	8	只	手爪升降、推料限位
24	PLC 模块	YL050、FX$_{3U}$-48MR	1	块	
25	变频器模块	E700、0.75kW	1	块	
26	触摸屏及通信线	昆仑通态 TPC7062KS	1	套	
27	按钮模块	YL157	1	块	
28	电源模块	YL046	1	块	
29	螺钉	不锈钢内六角 M6×12	若干	个	
30		不锈钢内六角 M4×12	若干	个	
31		不锈钢内六角 M3×10	若干	个	
32	螺母	椭圆形螺母 M6	若干	个	
33		M4	若干	个	
34		M3	若干	个	
35	垫圈	$\phi4$	若干	个	

（2）工具清点　设备组装工具见表6-5，施工人员应清点工具的数量，并认真检查其性能是否完好。

表6-5　工具清单

序号	名称	型号规格	数量	单位
1	工具箱		1	只
2	螺钉旋具	一字、100mm	1	把
3	钟表螺钉旋具		1	套
4	螺钉旋具	十字、150mm	1	把
5	螺钉旋具	十字、100mm	1	把
6	螺钉旋具	一字、150mm	1	把
7	斜口钳	150mm	1	把
8	尖嘴钳	150mm	1	把
9	剥线钳		1	把
10	内六角扳手(组套)	PM-C9	1	套
11	万用表		1	只

三、任务实施

根据制订的施工计划，按顺序对生产加工设备实施组装，施工过程中应注意及时调整施工进度，保证定额。施工时必须严格遵守安全操作规程，采取安全保障措施，以确保人身和设备安全。

1. 机械装配

（1）机械装配前的准备　按照要求清理现场，准备图样及工具，并安排装配流程，参考流程如图6-13所示。

（2）机械装配步骤　依据确定的设备组装顺序组装生产加工设备。

1）画线定位。

2）组装传送装置。如图6-14所示组装传送装置。

① 安装传送带脚支架。

② 在传送带的右侧（电动机侧）固定落料口，并保证物料落放准确、平稳。

③ 安装落料口传感器。

④ 将传送带固定在定位处。

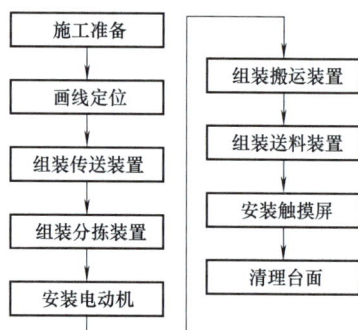

图6-13　机械装配流程图

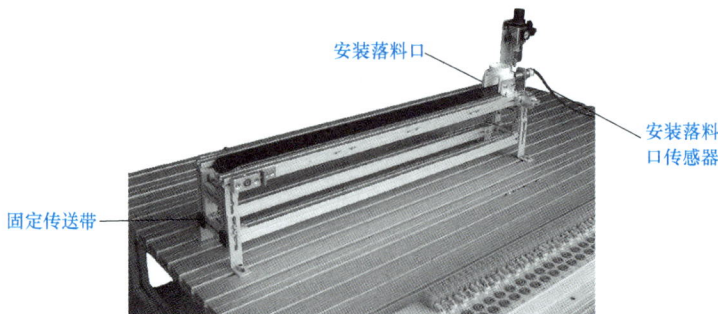

图6-14　组装传送装置

3）组装分拣装置。如图 6-15 所示，组装分拣装置。

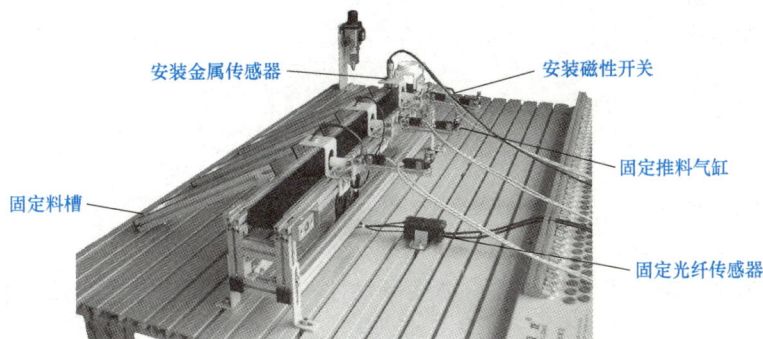

图 6-15　组装分拣装置

① 组装起动推料气缸传感器。

② 组装推料气缸。

③ 固定、调整料槽及其对应的推料气缸，使两者在同一中性线上。

4）安装电动机。调整电动机的高度、垂直度，直至电动机与传送带同轴，如图 6-16 所示。

图 6-16　安装电动机

5）固定电磁阀阀组。如图 6-17 所示，将电磁阀阀组固定在定位处，并装好走线槽。

图 6-17　固定电磁阀阀组

6）组装搬运装置。如图 6-18 所示，组装、固定机械手。

① 安装旋转气缸。

② 组装机械手固定支架。

③ 组装机械手臂。

④ 组装提升臂。

⑤ 安装手爪。

⑥ 固定磁性传感器。

⑦ 固定左右限位装置。

⑧ 固定机械手，调整机械手摆幅、高度等尺寸，使机械手能准确地将物料放入传送带落料口内。

固定机械手

图 6-18　组装、固定机械手

7）组装固定物料检测支架及出料口。如图 6-19 所示，在物料检测支架上装好出料口，安装传感器后将其固定在定位处。调整出料口的高度等尺寸的同时，配合调整机械手的部分尺寸，保证机械手气动手爪能准确无误地从出料口抓取物料，同时又能准确无误地将物料释放至传送带的落料口内，实现出料口、机械手、落料口三者之间的无偏差衔接。

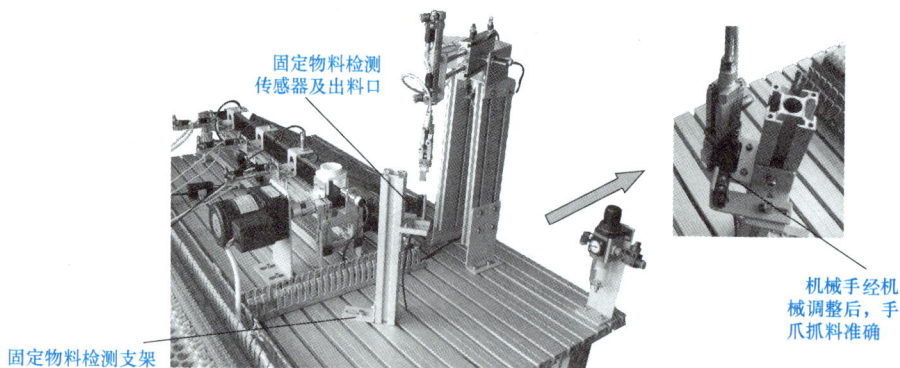

固定物料检测传感器及出料口

机械手经机械调整后，手爪抓料准确

固定物料检测支架

图 6-19　固定物料检测支架

8）安装转盘及其支架。如图 6-20 所示，装好物料料盘，并将其固定在定位处。

9）固定触摸屏。如图 6-21 所示，将触摸屏固定在定位处。

10）固定警示灯。如图 6-21 所示，将警示灯固定在定位处。

图 6-20　安装转盘及其支架

11）清理台面，保持台面无杂物或多余部件。

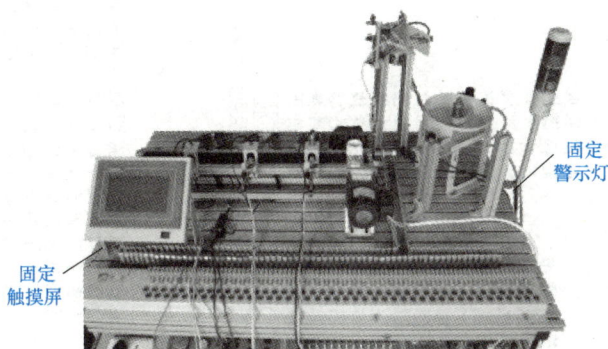

图 6-21　固定触摸屏及警示灯

2. 电路连接

（1）电路连接前的准备　按照要求检查电源状态，准备图样、工具及线号管，并安排电路连接流程，参考流程如图 6-22 所示。

（2）电路连接步骤　电路连接应符合工艺、安全规范要求，所有导线应置于线槽内。导线与端子排连接时，应套线号管并及时编号，避免错编、漏编。插入端子排的连接线必须接触良好且紧固。端子接线布置图如图 6-23 所示。

1）连接传感器至端子排。

2）连接输出元件至端子排。

3）连接电动机至端子排。

4）连接 PLC 的输入信号端子至端子排。

5）连接 PLC 的输出信号端子至端子排（负载电源暂不连接，待 PLC 模拟调试成功后进行）。

6）连接 PLC 的输出信号端子至变频器。

7）连接变频器至电动机。

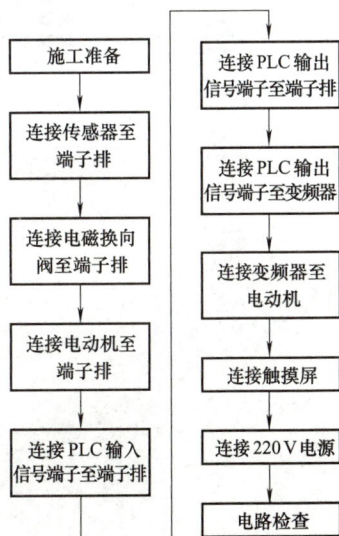

图 6-22　电路连接流程图

端子接线布置图

注：

1.传感器引出线：棕色表示“正，”蓝色表示“负，”黑色表示“输出”。

2.电控阀分单向和双向，单向一个线圈，双向两个线圈。图中“1”“2”表示一个线圈的两个接头。

1	
2	
3	
4	触摸屏电源负
5	触摸屏电源正
6	落料口检测光电传感器输出
7	落料口检测光电传感器负
8	落料口检测光电传感器正
9	光纤传感器二输出
10	光纤传感器二负
11	光纤传感器二正
12	光纤传感器一输出
13	光纤传感器一负
14	光纤传感器一正
15	电感式传感器输出
16	电感式传感器负
17	电感式传感器正
18	推料气缸三缩回磁性传感器负
19	推料气缸三缩回磁性传感器正
20	推料气缸三伸出磁性传感器负
21	推料气缸三伸出磁性传感器正
22	推料气缸二缩回磁性传感器负
23	推料气缸二缩回磁性传感器正
24	推料气缸二伸出磁性传感器负
25	推料气缸二伸出磁性传感器正
26	推料气缸一缩回磁性传感器负
27	推料气缸一缩回磁性传感器正
28	推料气缸一伸出磁性传感器负
29	推料气缸一伸出磁性传感器正
30	物料检测光电传感器输出
31	物料检测光电传感器负
32	物料检测光电传感器正
33	手爪提升气缸下限位磁性传感器负
34	手爪提升气缸下限位磁性传感器正
35	手爪提升气缸上限位磁性传感器负
36	手爪提升气缸上限位磁性传感器正
37	手臂伸缩气缸缩回限位磁性传感器负
38	手臂伸缩气缸缩回限位磁性传感器正
39	手臂伸缩气缸伸出限位磁性传感器负
40	手臂伸缩气缸伸出限位磁性传感器正
41	手臂旋转气缸右限位电感式传感器输出
42	手臂旋转气缸右限位电感式传感器负
43	手臂旋转气缸右限位电感式传感器正
44	手臂旋转气缸左限位电感式传感器输出
45	手臂旋转气缸左限位电感式传感器负
46	手臂旋转气缸左限位电感式传感器正
47	手爪磁性传感器负
48	手爪磁性传感器正
49	电动机
50	U
51	V
52	W
53	PE
54	驱动推料气缸三伸出单向电控阀 1
55	驱动推料气缸三伸出单向电控阀 2
56	驱动推料气缸二伸出单向电控阀 1
57	驱动推料气缸二伸出单向电控阀 2
58	驱动推料气缸一伸出单向电控阀 1
59	驱动推料气缸一伸出单向电控阀 2
60	驱动手爪右转双向电控阀 1
61	驱动手爪右转双向电控阀 2
62	驱动手爪左转双向电控阀 1
63	驱动手爪左转双向电控阀 2
64	驱动手爪缩回双向电控阀 1
65	驱动手爪缩回双向电控阀 2
66	驱动手爪伸出双向电控阀 1
67	驱动手爪伸出双向电控阀 2
68	驱动手爪下降双向电控阀 1
69	驱动手爪下降双向电控阀 2
70	驱动手爪提升双向电控阀 1
71	驱动手爪提升双向电控阀 2
72	驱动手爪放松双向电控阀 1
73	驱动手爪放松双向电控阀 2
74	驱动手爪夹紧双向电控阀 1
75	驱动手爪夹紧双向电控阀 2
76	转盘电动机电源负
77	转盘电动机电源正
78	警示灯电源负
79	警示灯电源正
80	指示灯信号公共端
81	驱动停止警示灯绿
82	驱动起动警示灯红
83	
84	

图 6-23 端子接线布置图

8）连接触摸屏的电源输入端子至电源模块中的 24V 直流电源。

9）将电源模块中的单相交流电源引至 PLC 模块。

10）将电源模块中的三相电源和接地线引至变频器的主回路输入端子 L1、L2、L3、PE。

11）电路检查。

12）清理台面，工具入箱。

3. 气动回路连接

（1）气路连接前的准备　按照要求检查空气压缩机状态，准备图样及工具，并安排气动回路连接步骤。

（2）气路连接步骤　根据气路图连接气路。连接时，应避免直角及锐角弯曲，尽量平行布置，力求走向合理且气管最短，如图 6-24 所示。

无吊挂、杂乱、过长或过短现象

气管通路美观、紧凑

图 6-24　气路连接

1）连接气源。

2）连接执行元件。

3）整理、固定气管。

4）清理台面杂物，工具入箱。

4. 程序输入

启动三菱 PLC 编程软件，按图 6-10 输入梯形图。

1）启动三菱 PLC 编程软件。

2）创建新文件，选择 PLC 类型。

3）输入程序。

4）转换梯形图。

5）保存文件。

5. 触摸屏工程创建

根据设备控制功能创建触摸屏人机界面，其方法参考触摸屏技术文件。

（1）建立工程

1）启动 MCGS 组态软件。单击【程序】→【MCGS 组态软件】→【嵌入版】→【MCGSE 组态环境】文件，启动 MCGS 嵌入版组态软件。

2）建立新工程。执行【文件】→【新建工程】命令，弹出"新建工程设置"对话框，选择 TPC 的类型为"TPC7062KS"，单击【确定】按钮后，弹出新建工程的工作台。

（2）组态设备窗口

1）进入"设备窗口"。单击工作台上的【设备窗口】选项卡，进入设备窗口，可看到窗口内的"设备窗口"图标。

2）进入"设备组态：设备窗口"。双击"设备窗口"图标，便进入"设备组态：设备窗口"。

3）打开设备构件"设备工具箱"。单击组态软件工具条中的图标 ，打开"设备工具箱"。

4）选择设备构件。双击"设备工具箱"中的"通用串口父设备"，将通用串口父设备添加到设备窗口中。接着双击"设备工具箱"中的"三菱_FX 系列编程口"图标，弹出默认通信参数设置串口父设备参数的确认对话框，单击【是】按钮，便完成"三菱_FX 系列编程口"设备的添加。关闭设备窗口，返回至工作台。

（3）组态用户窗口

1）进入用户窗口。单击工作台上的【用户窗口】选项卡，进入用户窗口。

2）创建新的用户窗口。如图 6-25 所示，单击用户窗口中的【新建窗口】按钮，创建三个新的用户窗口"窗口 0""窗口 1"和"窗口 2"。

3）设置用户窗口属性。

① "窗口 0"命名为"人机界面首页"。右击待定义的用户窗口"窗口 0"图标，执行下拉菜单【属性】命令，进入"用户窗口属性设置"对话框。选择【基本属性】选项卡，将窗口名称中的"窗口 0"修改为"人机界面首页"，单击【确认】后保存。

② "窗口 1"命名为"命令界面"。以同样的步骤将"窗口 1"命名为"命令界面"。

③ "窗口 2"命名为"监视界面"。以同样的步骤将"窗口 2"命名为"监视界面"。设置完成后的用户窗口如图 6-26 所示。

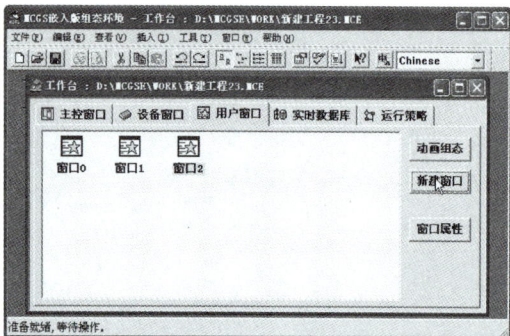

图 6-25　新建三个用户窗口

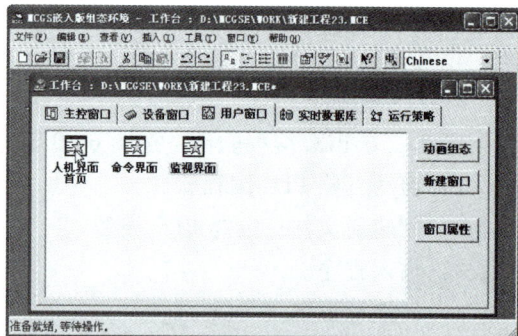

图 6-26　修改后的用户窗口

4）创建图形对象。

第一步：创建"人机界面首页"的图形对象。

① 创建"×××生产加工设备"图形对象。

进入动画组态窗口。双击用户窗口内的"人机界面首页"图标，进入"动画组态人机界面首页"窗口。

创建"×××生产加工设备"标签图形。单击组态软件工具条中的图标 ，弹出动画组态设备构件"工具箱",如图 6-27 所示。

如图 6-27 所示,选择工具箱中的"标签"图标 **A**,在窗口编辑处按住左键并拖放出合适大小后,松开左键,便创建出一个如图 6-28 所示的标签图形。

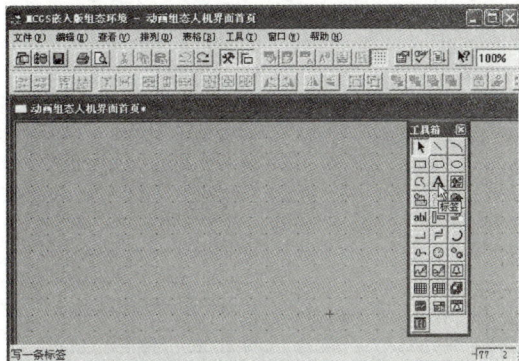

图 6-27　设备构件"工具箱"

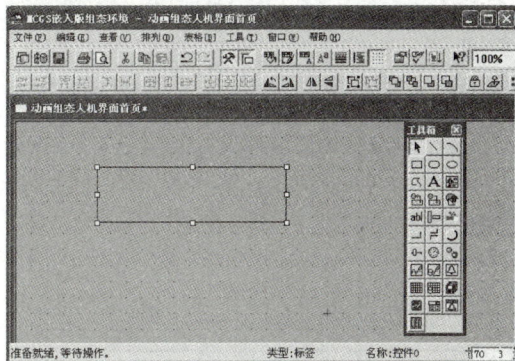

图 6-28　新建的标签图形

定义"×××生产加工设备"标签图形属性。双击新建的标签图形,弹出如图 6-29 所示的"标签动画组态属性设置"对话框,选择【属性设置】选项卡,将填充颜色设置为"灰色",字符颜色设置为"黑色",边线颜色设置为"没有边线"。

如图 6-30 所示,选择【扩展属性】选项卡,将其文本内容输入为"×××生产加工设备"。单击【确认】按钮后,"×××生产加工设备"标签图形便创建完成,调整标签图形至合适的位置即可,如图 6-31 所示。

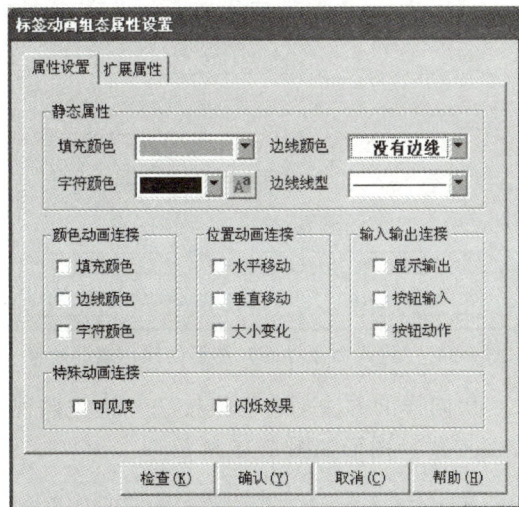

图 6-29　"标签动画组态属性设置"对话框

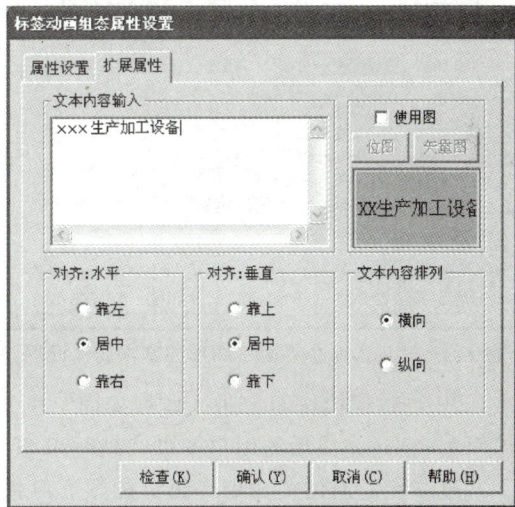

图 6-30　标签动画组态扩展属性设置

② 创建切换按钮"进入命令界面"图形对象。

创建切换按钮"进入命令界面"图形。选择工具箱中的"标准按钮"图标 **▭**,在窗口编辑处按住左键并拖放出合适大小后,松开左键,便创建出一个如图 6-32 所示的切换按钮图形。

定义切换按钮图形属性。双击新建的"按钮"图形，弹出如图 6-33 所示的"标准按钮构件属性设置"对话框，选择【基本属性】选项卡，将状态设置为"抬起"，文本内容修改为"进入命令界面"，背景色设置为"灰色"，文本颜色设置为"黑色"。

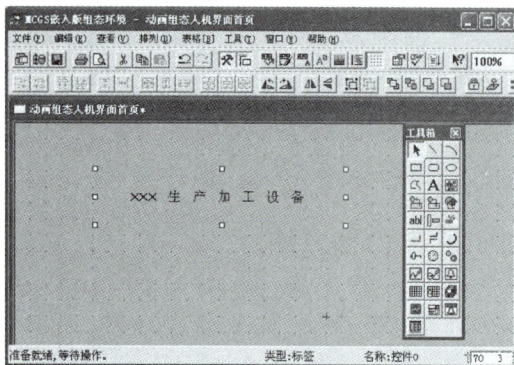

图 6-31　"×××生产加工设备"标签图形

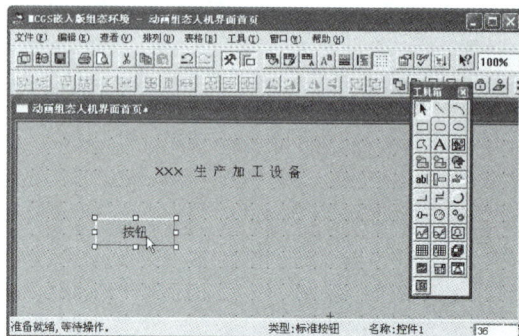

图 6-32　新建的切换按钮图形

如图 6-34 所示，选择【操作属性】选项卡，单击"抬起功能"，勾选"打开用户窗口"，将打开的用户窗口设置为"命令界面"，单击【确认】按钮，其属性便设置完成。

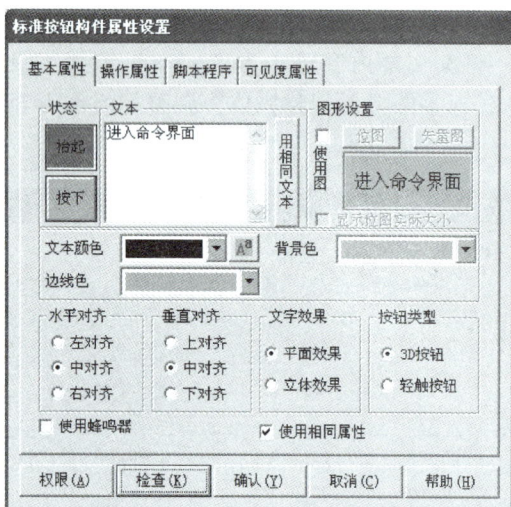

图 6-33　"进入命令界面"图形的基本属性设置

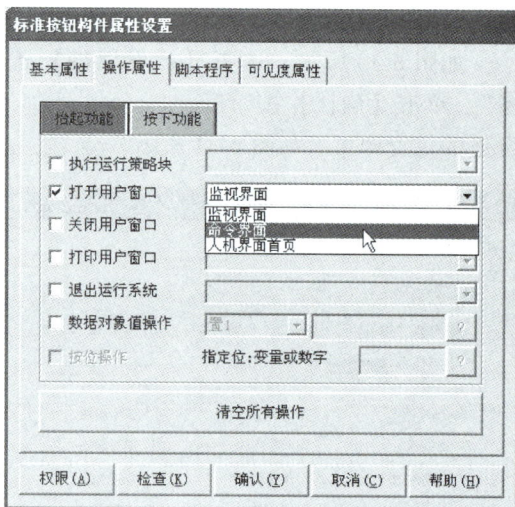

图 6-34　"进入命令界面"图形的操作属性设置

③ 创建切换按钮"进入监视界面"图形对象。用同样的方法创建切换按钮"进入监视界面"。创建完成后的用户窗口"动画组态人机界面首页"图形如图 6-35 所示。

第二步：创建"命令界面"的图形对象。

① 创建"起动按钮"图形对象。

进入动画组态窗口。双击用户窗口中的"命令界面"图标，进入"动画组态命令界面"窗口。

创建"起动按钮"图形。单击组态软件工具条中的图标 ，弹出动画组态"工具箱"。

选择工具箱中"标准按钮"图标 ，在窗口编辑处按住左键并拖放出合适大小后，松开左键，便创建出一个按钮图形。

定义"起动按钮"图形属性。双击新建的"按钮"图形，弹出如图6-36所示的"标准按钮构件属性设置"对话框，选择【基本属性】选项卡，将状态设置为"抬起"，文本内容修改为"起动按钮"，背景色设置为"绿色"，文本颜色设置为"黑色"。

如图6-37所示，选择【操作属性】选项卡，单击"按下功能"，勾选"数据对象值操作"，选择"按1松0"操作，并单击其后面的图标 ?，弹出如图6-38所示的"变量选择"对话框，选择"根据采集信息生成"，并将通道类型设置为"M辅助寄存

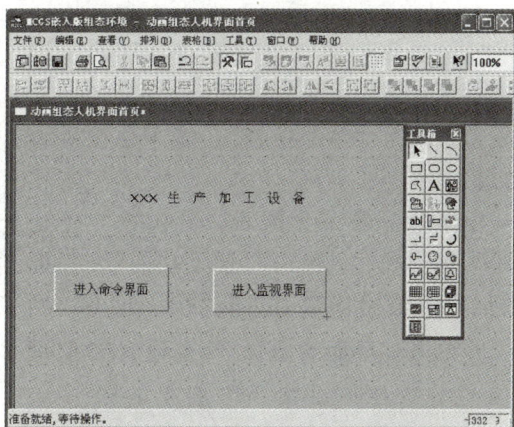

图 6-35　创建完成后的"动画组态
人机界面首页"图形

器"，通道地址设置为"80"，读写类型设置为"读写"。单击"变量选择"对话框中的【确认】按钮，其【操作属性】选项卡的设置内容如图6-39所示，单击"标准按钮构件属性设置"对话框中的【确认】按钮，起动按钮的属性便设置完成。

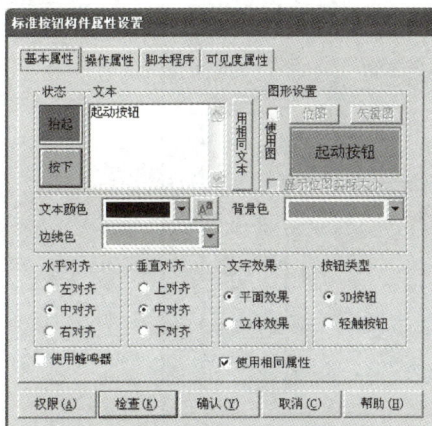

图 6-36　标准按钮构件属性设置

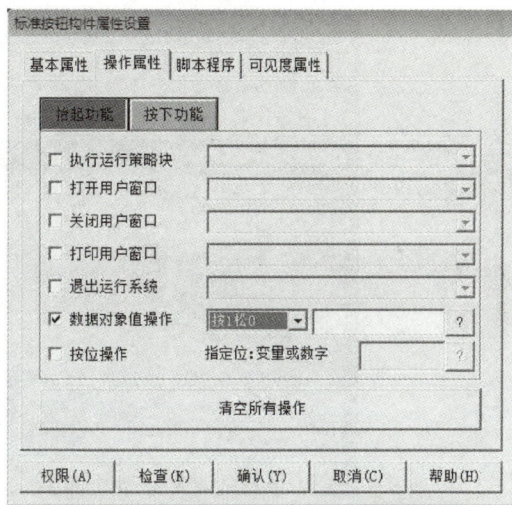

图 6-37　起动按钮操作属性设置

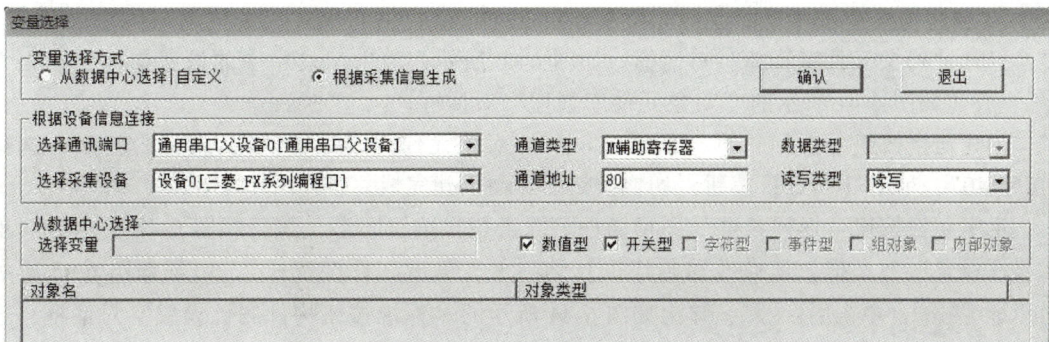

图 6-38　"变量选择"对话框

② 创建"停止按钮"图形对象。用同样的操作步骤创建"停止按钮"图形，设置其基本属性，将状态设置为"按下"，文本内容修改为"停止按钮"，背景色设置为"红色"。

根据 PLC 资源分配表，再设置"停止按钮"操作属性，单击"按下功能"，勾选"数据对象值操作"，选择"按 1 松 0"操作，并单击其后面的图标 ? ，设置"变量选择"对话框，选择"根据采集信息生成"，将通道类型设置为"M 寄存器"，通道地址设置为"81"，读写类型设置为"读写"。

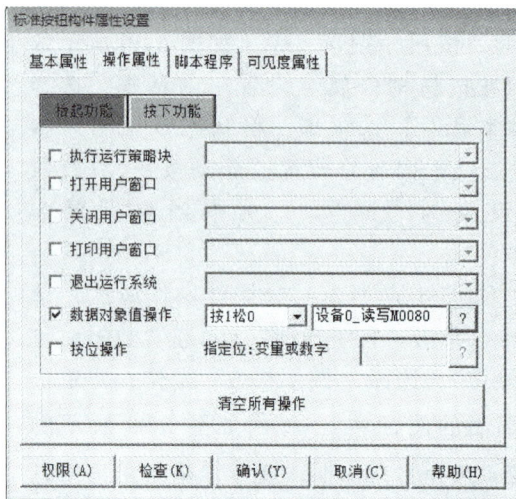

图 6-39　设置完成后的起动按钮操作属性

③ 编辑图形对象。按住 Ctrl 键，单击选中两个按钮图形，使用组态软件工具条中的等高宽、左对齐等命令对它们进行位置排列，如图 6-40 所示。

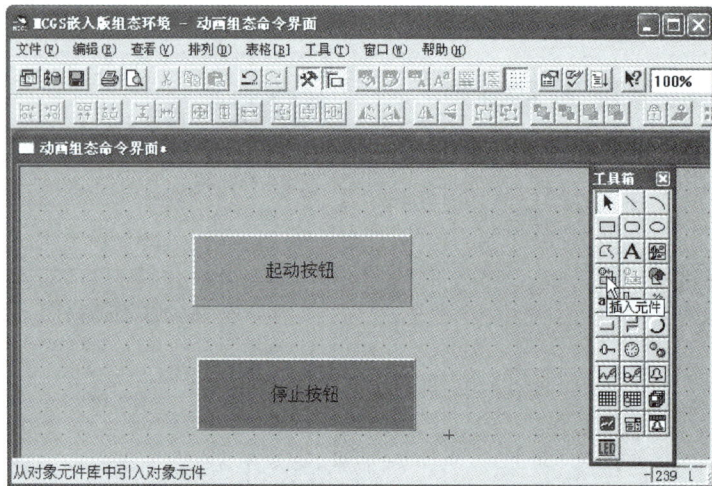

图 6-40　创建完成后的起动、停止按钮图形

④ 创建切换按钮"返回首页"图形对象。

打开"对象元件库管理"对话框。如图 6-40 所示，单击工具箱中的设备构件"插入元件"，弹出如图 6-41 所示的"对象元件库管理"对话框。

创建切换按钮"返回首页"图形。单击"对象元件列表"中的文件夹"按钮"，选择"按钮 40"，单击【确定】按钮，切换按钮图形便创建完成。

定义切换按钮"返回首页"图形属性。双击切换按钮图形，弹出如图 6-42 所示的"单元属性设置"对话框。选择【动画连接】选项卡，单击"标准按钮"，出现如图 6-43 所示的图标 ? > ，单击图标 > ，弹出如图 6-44 所示的"标准按钮构件属性设置"对话框，选择【操作属性】选项卡，单击"抬起功能"，勾选"打开用户窗口"，并将"人机界面首页"设置为要打开的用户窗口，单击【确认】按钮即可。

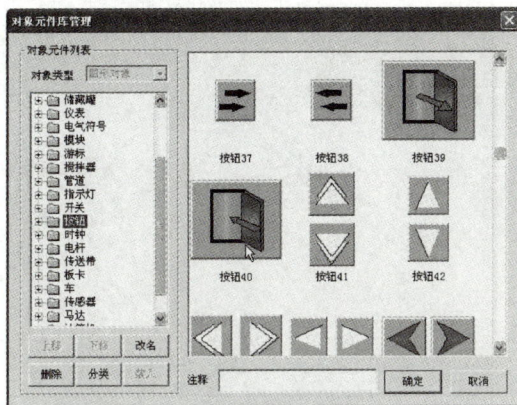

图 6-41　"对象元件库管理"对话框

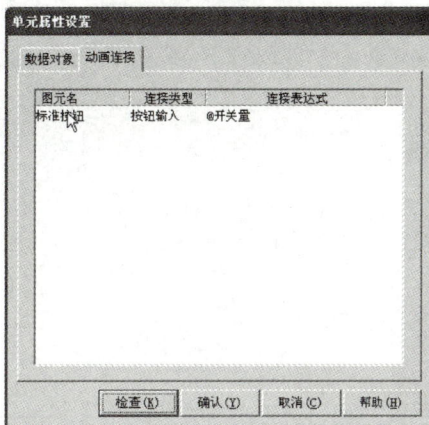

图 6-42　"单元属性设置"对话框

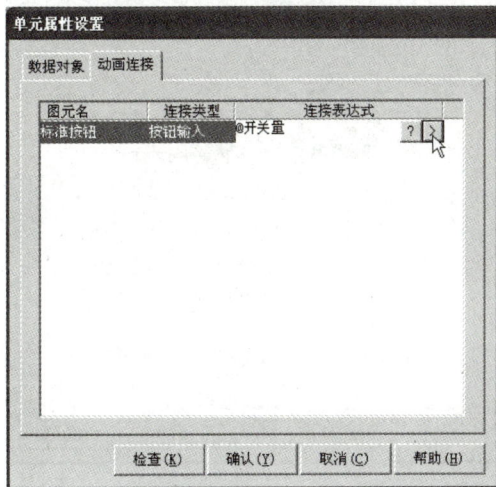

图 6-43　单击"连接表达式"图标

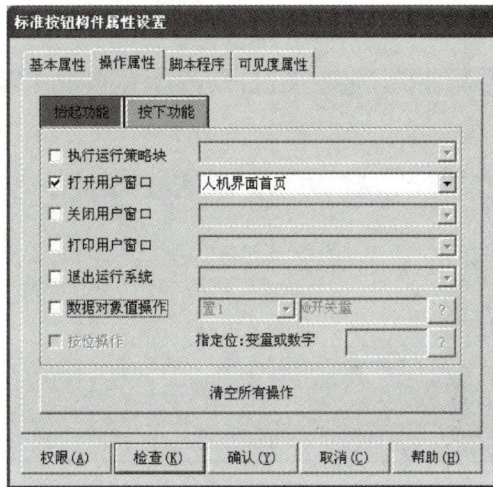

图 6-44　"标准按钮构件操作属性设置"对话框

⑤ 创建文字标签"返回首页"图形对象。与创建文字标签"×××生产加工设备"的方法一样，创建文字标签"返回首页"，调整至合适位置后如图 6-45 所示。

第三步：创建"监视界面"的图形对象。

① 创建文字标签图形。双击用户窗口"监视界面"图标，进入"动画组态监视界面"窗口。与创建"人机界面首页"的图形方法一样，创建文字标签"料槽一""料槽二""料槽三"，如图 6-46 所示。

② 创建数值显示标签图形。

创建料槽一的数值显示图形。选择工具箱中的设备构件"标签"，在料槽一下方拖放出一个如图 6-47 所示的标签图形。

定义料槽一的数值显示图形属性。双击创建的数值显示图形，弹出如图 6-48 所示的"标签动画组态属性设置"对话框，选择【属性设置】选项卡，将边线颜色设置为"没有边线"，输入输出连接勾选为"显示输出"。

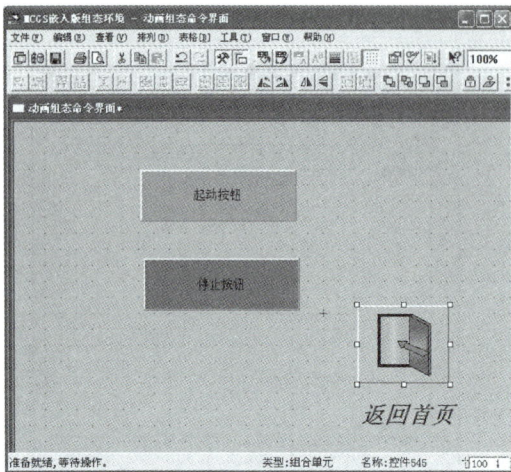

图 6-45　创建完成后的命令界面图形

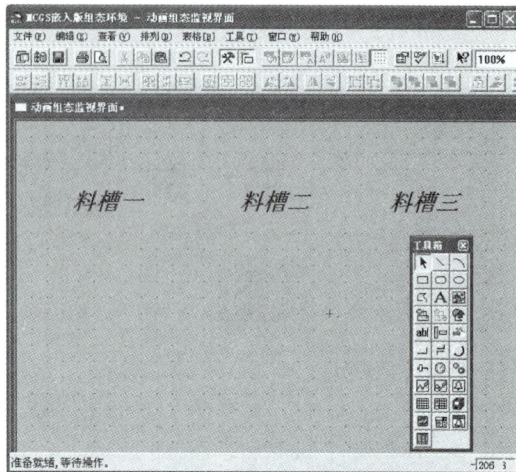

图 6-46　文字标签图形

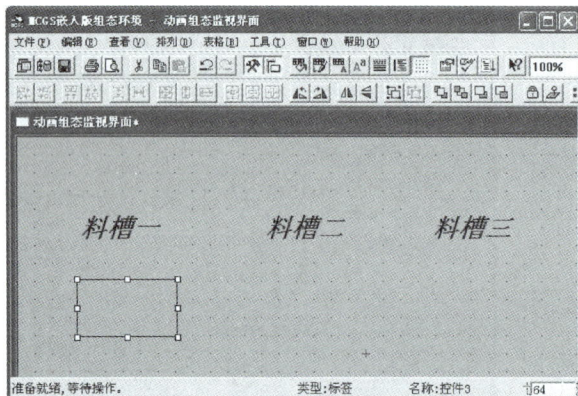

图 6-47　料槽一的数值显示标签图形

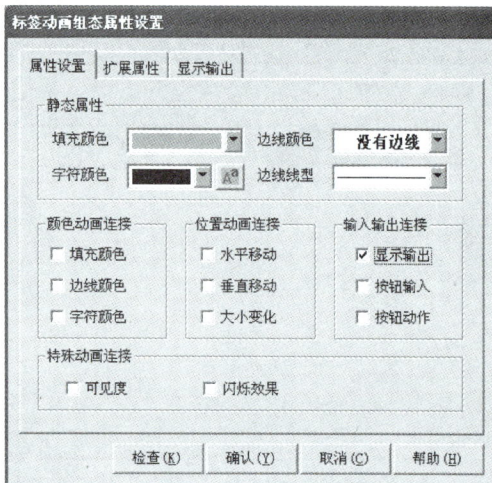

图 6-48　"标签动画组态属性设置"对话框

如图 6-49 所示，选择【显示输出】选项卡，将输出值类型设置为"数值量输出"，输出格式设置为"十进制"。单击表达式中的图标 ? ，弹出如图 6-50 所示的"变量选择"对话框，将通道类型设置为"CN 计数器值"，数据类型设置为"16 位无符号二进制"，通道地址设置为"0"，单击【确认】按钮后，显示输出表达式的内容为"设备 0_读写 CNWUB000"，如图 6-51 所示。

用同样的方法创建料槽二、料槽三的数值显示图形，分别将其通道地址设置为 CNW1、CNW2。

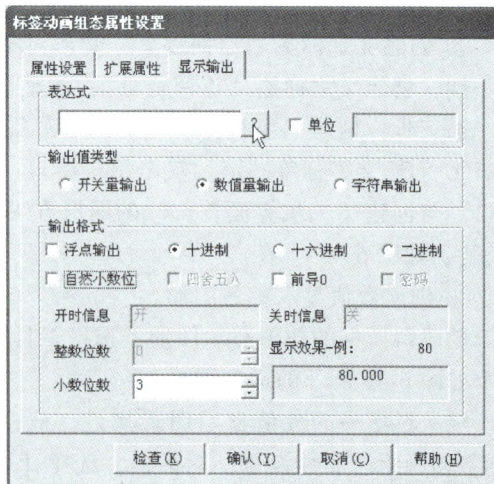

图 6-49　显示输出设置

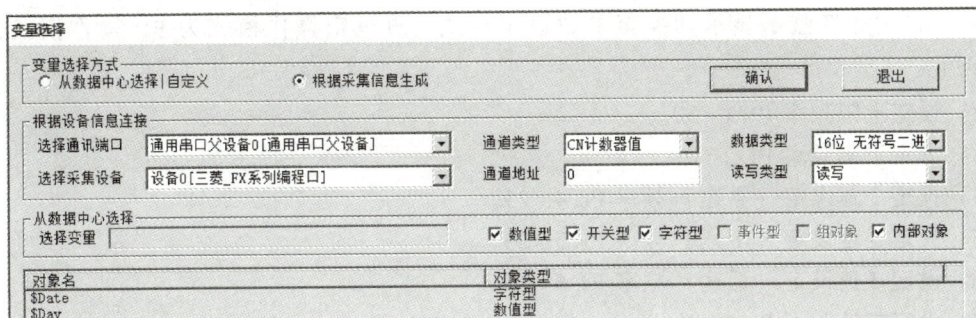

图 6-50　"变量选择"对话框

③ 创建切换按钮"返回首页"图形对象。与命令界面中的创建方法一样，在监视界面上创建切换按钮"返回首页"图形。

④ 创建文字标签"返回首页"图形对象。与命令界面中的创建方法一样，在监视界面上创建文字标签"返回首页"图形，完成后的监视界面如图 6-52 所示。

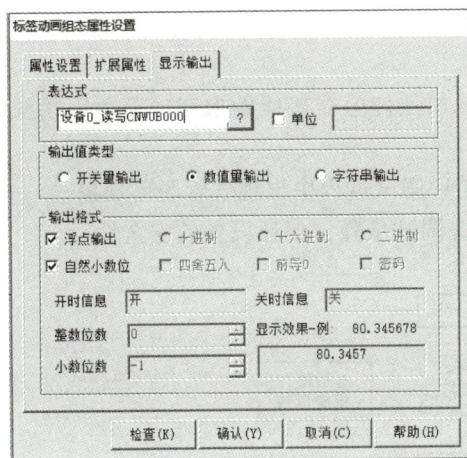

图 6-51　设置完成后的变量表达式

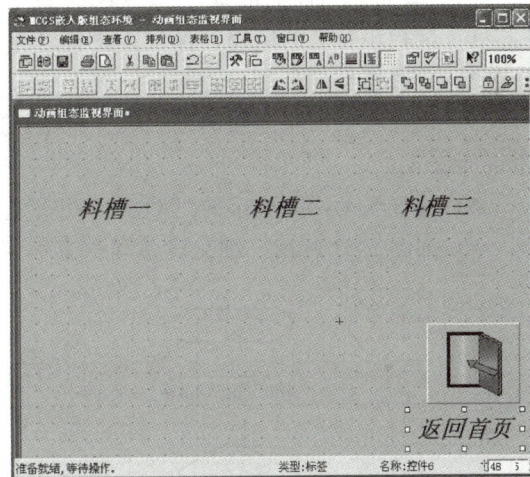

图 6-52　创建完成后的"监视界面"窗口

（4）工程下载　执行【工具】→【下载配置】命令，将工程保存后下载。

（5）离线模拟　执行【模拟运行】命令，即可实现图 6-2~图 6-4 所示的触摸控制功能。

6. 变频器参数设置

使用变频器的面板，按表 6-6 设定参数。

表 6-6　变频器参数设定表

序号	参数号	名称	设定值	备注
1	Pr.1	上限频率	50Hz	
2	Pr.2	下限频率	0Hz	
3	Pr.4	3速设定（高速）	25Hz	高速设定
4	Pr.5	3速设定（中速）	20Hz	中速设定
5	Pr.6	3速设定（低速）	15Hz	低速设定
6	Pr.7	加速时间	1s	
7	Pr.8	减速时间	1s	
8	Pr.79	操作模式	2	外部操作模式

1）用 (MODE) 键将监示显示切换至参数设定模式，再设定操作模式为 PU 操作模式，即 Pr.79 = 1。

2）设定上限频率 Pr.1 = 50。

3）设定下限频率 Pr.2 = 0。

4）设定 3 速设定（高速）频率 Pr.4 = 25。

5）设定 3 速设定（中速）频率 Pr.5 = 20。

6）设定 3 速设定（低速）频率 Pr.6 = 15。

7）设定加速时间 Pr.7 = 1。

8）设定减速时间 Pr.8 = 1。

9）设定操作模式为外部操作模式 Pr.79 = 2。

7. 设备调试

为了避免设备调试出现事故，确保调试工作的顺利进行，施工人员必须进一步确认设备机械安装、电路安装及气路安装的正确性、安全性，做好设备调试前的各项准备工作。

（1）设备调试前的准备

1）清扫设备上的杂物，保证无设备之外的金属物。

2）检查机械部分是否正常。

3）检查电气回路连接的正确性，严禁短路现象，加强传感器接线的检查，避免因接线错误而烧毁。

4）检查气动回路连接的正确性、可靠性，绝不允许调试过程中出现气管脱落现象。

5）如图 6-53 所示，细化设备调试流程，理清设备调试步骤，保证设备的安全性。

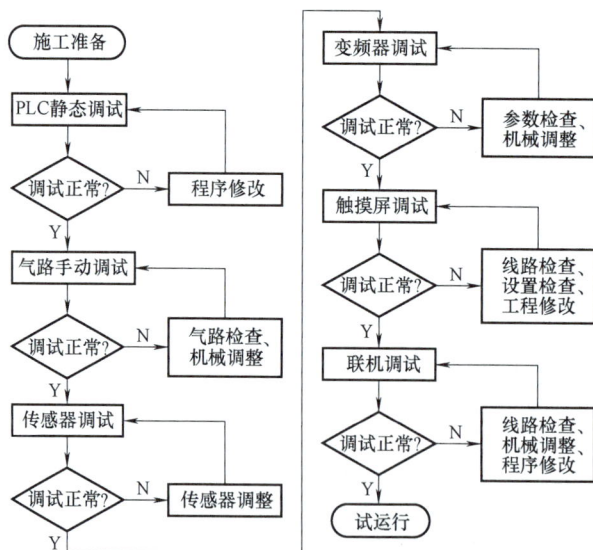

图 6-53　设备调试流程图

（2）模拟调试

1）PLC 静态调试。

① 连接计算机与 PLC。

② 确认 PLC 的输出负载回路电源处于断开状态，并检查空气压缩机的阀门是否关闭。

③ 合上断路器，给设备供电。

④ 写入程序。

⑤ 运行 PLC，按表 6-7~表 6-9 用 PLC 模块上的钮子开关模拟 PLC 输入信号，观察 PLC 的输出指示灯状态。

表 6-7　送料机构静态调试情况记载表

步骤	操作任务	观察任务		备注
		正确结果	观察结果	
1	动作 X0	Y25 指示灯点亮		警示灯绿灯闪烁
		Y3 指示灯点亮		电动机旋转，上料
2	X11 在 10s 后仍不动作	Y25 指示灯熄灭		10s 后无料，转盘电动机停止，红灯闪烁，报警
		Y3 指示灯熄灭		
		Y26 指示灯点亮		
		Y15 指示灯点亮		
3	动作 X11 钮子开关	Y25 指示灯点亮		出料口有料，等待取料
4	复位 X11 钮子开关	Y25 指示灯点亮		电动机旋转，上料
		Y3 指示灯点亮		
5	动作 X11 钮子开关	Y25 指示灯点亮		出料口有料，等待取料
		Y3 指示灯熄灭		
6	动作 X1	Y25 指示灯熄灭		系统停止

表 6-8　搬运机构静态调试情况记载表

步骤	操作任务	观察任务		备注
		正确结果	观察结果	
1	动作 X2、X0 钮子开关	Y5 指示灯点亮		手爪放松
2	复位 X2 钮子开关	Y5 指示灯熄灭		放松到位
		Y7 指示灯点亮		手爪上升
3	动作 X7 钮子开关	Y7 指示灯熄灭		上升到位
		Y11 指示灯点亮		手臂缩回
4	动作 X6 钮子开关	Y11 指示灯熄灭		缩回到位
		Y0 指示灯点亮		手臂右旋
5	动作 X4 钮子开关	Y0 指示灯熄灭		右旋到位
6	动作 X11 钮子开关	Y10 指示灯点亮		有料，手臂伸出
7	动作 X5 钮子开关，复位 X6 钮子开关	Y10 指示灯熄灭		伸出到位
		Y6 指示灯点亮		手爪下降
8	动作 X10 钮子开关，复位 X7 钮子开关	Y6 指示灯熄灭		下降到位
		Y4 指示灯点亮		手爪夹紧
9	动作 X2 钮子开关，0.5s 后	Y7 指示灯点亮		手爪上升

（续）

步骤	操作任务	观察任务		备注
		正确结果	观察结果	
10	动作 X7 钮子开关,复位 X10 钮子开关	Y7 指示灯熄灭		上升到位
		Y11 指示灯点亮		手臂缩回
11	动作 X6 钮子开关,复位 X5 钮子开关	Y11 指示灯熄灭		缩回到位
		Y2 指示灯点亮		手臂左旋
12	动作 X3 钮子开关,复位 X4 钮子开关	Y2 指示灯熄灭		左旋到位
13	0.5s 后	Y10 指示灯点亮		手臂伸出
14	动作 X5 钮子开关,复位 X6 钮子开关	Y10 指示灯熄灭		伸出到位
		Y6 指示灯点亮		手爪下降
15	动作 X10 钮子开关,复位 X7 钮子开关	Y6 指示灯熄灭		下降到位
16	0.5s 后	Y5 指示灯点亮		手爪放松
17	复位 X2 钮子开关	Y5 指示灯熄灭		放松到位
		Y7 指示灯点亮		手爪上升
18	动作 X7 钮子开关,复位 X10 钮子开关	Y7 指示灯熄灭		上升到位
		Y11 指示灯点亮		手臂缩回
19	动作 X6 钮子开关,复位 X5 钮子开关	Y11 指示灯熄灭		缩回到位
		Y0 指示灯点亮		手臂右旋
20	动作 X4 钮子开关,复位 X3 钮子开关	Y0 指示灯熄灭		右旋到位
21	一次物料搬运结束,等待加料			
22	重新加料,动作 X1 钮子开关,机构完成当前工作循环后停止工作			

表 6-9　传送、加工及分拣机构静态调试情况记载表

步骤	操作任务	观察任务		备注
		正确结果	观察结果	
1	动作 X23 钮子开关后复位	Y21、Y22 指示灯点亮		有物料,传送带高速运转
2	动作 X20 钮子开关	Y21、Y22 指示灯熄灭		A 点位置检测到金属物料,传送带停止,开始加工
3	2s 后	Y21、Y23 指示灯点亮		传送带中速传送
4	动作 X21 钮子开关	Y21、Y23 指示灯熄灭		B 点位置检测到金属物料,传送带停止,开始加工
5	2s 后	Y21、Y24 指示灯点亮		传送带低速传送
6	动作 X22 钮子开关	Y21、Y24 指示灯熄灭		C 点位置检测到金属物料,传送带停止,开始加工
7	2s 后	Y20、Y22 指示灯点亮		传送带高速返回

（续）

步骤	操作任务	观察任务		备注
		正确结果	观察结果	
8	动作 X20 钮子开关	Y20、Y22 指示灯熄灭 Y12 指示灯点亮		至 A 点位置传送带停止,气缸一活塞杆伸出
9	动作 X12 钮子开关	Y12 指示灯熄灭		气缸一活塞杆缩回
10	动作 X23 钮子开关后复位	Y21、Y22 指示灯点亮		有物料,传送带高速运转
11	动作 X21 钮子开关	Y21、Y22 指示灯熄灭		B 点位置检测到白色塑料物料,传送带停止,开始加工
12	2s 后	Y21、Y23 指示灯点亮		传送带中速传送
13	动作 X22 钮子开关	Y21、Y23 指示灯熄灭		C 点位置检测到白色塑料物料,传送带停止,开始加工
14	2s 后	Y20、Y22 指示灯点亮		传送带高速返回
15	动作 X21 钮子开关	Y20、Y22 指示灯熄灭 Y13 指示灯点亮		至 B 点位置传送带停止,气缸二活塞杆伸出
16	动作 X14 钮子开关	Y13 指示灯熄灭		气缸二活塞杆缩回
17	动作 X23 钮子开关后复位	Y21、Y22 指示灯点亮		有物料,传送带高速运转
18	动作 X22 钮子开关	Y21、Y22 指示灯熄灭		C 点位置检测到黑色塑料物料,传送带停止,开始加工
19	2s 后	Y14 指示灯点亮		气缸三活塞杆伸出
20	动作 X16 钮子开关	Y14 指示灯熄灭		气缸三活塞杆缩回
21	重新加料,动作 X1 钮子开关	传送带不能停止,必须完成当前工作循环后才能停止		

⑥ 将 PLC 的 RUN/STOP 开关置于"STOP"位置。

⑦ 复位 PLC 模块上的钮子开关。

2）气动回路手动调试。

① 接通空气压缩机电源,起动空压机压缩空气,等待气源充足。

② 将气源压力调整到 0.4~0.5MPa 后,开启气动二联件上的阀门给系统供气。为确保调试安全,施工人员需观察气路系统有无泄露现象,若有,应立即解决。

③ 在正常工作压力下,对气动回路进行手动调试,直至机构动作完全正常为止。

④ 调整节流阀至合适开度,使各气缸的运动速度趋于合理。

3）传感器调试。调整传感器的位置,观察 PLC 的输入指示灯状态。

① 出料口放置物料,调整、固定物料检测光电传感器。

② 手动机械手,调整、固定各限位传感器。

③ 在落料口中先后放置三类物料,调整、固定落料口物料检测光电传感器。

④ 在 A 点位置放置金属物料,调整、固定金属传感器。

⑤ 分别在 B 点和 C 点位置放置白色塑料物料和黑色塑料物料,调整、固定光纤传感器。

⑥ 手动推料气缸,调整、固定磁性传感器。

4）变频器调试。

① 闭合变频器模块上的 STR、RH 钮子开关，传送带自右向左高速运行。

② 闭合变频器模块上的 STR、RM 钮子开关，传送带自右向左中速运行。

③ 闭合变频器模块上的 STR、RL 钮子开关，传送带自右向左低速运行。

④ 闭合变频器模块上的 STF、RH 钮子开关，传送带自左向右高速运行。

若电动机反转，须关闭电源，改变输出电源 U、V、W 相序后重新调试。

5）触摸屏调试。拉下设备断路器，关闭设备总电源。

① 用通信线连接触摸屏与 PLC。

② 用下载线连接计算机与触摸屏。

③ 接通设备总电源。

④ 设置下载选项，选择下载设备为 USB。

⑤ 下载触摸屏程序。

⑥ 调试触摸屏程序。运行 PLC，进入命令界面，触摸起动按钮，PLC 输出指示灯显示设备开始工作；进入监视界面，观察物料的数值显示是否正确；触摸命令界面上的停止按钮，设备停止工作。

（3）联机调试　模拟调试正常后，接通 PLC 输出负载的电源回路，便可联机调试。调试时，要求施工人员认真观察设备的运行情况，若出现问题，应立即解决或切断电源，避免扩大故障范围。调试观察的主要部位如图 6-54 所示。

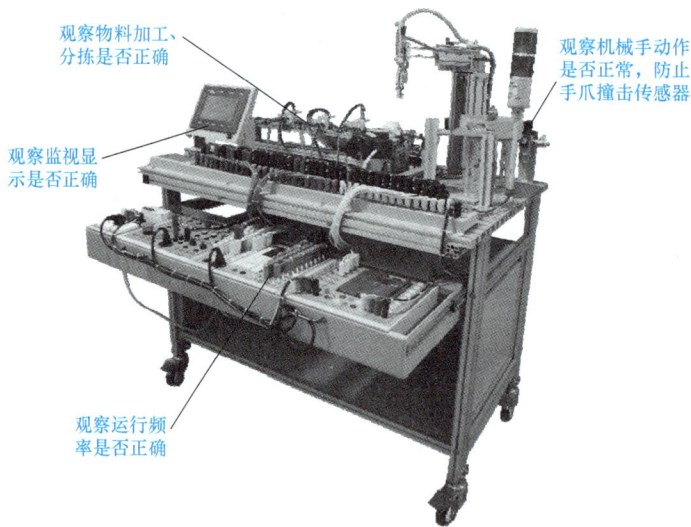

图 6-54　生产加工设备

表 6-10 为联机调试的正确结果，若调试中有与之不符的情况，施工人员首先应根据现场情况，判断是否需要切断电源，在分析、判断故障形成的原因（机械、电路、气路或程序问题）的基础上，进行调整、检修，然后重新调试，直至设备完全实现功能。

（4）试运行　施工人员操作生产加工设备，运行、观察一段时间，确保设备合格、稳定、可靠。

表 6-10　联机调试结果一览表

步骤	操作过程	设备实现的功能	备注
1	触摸起动按钮	机械手复位	
		送料机构送料	送料
2	10s 后无物料	报警	
3	出料口有物料	机械手搬运物料	搬运
4	机械手释放物料(金属)	传送带高速传送至 A 点位置,加工 2s,中速传送至 B 点位置,加工 2s,低速传送至 C 点位置,加工 2s,高速返回至 A 点位置,推入料槽一内	传送、加工、分拣金属物料
5	机械手释放物料(白色塑料)	传送带高速传送至 B 点位置,加工 2s,中速传送至 C 点位置,加工 2s,高速返回至 B 点位置,推入料槽二内	传送、加工、分拣白色塑料物料
6	机械手释放物料(黑色塑料)	传送带高速传送至 C 点位置,加工 2s,推入料槽三内	传送、加工、分拣黑色塑料物料
7	重新加料,触摸停止按钮,机构完成当前工作循环后停止工作		

8. 现场清理

设备调试完毕,要求施工人员清点工量具,归类整理资料,并清扫现场卫生。

1)清点工量具。对照清单清点工量具,并按要求装入工具箱。

2)资料整理。整理归类技术说明书、电气元件明细表、施工计划表、设备电路图、梯形图、气路图和安装图等资料。

3)清扫设备周围卫生,保持环境整洁。

4)填写设备安装登记表,记载设备调试过程中出现的问题及解决的办法。

9. 设备验收

设备质量验收见表 6-11。

表 6-11　设备质量验收表

验收项目及要求		配分	配分标准	扣分	得分	备注
设备组装	1. 设备部件安装可靠,各部件位置衔接准确 2. 电路安装正确,接线规范 3. 气路连接正确,规范美观	35 分	1. 部件安装位置错误,每处扣 2 分 2. 部件衔接不到位、零件松动,每处扣 2 分 3. 电路连接错误,每处扣 2 分 4. 导线反圈、压皮、松动,每处扣 2 分 5. 错、漏编号,每处扣 1 分 6. 导线未入线槽、布线凌乱,每处扣 2 分 7. 气路连接错误,每处扣 2 分 8. 气路漏气、掉管,每处扣 2 分 9. 气管过长、过短、乱接,每处扣 2 分			

（续）

验收项目及要求		配分	配分标准	扣分	得分	备注
设备功能	1. 设备起停正常 2. 送料机构正常 3. 机械手复位正常 4. 机械手搬运物料正常 5. 传送带运转正常 6. 金属物料加工、分拣正常 7. 白色塑料物料加工、分拣正常 8. 黑色塑料物料加工、分拣正常 9. 变频器参数设置正确 10. 触摸屏人机界面触摸正常	60分	1. 设备未按要求启动或停止，每处扣5分 2. 送料机构未按要求送料，扣10分 3. 机械手未按要求复位，扣5分 4. 机械手未按要求搬运物料，每处扣5分 5. 传送带未按要求运转，扣5分 6. 金属物料未按要求加工、分拣，扣5分 7. 白色塑料物料未按要求加工、分拣，扣5分 8. 黑色塑料物料未按要求加工、分拣，扣5分 9. 变频器参数未按要求设置，扣5分 10. 人机界面未按要求创建，扣5分			
设备附件	资料齐全，归类有序	5分	1. 设备组装图缺少，每处扣2分 2. 电路图、气路图、梯形图缺少，每处扣2分 3. 技术说明书、工具明细表、元件明细表缺少，每处扣2分			
安全生产	1. 自觉遵守安全文明生产规程 2. 保持现场干净整洁，工具摆放有序		1. 漏接地线，每处扣5分 2. 每违反一项规定，扣3分 3. 发生安全事故，扣10分 4. 现场凌乱、乱放工具、丢杂物、完成任务后不清理现场，扣5分			
时间	8h		1. 提前正确完成，每提前5min加5分 2. 超过定额时间，每超时5min扣2分			
开始时间：			结束时间：	实际时间：		

四、设备改造

生产加工设备的改造。改造要求及任务如下：

（1）功能要求

1）起停控制。触摸人机界面上的起动按钮，设备开始工作，机械手复位：机械手手爪放松、手爪上升、手臂缩回、手臂右旋至右限位处停止。触摸停止按钮，设备完成当前工作循环后停止。

2）送料功能。设备起动后，送料机构开始检测物料检测支架上的物料，警示灯绿灯闪烁。若无物料，PLC便起动送料电动机工作，物料在页扇推挤下，从转盘中移至出料口。当物料检测传感器检测到物料时，放料转盘停止旋转。若送料电动机运行10s后，物料检测传感器仍未检测到物料，则说明料盘已无物料，此时机构停止工作并报警，警示灯红灯闪烁。

3) 搬运功能。若出料口有物料→机械手臂伸出→手爪下降→手爪夹紧物料→0.5s 后手爪上升→手臂缩回→手臂左旋→0.5s 后手臂伸出→手爪下降→0.5s 后，若传送带上无物料，则手爪放松、释放物料→手爪上升→手臂缩回→右旋至右侧限位处停止。

4) 传送、加工及分拣功能。当落料口的光电传感器检测到物料时，变频器起动，变频器以 35Hz 的频率驱动三相异步电动机反转运行，传送带自右向左开始传送物料。

① 传送、加工及分拣金属物料。金属物料传送至 B 点位置→传送带停止，进行第一次加工→2s 后变频器以 20Hz 的频率驱动传送带继续向左传送至 C 点位置→传送带停止，进行第二次加工→2s 后变频器以 25Hz 的频率驱动传送带返回至 B 点位置停止→推料气缸二动作，活塞杆伸出将它推入料槽二内。

② 传送、加工及分拣白色塑料物料。白色塑料物料传送至 C 点位置→传送带停止，进行加工→2s 后推料气缸三动作，活塞杆伸出将它推入料槽三内。

③ 传送及分拣黑色塑料物料。黑色塑料物料传送至 C 点位置→传送带停止→1s 后变频器以 25Hz 的频率驱动传送带返回至 A 点位置停止→推料气缸一动作，活塞杆伸出将它推入料槽一内。

5) 打包报警功能。当料槽中存放至 100 个物料时，要求物料打包取走，打包指示灯按 0.5s 周期闪烁，并发出报警声，5s 后继续工作。

6) 触摸屏功能。

① 在触摸屏人机界面的首页上方显示"×××生产加工设备"、设置界面切换开关"进入命令界面"和"进入监视界面"。

② 命令界面上设有"起动按钮"和"停止按钮"。

③ 监视界面上显示三类物料分拣的个数和打包指示。当计数显示等于 100 时，数值复位为 0 后重新计数。

(2) 技术要求

1) 设备的起停控制要求：

① 触摸人机界面上的起动按钮，设备开始工作。

② 触摸人机界面上的停止按钮，设备完成当前工作循环后停止。

③ 按下急停按钮，设备立即停止工作。

2) 电气线路的设计符合工艺要求、安全规范。

3) 气动回路的设计符合控制要求、正确规范。

(3) 工作任务

1) 按设备要求画出电路图。

2) 按设备要求画出气路图。

3) 按设备要求编写 PLC 控制程序。

4) 改装生产加工设备实现功能。

5) 绘制设备装配示意图。

项目七

生产线分拣设备的安装与调试

一、施工任务

1. 根据设备装配示意图组装生产线分拣设备。
2. 按照设备电路图连接生产线分拣设备的电气回路。
3. 按照设备气路图连接生产线分拣设备的气动回路。
4. 根据要求创建触摸屏人机界面。
5. 输入设备控制程序，正确设置变频器参数，调试生产线分拣设备实现功能。

二、施工前准备

施工人员在施工前应仔细阅读生产线分拣设备随机技术文件，了解设备的组成及运行情况，看懂装配示意图、电路图、气动回路图及梯形图等图样，然后再根据施工任务制订施工计划、施工方案等。

1. 识读设备图样及技术文件

（1）装置简介　生产线分拣设备的主要功能是输送落料口的物料，并根据物料的性质进行搬运或组合存放，其工作流程如图 7-1 所示。

1）起停控制。按下 SB1 或触摸人机界面上的起动按钮，机械手复位：机械手手爪放松、手爪上升、手臂缩回、手臂右旋至右限位处停止；设备开始工作，警示灯绿灯点亮。

按下 SB2 或触摸停止按钮，设备完成当前工作循环后停止。

2）传送功能。当落料口检测到物料时，变频器以 25Hz 运行，驱动传送带自右向左输送物料。当物料分拣完毕或机械手开始搬运物料时，传送带停止。

3）组合分拣功能。

① 组合功能。料槽一内推入的物料为金属物料与黑色塑料物料的组合（对第一个物料不作金属物料或黑色塑料物料的限制）；料槽二内推入的物料为金属物料与白色塑料物料的组合（对第一个物料不作金属物料或白色塑料物料的限制）。

② A 点位置分拣功能。对于 A 点位置符合要求的物料由推料气缸一推入料槽一内，而不符合要求的物料则变频器继续以 25Hz 的频率驱动传送带向左传送。

③ B 点位置分拣功能。对于 B 点位置符合要求的物料由推料气缸二推入料槽二内，而不符合要求的物料则变频器继续以 25Hz 的频率驱动传送带向左传送。

④ C 点位置推料功能。当所有不符合的物料到达 C 点位置时，由推料气缸三推入料

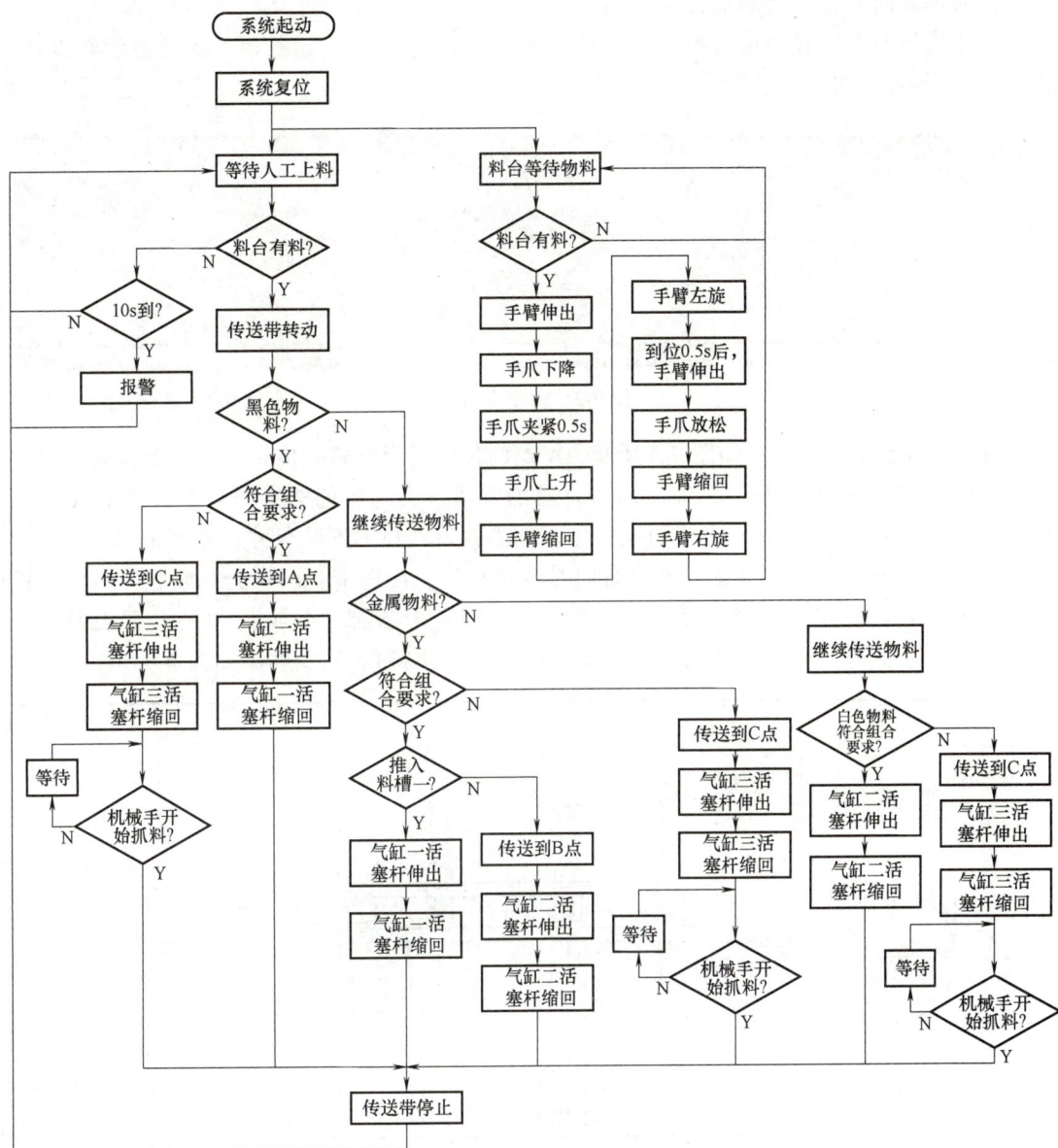

图 7-1　生产线分拣设备动作流程

台内。

4）搬运功能。若料台内有不符合的物料，机械手臂伸出→手爪下降→手爪夹紧物料→0.5s 后手爪上升→手臂缩回→手臂左旋→0.5s 后手臂伸出→手爪放松、释放物料→手臂缩回→右旋至右侧限位处停止。

5）系统报警功能。若 10s 后落料口内仍无物料，则警示灯红灯点亮，蜂鸣器发出报警声。

6）人机界面。

① 人机界面首页设有 "×××生产线分拣设备" 的字样，同时设有界面切换按钮 "进入命令界面" 和 "进入监视界面"，如图 7-2 所示。

② 命令界面上设有"起动按钮"与"停止按钮"，如图 7-3 所示。

③ 监视界面上设有"运行指示灯"和"报警指示灯"。正常运行时，运行指示灯点亮；报警时，报警指示灯点亮，如图 7-4 所示。

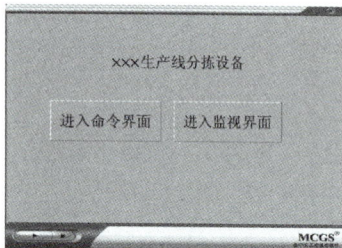

图 7-2　人机界面首页　　　　　　图 7-3　命令界面　　　　　　图 7-4　监视界面

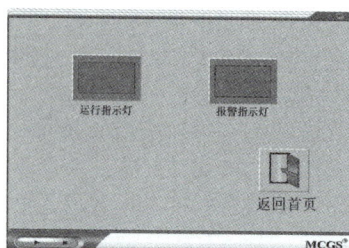

（2）识读装配示意图　如图 7-5 所示，A 点的传感器为电感式传感器，只能检测金属物料，不能识别黑色塑料物料，程序采用了延时的方法，实现黑色塑料物料被传送至 A 点位置时停止，所以要求各料槽、起动推料气缸传感器及落料口的安装尺寸误差要小。

1）结构组成。生产线分拣设备自右向左由落料口、传送带、两槽分拣装置、料台、机械手、物料料盘和触摸屏等组成，A 点位置设有电感式传感器（金属）、B 点位置设有光纤传感器（白色塑料）、C 点位置设有光纤传感器（黑色塑料），其实物图如图 7-6 所示。

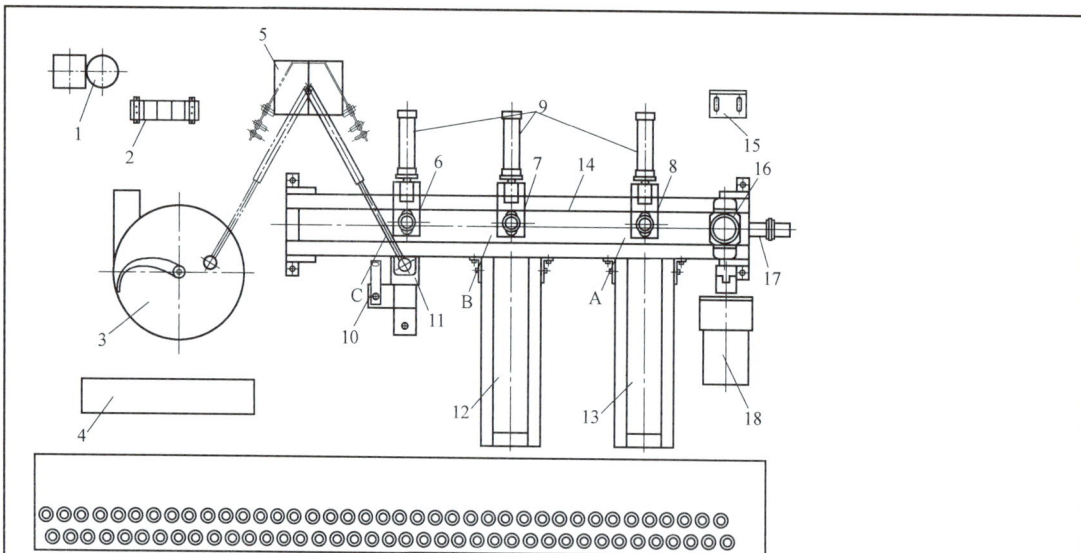

18	三相异步电动机	1	10	物料检测光电传感器	1	2	电磁阀阀组			1
17	落料口检测光电传感器	1	9	推料气缸	3	1	警示灯			1
16	落料口	1	8	电感式传感器	1	序号	名　称			数　量
15	气动二联件	1	7	光纤传感器(白)	1					
14	传送带	1	6	光纤传感器(黑)	1	标记 处数	更改文件号	签字	日期	设备布局图　　×××公司
13	料槽一	1	5	机械手	1	设计		标准化		
12	料槽二	1	4	触摸屏	1	核对		(审定)		
11	出料口	1	3	物料料盘	1	审核				图样标记 数样 重量 比例　生产线分拣设备布局图
序号	名　称	数量	序号	名　称	数量	工艺		日期		1

图 7-5　生产线分拣设备布局图

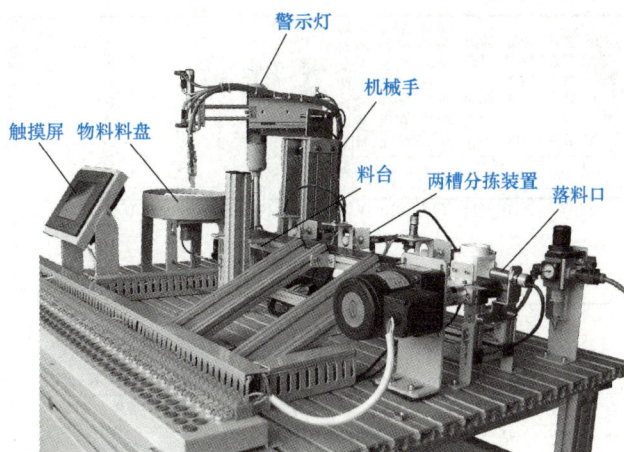

图 7-6 生产线分拣设备

2）尺寸分析。生产线分拣设备各部件的定位尺寸如图 7-7 所示。

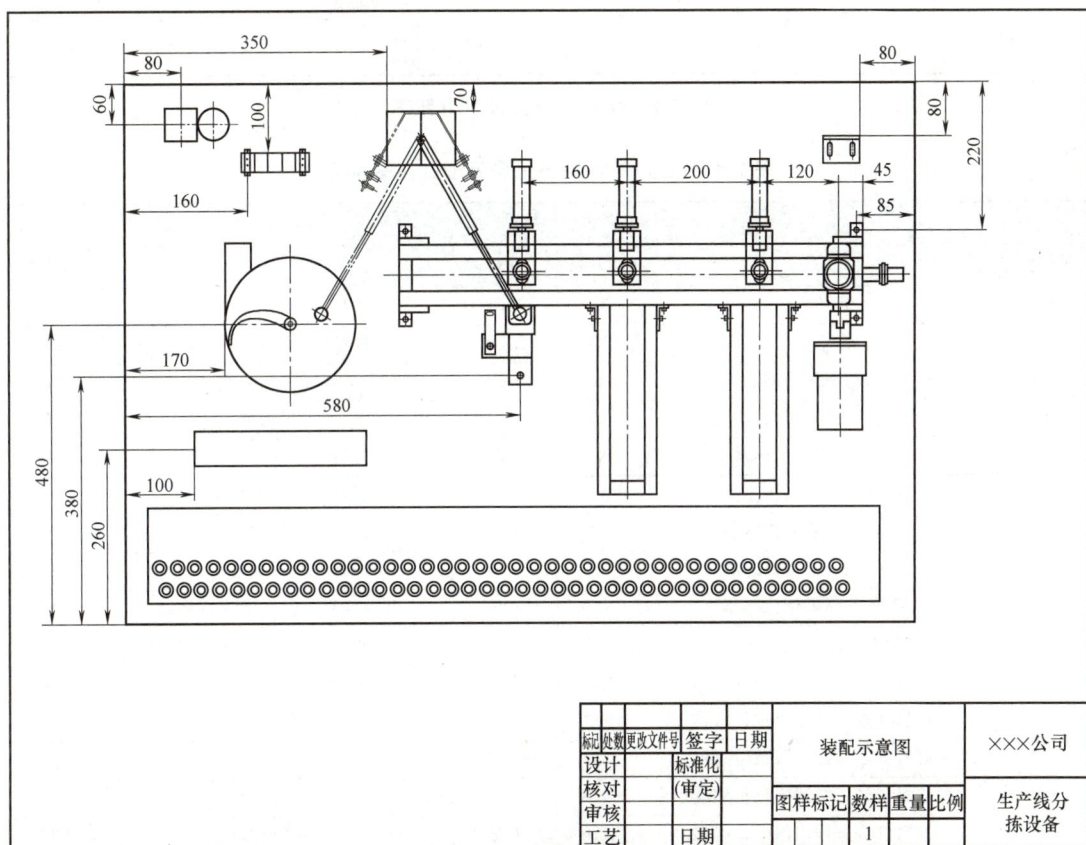

图 7-7 生产线分拣设备装配示意图

（3）识读电路图 图 7-8 为生产线分拣设备电路图。

1）PLC 机型。PLC 机型为三菱 FX_{3U}-48MR。

2）I/O 点分配。PLC 输入/输出设备及 I/O 点的分配情况见表 7-1。

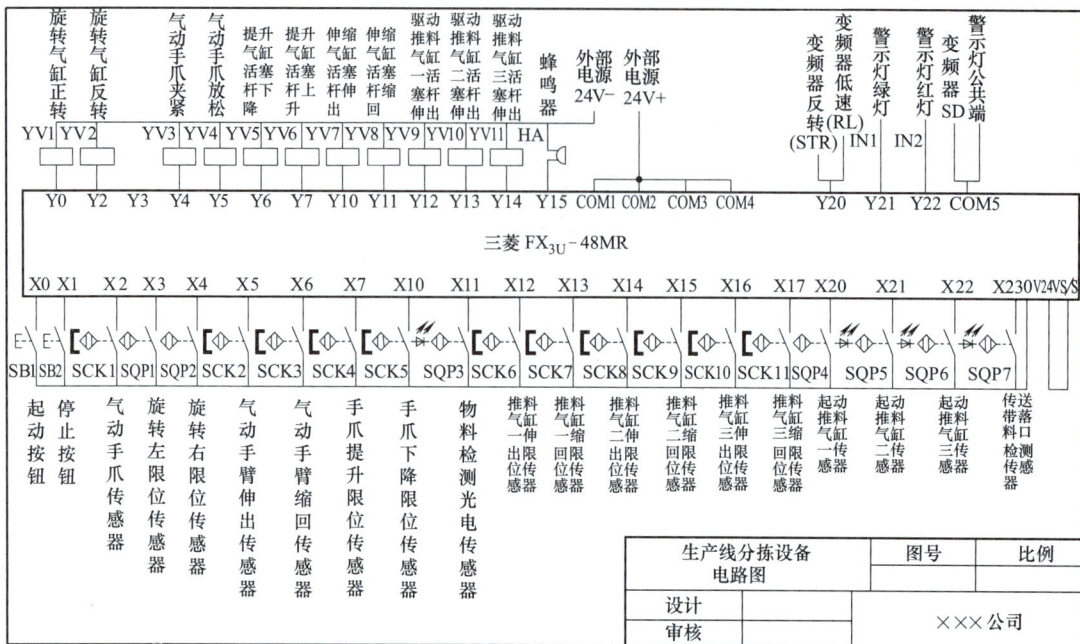

图 7-8　生产线分拣设备电路图

表 7-1　PLC 输入/输出设备及 I/O 点分配表

输入			输出		
元件代号	功能	输入点	元件代号	功能	输出点
SB1	起动按钮	X0	YV1	手臂右旋(旋转气缸正转)	Y0
SB2	停止按钮	X1	YV2	手臂左旋(旋转气缸左转)	Y2
SCK1	气动手爪传感器	X2	YV3	气动手爪夹紧	Y4
SQP1	旋转左限位传感器	X3	YV4	气动手爪放松	Y5
SQP2	旋转右限位传感器	X4	YV5	提升气缸活塞杆下降	Y6
SCK2	气动手臂伸出传感器	X5	YV6	提升气缸活塞杆上升	Y7
SCK3	气动手臂缩回传感器	X6	YV7	伸缩气缸活塞杆伸出	Y10
SCK4	手爪提升限位传感器	X7	YV8	伸缩气缸活塞杆缩回	Y11
SCK5	手爪下降限位传感器	X10	YV9	驱动推料气缸一活塞杆伸出	Y12
SQP3	物料检测光电传感器	X11	YV10	驱动推料气缸二活塞杆伸出	Y13
SCK6	推料气缸一伸出限位传感器	X12	YV11	驱动推料气缸三活塞杆伸出	Y14
SCK7	推料气缸一缩回限位传感器	X13	HA	蜂鸣器	Y15
SCK8	推料气缸二伸出限位传感器	X14	STR（RL）	变频器反转、低速	Y20
SCK9	推料气缸二缩回限位传感器	X15	IN1	警示灯绿灯	Y21
SCK10	推料气缸三伸出限位传感器	X16	IN2	警示灯红灯	Y22
SCK11	推料气缸三缩回限位传感器	X17			
SQP4	起动推料气缸一传感器	X20			
SQP5	起动推料气缸二传感器	X21			
SQP6	起动推料气缸三传感器	X22			
SQP7	传送带落料口检测传感器	X23			

（4）识读气动回路图　图 7-9 为生产线分拣设备气动回路图，各控制元件、执行元件的工作状态见表 7-2。

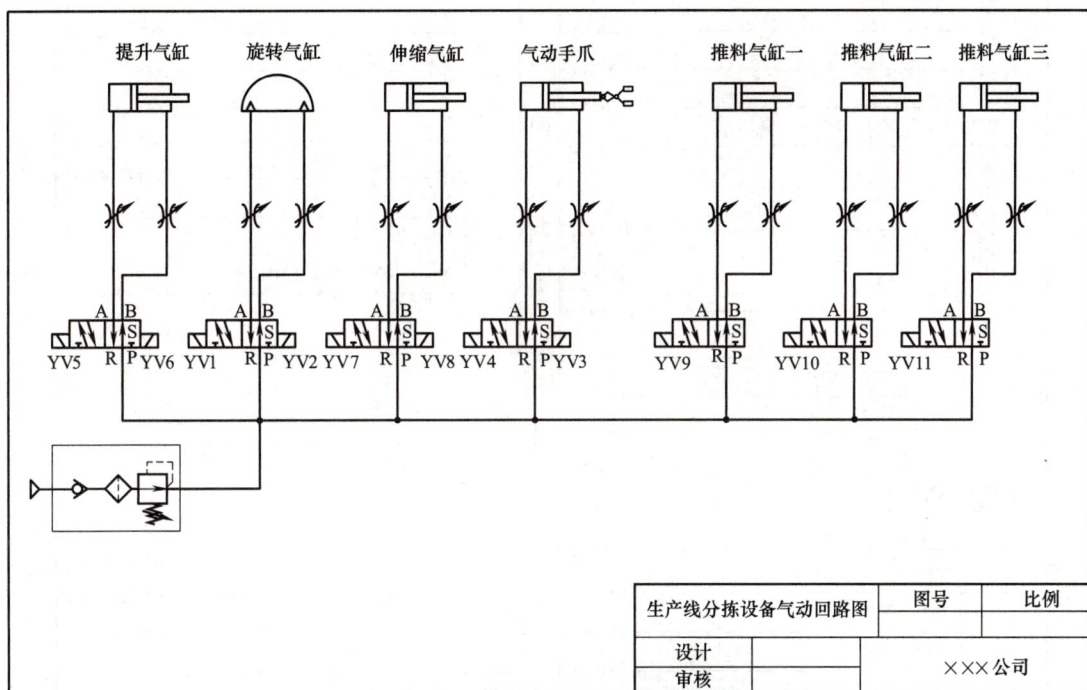

图 7-9　生产线分拣设备气动回路图

表 7-2　控制元件、执行元件状态一览表

| 电磁换向阀的线圈得电情况 | | | | | | | | | | | 执行元件状态 | 机构任务 |
YV1	YV2	YV3	YV4	YV5	YV6	YV7	YV8	YV9	YV10	YV11		
+	−										旋转气缸正转	手臂右旋
−	+										旋转气缸反转	手臂左旋
		+	−								气动手爪夹紧	抓料
		−	+								气动手爪放松	放料
				+	−						提升气缸活塞杆伸出	手爪下降
				−	+						提升气缸活塞杆缩回	手爪上升
						+	−				伸缩气缸活塞杆伸出	手臂伸出
						−	+				伸缩气缸活塞杆缩回	手臂缩回
								+			推料气缸一活塞杆伸出	分拣料槽一符合要求物料
								−			推料气缸一活塞杆缩回	等待分拣
									+		推料气缸二活塞杆伸出	分拣料槽二符合要求物料
									−		推料气缸二活塞杆缩回	等待分拣
										+	推料气缸三活塞杆伸出	分拣不符合要求物料
										−	推料气缸三活塞杆缩回	等待分拣

（5）识读梯形图　图 7-10 为生产线分拣设备梯形图，其动作过程如图 7-11 所示。

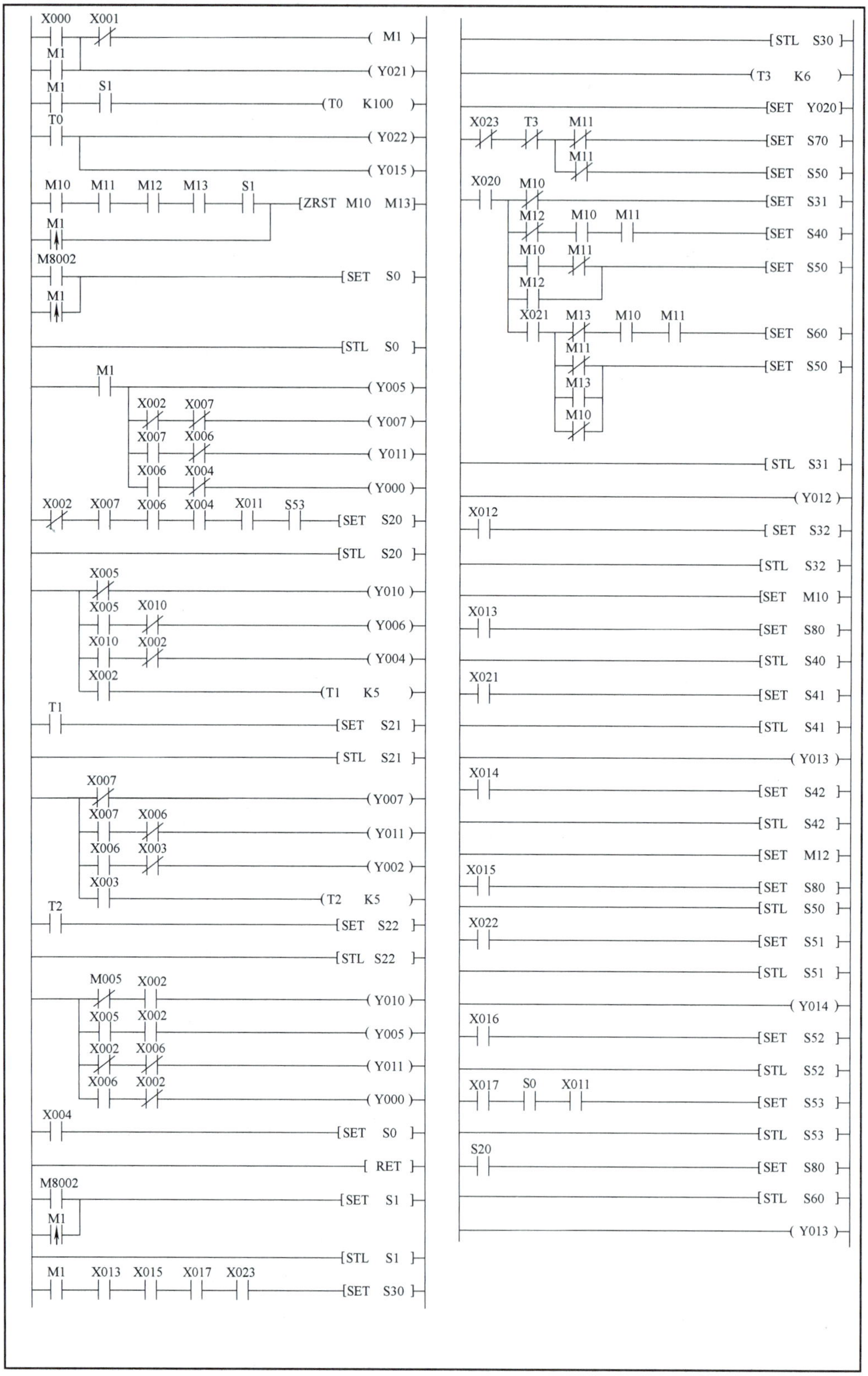

图 7-10　生产线分拣设备梯形图

```
X014
─┤├──────────────────────[SET  S61]
────────────────────────[STL  S61]
────────────────────────[SET  M13]
X015
─┤├──────────────────────[SET  S80]
────────────────────────[STL  S70]
────────────────────────(T4   K11)
T4
─┤├──────────────────────(Y012)
X012
─┤├──────────────────────[SET  S71]
────────────────────────[STL  S71]
────────────────────────[SET  M11]
X013
─┤├──────────────────────[SET  S80]
────────────────────────[STL  S80]
────────────────────────[SET  Y020]
Y020
─┤/├──────────────────────(S1)
────────────────────────[ RET ]
────────────────────────[ END ]
```

生产线分拣设备梯形图	图号	比例
设计		×××公司
审核		

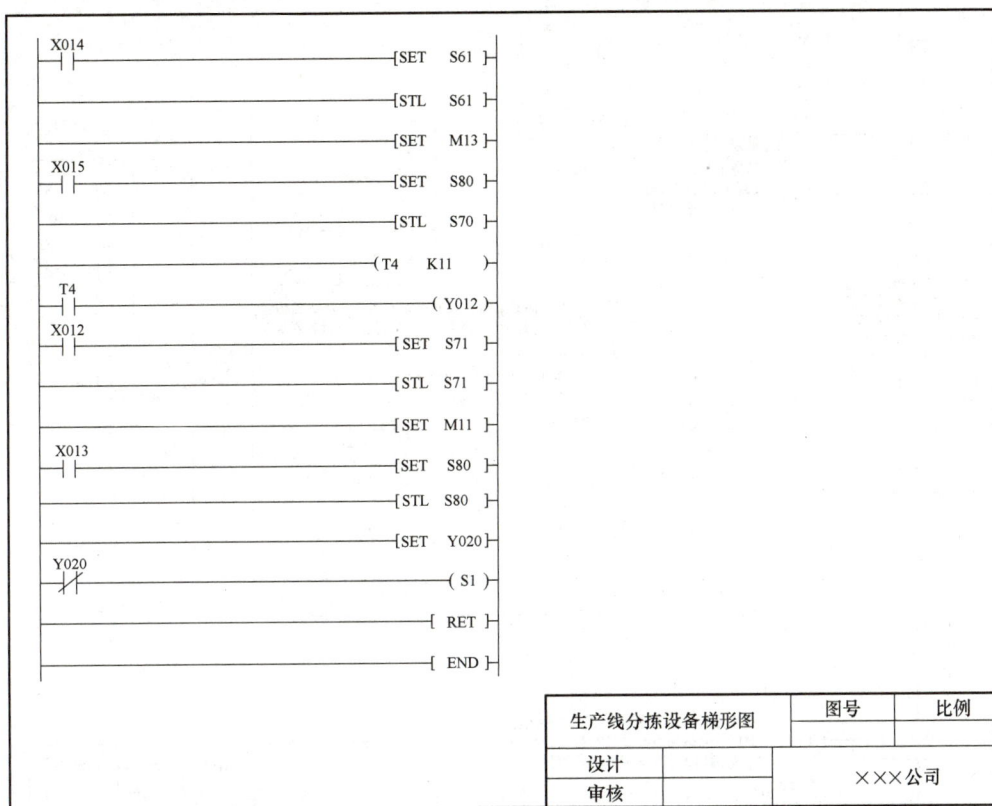

图 7-10　生产线分拣设备梯形图（续）

1）起停控制。按下 SB1 或触摸命令界面上的起动按钮，X0 = ON，M1 为 ON 且保持，为激活 S30 状态提供了必要条件。按下 SB2 或触摸停止按钮，X1 = ON，M1 为 OFF，致使 S1 向 S30 状态转移的条件缺失，故程序执行完当前工作循环后停止。

2）报警控制。起动后 10s，若无物料，T0、Y22、Y15 为 ON，警示灯红灯闪烁，蜂鸣器发出报警声。当有料或按下停止按钮时，T0 为 OFF，报警停止。

3）机械手复位控制。系统起动时，M1 = ON，执行 S0 状态下的复位程序：机械手手爪放松、手爪上升、手臂缩回、手臂向右旋转至右侧限位处停止。

4）搬运物料。若 S53 为 ON，且料台有料，X11 为 ON，便激活 S20 状态→Y10 = ON，手臂伸出→X5 = ON，Y6 = ON，手爪下降→X10 = ON，Y4 = ON，手爪夹紧→夹紧定时 0.5s 到，激活 S21 状态→Y7 = ON，手爪上升→X7 = ON，Y11 = ON，手臂缩回→X6 = ON，Y2 = ON，手臂左旋→手臂左旋到位定时 0.5s，激活 S22 状态→Y10 = ON，手臂伸出→X5 = ON，Y5 = ON，手爪放松→手爪放松到位，X2 = OFF，Y11 = ON，手臂缩回→X6 = ON，Y0 = ON，手臂右旋→手臂右旋到位，X4 = ON，激活 S0 状态，开始新的循环。

5）传送物料。PLC 上电瞬间或系统起动时，S1 状态激活。当落料口检测到物料时，X23 = ON，S30 状态激活，Y20 = ON，传送带自右向左高速输送物料。

同时 T3 开始计时，若 X23 接通时间小于 0.6s（时间设定值要根据实际情况修正），可判别物料为黑色塑料物料。

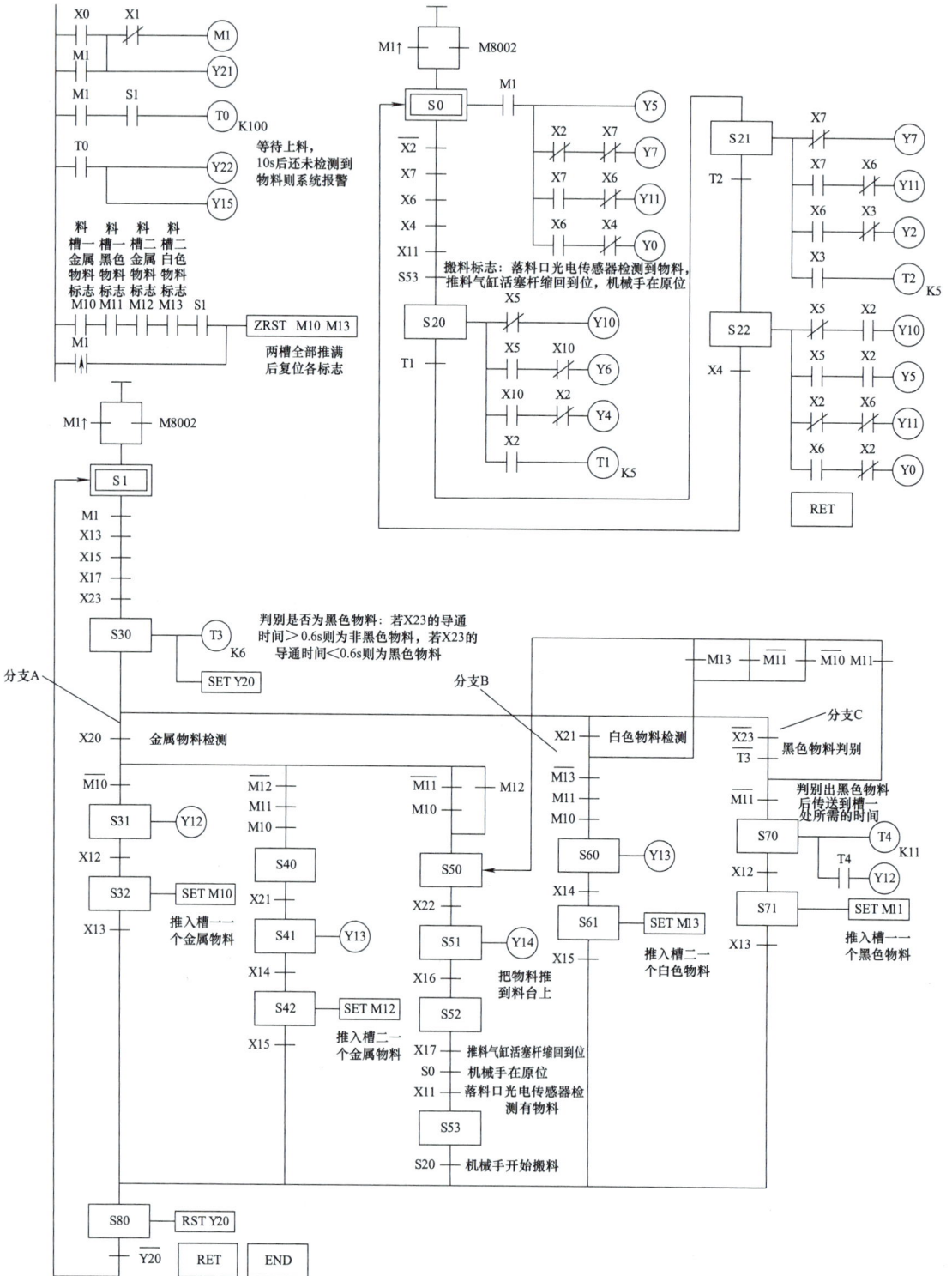

图 7-11 生产线分拣设备状态转移图

6）分拣物料。分拣程序有三个分支，根据物料的性质选择不同分支执行。

① 料槽一第一个物料的分拣（组合不分先后）。如图 7-11 所示，标志为 M10、M11 均为 OFF，若第一个物料为金属物料，执行分支 A；若第一个物料为黑色塑料物料，执行分支 C。

② 料槽一物料的组合分拣。假设第一个物料为金属物料，当它被传送至 A 点位置时，X20 = ON，S31 状态激活，Y12 = ON，推料气缸一活塞杆伸出将金属物料推入料槽一内。活塞杆伸出到位后，X12 = ON，S31 状态关闭，Y12 为 OFF，推料气缸一活塞杆缩回；S32 状态激活，推料标志 M10 置位为 ON。活塞杆缩回到位后开始新的循环。

第二个物料若为金属物料或白色物料，均为不符合要求物料，均由状态 S30 向 S50 状态转移（金属物料的转移条件分别是 X20 常开触点、M11 常闭触点和 M10 常开触点；白色塑料物料的转移条件是 X21 常开触点和 M11 常闭触点）。传送至 C 点位置时，X22 = ON，S51 状态激活，Y14 = ON，推料气缸三活塞杆伸出将黑色塑料物料推入料台内。活塞杆伸出到位后，X16 = ON，S51 状态关闭，Y14 = OFF，推料气缸三活塞杆缩回；S52 状态激活，等待机械手取走。机械手取料后开始新的循环。

第二个物料若为黑色物料，为符合要求物料，S30 状态向 S70 状态转移，T4 开始计时，1.1s 后传送至 A 点位置（时间设定值要根据实际情况修正），Y12 = ON，推料气缸一活塞杆伸出将它推入料槽一内。活塞杆伸出到位后，X12 = ON，S70 状态关闭，Y12 为 OFF，推料气缸一活塞杆缩回；S71 状态激活，推料标志 M11 置位为 ON。活塞杆缩回到位后开始新的循环。

③ 料槽二第一个物料的分拣（组合不分先后）。如图 7-11 所示，标志为 M10、M11 均为 ON，M12、M13 均为 OFF。若第一个物料为金属物料，执行分支 A 的第二个分支；若第一个物料为白色塑料物料，执行分支 B。

④ 料槽二物料的组合分拣。假设第一个物料为金属物料，当它被传送至 A 点位置时，X20 = ON，S40 状态激活，继续传送。至 B 点位置时，X21 = ON，S41 状态激活，Y13 = ON，推料气缸二活塞杆伸出将它推入料槽二内。活塞杆伸出到位后，X14 = ON，S41 状态关闭，Y13 为 OFF，推料气缸二活塞杆缩回；S42 状态激活，推料标志 M12 置位为 ON。活塞杆缩回到位后开始新的循环。

第二个物料若为金属物料或黑色物料，均为不符合要求物料，均由状态 S30 向 S50 状态转移（金属物料的转移条件分别是 X20 常开触点和 M12 常开触点；黑色塑料物料的转移条件是 X13 常闭触点、T3 常闭触点和 M11 常开触点）。

第二个物料若为白色物料，为符合要求物料，传送至 B 点位置，S60 状态激活，Y13 = ON，推料气缸二活塞杆伸出将它推入料槽二内。活塞杆伸出到位后，X14 = ON，S60 状态关闭，Y13 为 OFF，推料气缸二活塞杆缩回；S61 状态激活，推料标志 M13 置位为 ON。活塞杆缩回到位后，开始新的循环，至此一次组合分拣结束，所有推料标志复位。

（6）制订施工计划　生产线分拣设备的安装与调试流程图如图 7-12 所示。以此为依据，施工人员填写施工计划表（见表 7-3），合理制订施工

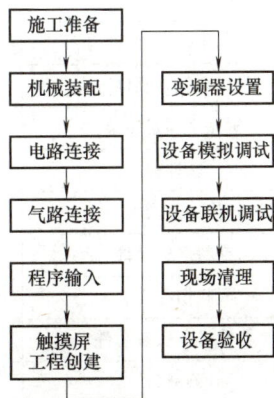

图 7-12　生产线分拣设备的安装与调试流程图

计划，确保在额定时间内完成规定的施工任务。

表7-3 施工计划表

设备名称	施工日期	总工时/h	施工人数/人		施工负责人
生产线分拣设备					
序号	施工任务		施工人员	工序定额	备注
1	阅读设备技术文件				
2	机械装配、调整				
3	电路连接、检查				
4	气路连接、检查				
5	程序输入				
6	触摸屏工程创建				
7	变频器设置				
8	设备模拟调试				
9	设备联机调试				
10	现场清理，技术文件整理				
11	设备验收				

2. 施工准备

（1）设备清点　检查设备部件是否齐全，并归类放置。生产线分拣部件清单见表7-4。

表7-4 部件清单

序号	名称	型号规格	数量	单位	备注
1	直流减速电动机	24V	1	台	
2	放料转盘		1	个	
3	转盘支架		2	个	
4	物料检测支架		1	套	
5	警示灯及其支架	两色、闪烁	1	套	
6	伸缩气缸套件	CXSM15-100	1	套	
7	提升气缸套件	CDJ2KB16-75-B	1	套	
8	手爪套件	MHZ2-10D1E	1	套	
9	旋转气缸套件	CDRB2BW20-180S	1	套	
10	机械手固定支架		1	套	
11	缓冲器		2	只	
12	传送带套件	50cm×700cm	1	套	
13	推料气缸套件	CDJ2KB10-60-B	3	套	
14	料槽套件		2	套	
15	电动机及安装套件	380V、25W	1	套	
16	落料口		1	只	
17	光电传感器及其支架	E3Z-LS61	1	套	出料口
18		GO12-MDNA-A	1	套	落料口

（续）

序号	名称	型号规格	数量	单位	备注
19	电感式传感器	NSN4-2M60-E0-AM	3	只	
20	光纤传感器及其支架	E3X-NA11	2	套	
21	磁性传感器	D-59B	1	只	手爪紧松
22		SIWKOD-Z73	2	只	手臂伸缩
23		D-C73	8	只	手爪升降、推料限位
24	PLC 模块	YL050、FX$_{3U}$-48MR	1	块	
25	变频器模块	E700、0.75kW	1	块	
26	触摸屏及通信线	昆仑通态 TPC7062KS	1	套	
27	按钮模块	YL157	1	块	
28	电源模块	YL046	1	块	
29	螺钉	不锈钢内六角 M6×12	若干	个	
30		不锈钢内六角 M4×12	若干	个	
31		不锈钢内六角 M3×10	若干	个	
32	螺母	椭圆形螺母 M6	若干	个	
33		M4	若干	个	
34		M3	若干	个	
35	垫圈	ϕ4	若干	个	

（2）工具清点　设备组装工具见表 7-5，施工人员应清点工具的数量，同时认真检查其性能是否完好。

表 7-5　工具清单

序号	名称	型号规格	数量	单位
1	工具箱		1	只
2	螺钉旋具	一字、100mm	1	把
3	钟表螺钉旋具		1	套
4	螺钉旋具	十字、150mm	1	把
5	螺钉旋具	十字、100mm	1	把
6	螺钉旋具	一字、150mm	1	把
7	斜口钳	150mm	1	把
8	尖嘴钳	150mm	1	把
9	剥线钳		1	把
10	内六角扳手(组套)	PM-C9	1	套
11	万用表		1	只

三、任务实施

根据制订的施工计划，按顺序对生产线分拣设备实施组装，施工过程中应及时调整施工进度，保证定额。施工时必须严格遵守安全操作规程，采取安全保障措施，以确保人身和设备安全。

1. 机械装配

（1）机械装配前的准备　按照要求清理现场、准备样图及工具，并安排装配流程，参考流程如图 7-13 所示。

（2）机械装配步骤　根据确定的设备组装顺序组装生产线分拣设备。

1）画线定位。

2）组装传送装置。按如图 7-14 所示组装传送带。

① 安装传送带脚支架。

② 在传送带的右侧（电动机侧）固定落料口，并保证物料落放准确、平稳。

③ 安装落料口传感器。

④ 将传送带固定在定位处。

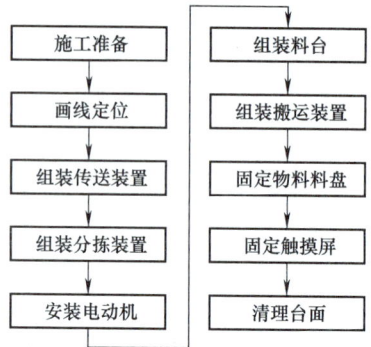

图 7-13　机械装配流程图

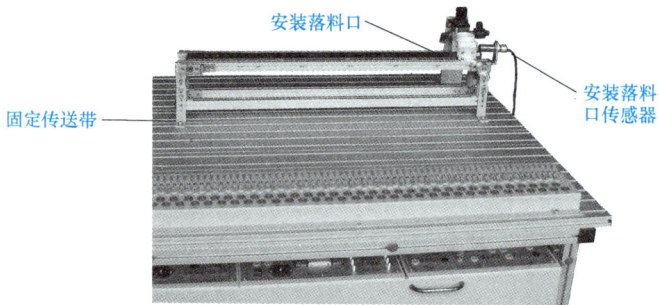

图 7-14　组装传送带

3）组装分拣装置。如图 7-15 所示，组装分拣装置。

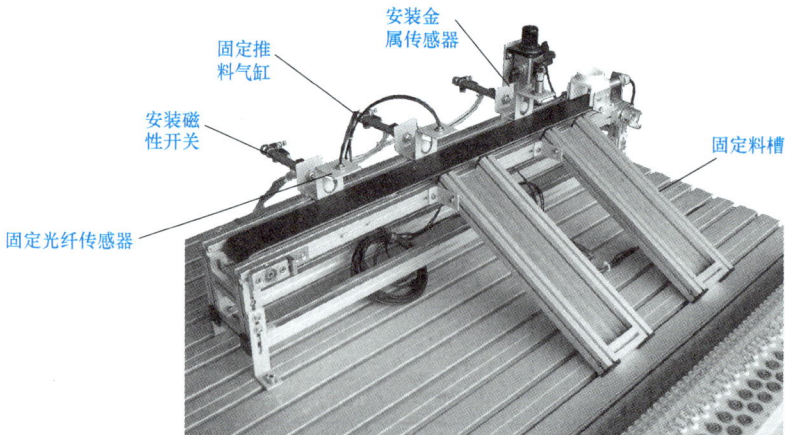

图 7-15　组装分拣装置

① 组装起动推料气缸传感器。

② 组装推料气缸。

③ 固定、调整料槽及其对应的推料气缸，使二者共用同一中性线。

4）安装电动机。调整电动机的高度、垂直度，直至电动机与传送带同轴，如图 7-16 所示。

5）组装料台。如图 7-17 所示，在物料检测支架上装好出料口，装上传感器后，将支架固定在定位处，并调整出料口的高度等尺寸。

图 7-16　安装电动机

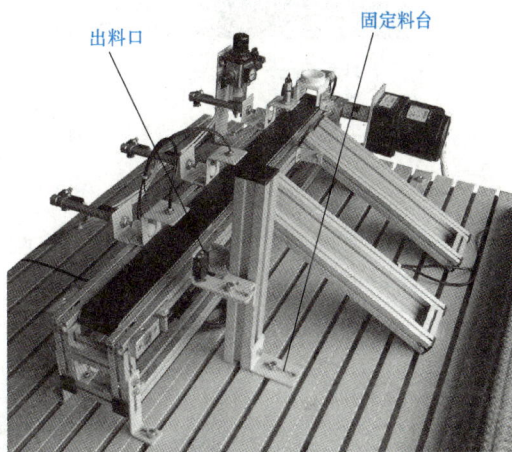

图 7-17　组装料台

6）组装搬运装置。如图 7-18 所示组装、固定机械手。

① 安装旋转气缸。

② 组装机械手固定支架。

③ 组装机械手臂。

④ 组装提升臂。

⑤ 安装手爪。

⑥ 固定磁性传感器。

⑦ 固定左右限位装置。

⑧ 固定机械手，调整机械手摆幅、高度等尺寸，使机械手能准确地将料台内的物料取出。

图 7-18　组装、固定机械手

7）固定物料料盘。如图 7-19 所示，装好物料料盘，并将其固定在定位处。调整后，机械手能准确无误地将物料释放至料盘内。

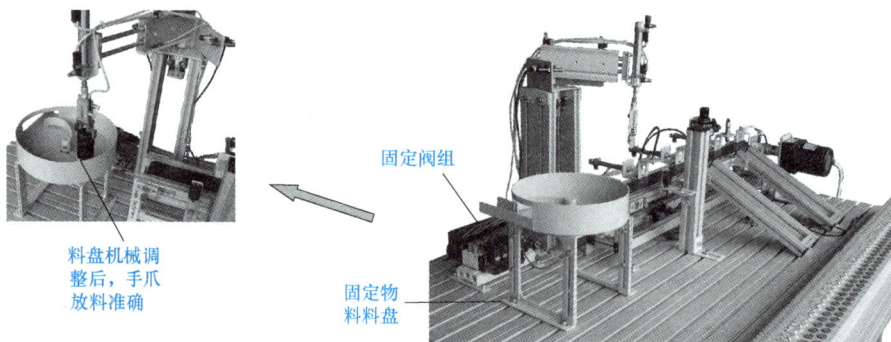

料盘机械调整后，手爪放料准确

固定阀组

固定物料料盘

图 7-19　固定物料料盘

8）固定触摸屏。如图 7-20 所示，将触摸屏固定在定位处。

9）固定警示灯。如图 7-20 所示，将警示灯固定在定位处。

10）清理设备台面，保持台面无杂物或多余部件。

固定警示灯

固定触摸屏

固定线槽

图 7-20　固定触摸屏及警示灯

2. 电路连接

（1）电路连接前的准备　按照要求检查电源状态，准备图样、工具及线号管，并安排电路连接流程。参考流程如图 7-21 所示。

（2）电路连接步骤　电路连接应符合工艺、安全规范要求，所有导线应置于线槽内。导线与端子排连接时，应套线号管并及时编号，避免错编、漏编。插入端子排的连接线必须接触良好且紧固。端子接线布置图如图 1-16 所示。

1）连接传感器至端子排。

2）连接输出元件至端子排。

3）连接电动机至端子排。

4）连接 PLC 的输入信号端子至端子排。

5）连接 PLC 的输入信号端子至按钮模块。

6）连接 PLC 的输出信号端子至端子排。（负载电源暂不连接，待 PLC 模拟调试成功后进行）。

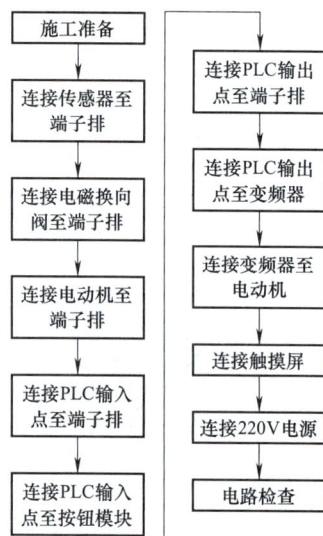

施工准备 → 连接传感器至端子排 → 连接电磁换向阀至端子排 → 连接电动机至端子排 → 连接PLC输入点至端子排 → 连接PLC输入点至按钮模块 → 连接PLC输出点至端子排 → 连接PLC输出点至变频器 → 连接变频器至电动机 → 连接触摸屏 → 连接220V电源 → 电路检查

图 7-21　电路连接流程图

7) 连接 PLC 的输出信号端子至变频器。

8) 连接变频器至电动机。

9) 连接触摸屏的电源输入端子至电源模块中的 24V 直流电源。

10) 将电源模块中的单相交流电源引至 PLC 模块。

11) 将电源模块中的三相电源和接地中性线引至变频器的主回路输入端子 L1、L2、L3、PE。

12) 电路检查。

13) 清理台面，工具入箱。

3. 气动回路连接

（1）气路连接前的准备　按要求检查空气压缩机状态，准备图样及工具，并安排气动回路连接步骤。

（2）气路连接步骤　根据气路图连接气路。连接时，应避免锐角和直角弯曲，尽量平行布置，力求走向合理且气管最短，如图 7-22 所示。

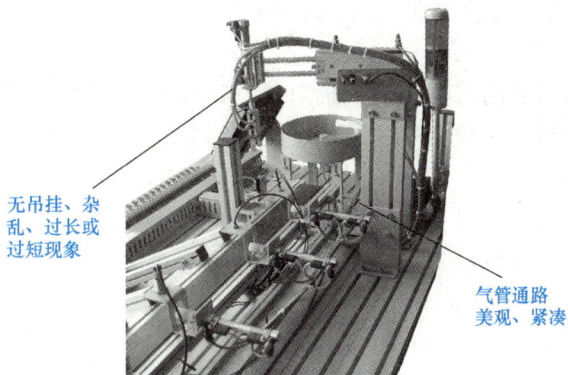

无吊挂、杂乱、过长或过短现象

气管通路美观、紧凑

图 7-22　气路连接

1) 连接气源。

2) 连接执行元件。

3) 整理、固定气管。

4) 清理台面杂物，工具入箱。

4. 程序输入

启动三菱 PLC 编程软件，按图 7-10 输入梯形图。

1) 启动三菱 PLC 编程软件。

2) 创建新文件，选择 PLC 类型。

3) 输入程序。

4) 转换梯形图。

5) 保存文件。

5. 触摸屏工程创建

根据设备控制功能创建触摸屏人机界面，其方法参考触摸屏技术文件。

（1）建立工程　工程建立方法与项目六相同。

1) 启动 MCGS 组态软件。

2）建立新工程。

（2）组态设备窗口　组态设备窗口方法与项目六相同。

1）进入"设备窗口"。

2）进入"设备组态：设备窗口"。

3）打开设备构件"设备工具箱"。

4）选择设备构件。

（3）组态用户窗口

1）进入用户窗口。

2）创建新的用户窗口。单击用户窗口中的【新建窗口】按钮，创建三个新的用户窗口"窗口0""窗口1"和"窗口2"。

3）设置用户窗口属性。

①"窗口0"命名为"人机界面首页"。

②"窗口1"命名为"命令界面"。

③"窗口2"命名为"监视界面"。

4）创建图形对象。

第一步：创建"人机界面首页"的图形对象。其方法与项目六相同。

① 创建"×××生产线分拣设备"文字标签图形对象。

a. 进入动画组态窗口。

b. 创建"×××生产线分拣设备"文字标签图形。

c. 定义"×××生产线分拣设备"文字标签图形属性。

② 创建切换按钮"进入命令界面"图形对象。

a. 创建切换按钮"进入命令界面"图形。

b. 定义切换按钮"进入命令界面"图形属性。

③ 创建切换按钮"进入监视界面"图形对象。

a. 创建切换按钮"进入监视界面"图形。

b. 定义切换按钮"进入监视界面"图形属性。

第二步：创建"命令界面"的图形对象。其方法与项目六相同。

① 创建"起动按钮"图形对象。

a. 进入动画组态窗口。

b. 创建"起动按钮"图形。

c. 定义"起动按钮"图形属性。

② 创建"停止按钮"图形对象。

a. 创建"停止按钮"图形。

b. 定义"停止按钮"图形属性。

③ 编辑图形对象。

④ 创建切换按钮"返回首页"图形对象。

a. 打开"对象元件库管理"对话框。

b. 创建切换按钮"返回首页"图形。

c. 定义切换按钮"返回首页"图形属性。

⑤ 创建文字标签"返回首页"图形对象。

第三步：创建"监视界面"的图形对象。

① 创建"运行指示灯"图形对象。

a. 进入动画组态窗口。双击用户窗口"监视界面"图标，进入"动画组态监视界面"窗口。

b. 创建"指示灯"图形。单击组态软件工具条中的图标 🛠，弹出动画组态"工具箱"。

如图 7-23 所示，选择工具箱中的设备构件"插入元件"，弹出如图 7-24 所示的"对象元件库管理"对话框，单击"对象元件列表"中的"指示灯"文件夹，选择"指示灯 6"，单击【确定】即可。

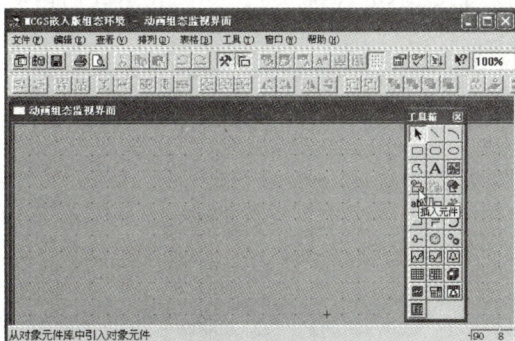

图 7-23　动画组态监视界面

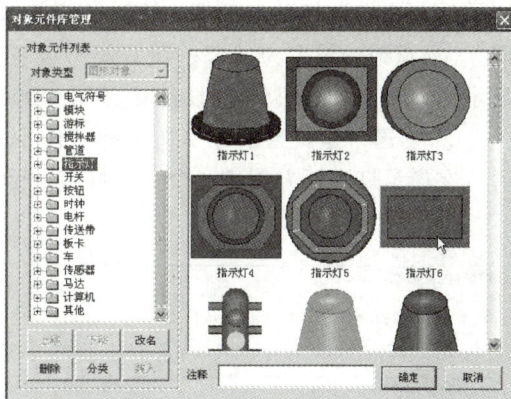

图 7-24　"对象元件库管理"对话框

c. 定义"指示灯"图形属性。双击"指示灯"图形，弹出如图 7-25 所示的"单元属性设置"对话框，选择【动画连接】选项卡，单击连接表达式中的图标 ＞，弹出如图 7-26 所示的"标签动画组态属性设置"对话框。

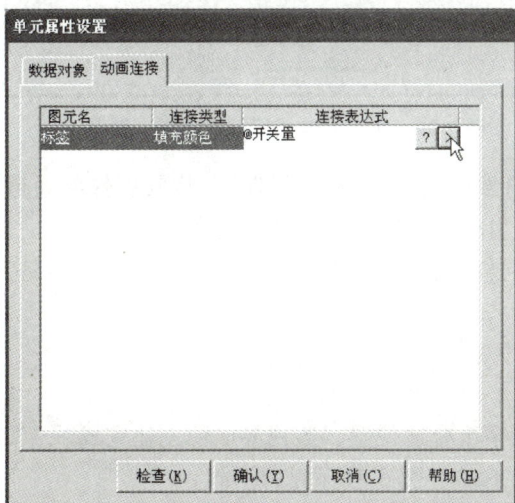

图 7-25　"单元属性设置"对话框

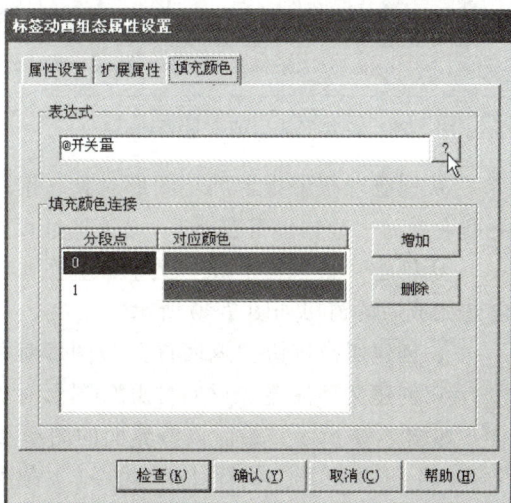

图 7-26　"标签动画组态属性设置"对话框

如图 7-26 所示，选择【填充颜色】选项卡，单击表达式中的图标 ？，弹出如图 7-27

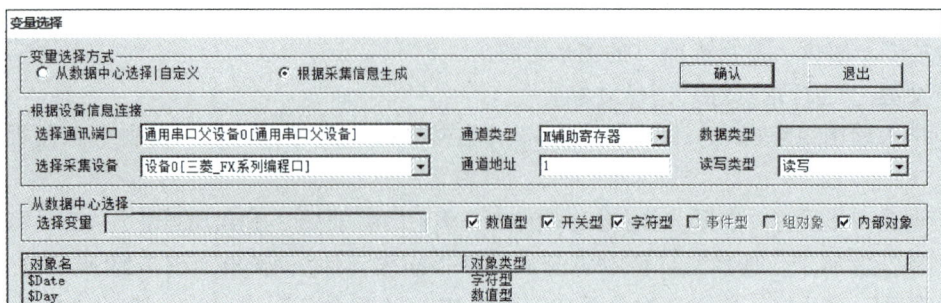

图 7-27　"变量选择"对话框

所示的"变量选择"对话框，选择"根据采集信息生成"，将通道类型设置为"M 辅助寄存器"，通道地址设置为"1"，读写类型设置为"读写"，单击【确认】，变量表达式的内容显示为如图 7-28 所示的"设备 0_读写 M0001"。

②创建"运行指示灯"文字标签图形。如图 7-29 所示，将指示灯调整至合适的大小后，在指示灯的下方创建一个文字标签"运行指示灯"。

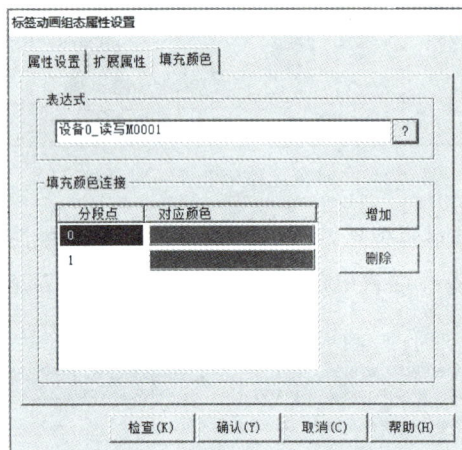

图 7-28　设置完成后的变量表达式

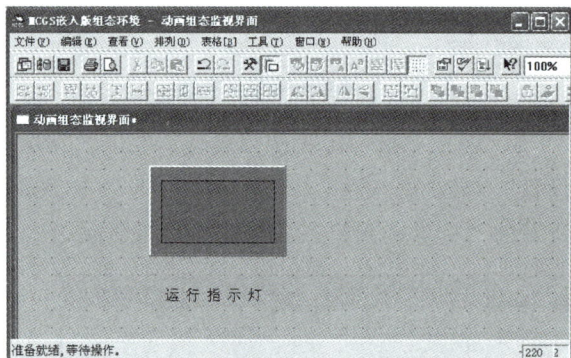

图 7-29　文字标签"运行指示灯"图形

③创建"报警指示灯"图形对象。用同样的方法创建报警指示灯，并将其属性的通道类型设置为"Y 输出寄存器"，通道地址设置为"18"，读写类型设置为选择"读写"。

④创建"报警指示灯"文字标签图形。用同样的方法创建"报警指示灯"文字标签，创建完成后的窗口如图 7-30 所示。

⑤创建切换按钮"返回首页"图形对象。

⑥创建文字标签"返回首页"图形对象。

如图 7-31 所示，最后调整界面的图形及其文字至合适位置，监视界面便创建完成。

（4）工程下载　执行【工具】→【下载配置】命令，将工程保存后下载。

（5）离线模拟　执行【模拟运行】命令，即可实现图 7-2~图 7-4 所示的触摸控制功能。

6. 变频器参数设置

打开变频器的面板盖板，按表 7-6 设定参数。

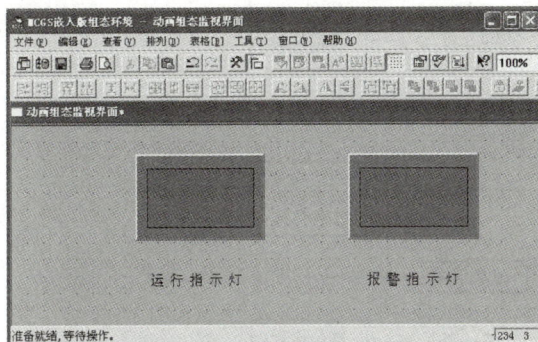

图 7-30　创建完成后的报警指示灯

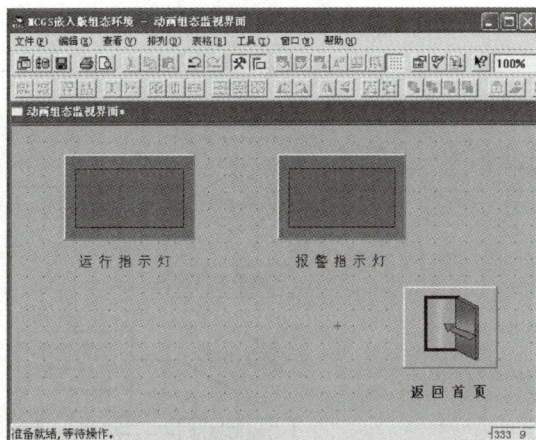

图 7-31　创建完成后的监视界面图形

表 7-6　变频器参数设定表

序号	参数号	名称	设定值	备注
1	Pr. 1	上限频率	50Hz	
2	Pr. 2	下限频率	0Hz	
3	Pr. 6	3 速设定（低速）	25Hz	低速设定
4	Pr. 7	加速时间	1s	
5	Pr. 8	减速时间	1s	
6	Pr. 79	操作模式	2	外部操作模式

1）用 (MODE) 键将监示显示切换至参数设定模式，再设定操作模式为 PU 操作模式，即 Pr. 79 = 1。

2）设定上限频率 Pr. 1 = 50。

3）设定下限频率 Pr. 2 = 0。

4）设定 3 速设定（低速）频率 Pr. 6 = 25。

5）设定加速时间 Pr. 7 = 1。

6）设定减速时间 Pr. 8 = 1。

7）设定操作模式为外部操作模式 Pr. 79 = 2。

7. 设备调试

（1）设备调试前的准备　按照要求清理设备，检查机械装配、电路连接、气路连接等情况。确认其安全性、正确性。在此基础上确定调试流程，本设备的调试流程如图 7-32 所示。

（2）模拟调试

1）PLC 静态调试。

① 连接计算机与 PLC。

② 确认 PLC 的输出负载回路电源处于断开状态，并检查空气压缩机的阀门是否关闭。

③ 合上断路器，给设备供电。

④ 写入程序。

⑤ 运行 PLC，按表 7-7 和表 7-8 用 PLC 模块上的钮子开关模拟 PLC 输入信号，观察

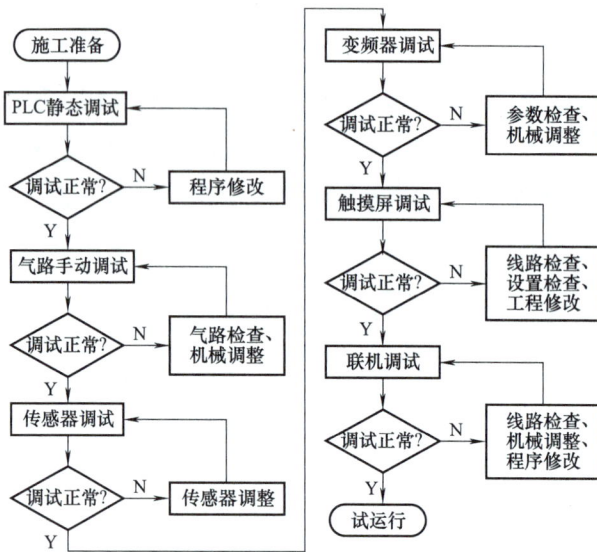

图 7-32　设备调试流程图

PLC 的输出指示灯状态。

⑥ 将 PLC 的 RUN/STOP 开关置于 "STOP" 位置。

⑦ 复位 PLC 模块上的钮子开关。

表 7-7　传送及分拣机构静态调试情况记载表

步骤	操作任务	观察任务		备注
		正确结果	观察结果	
1	按下起动按钮 SB1	Y21 指示灯点亮		警示灯绿灯点亮
2	动作 X23 钮子开关	Y20 指示灯点亮		落料口有物料,传送带运行
3	动作 X20 钮子开关	Y12 指示灯点亮		金属物料至 A 点位置,推入料槽一内
4	动作 X12、X13 钮子开关	Y12 指示灯熄灭		推料气缸一活塞杆缩回
5	复位 X13 钮子开关	Y20 指示灯熄灭		传送带停止
6	动作 X23 钮子开关,0.6s 内复位	Y20 指示灯点亮		落料口有物料,传送带运行（黑色塑料物料）
7	1.1s 后	Y12 指示灯点亮		推料气缸一活塞杆伸出
8	动作 X12、X13 钮子开关	Y12 指示灯熄灭		推料气缸一活塞杆缩回
9	复位 X13 钮子开关	Y20 指示灯熄灭		传送带停止
10	动作 X23 钮子开关	Y20 指示灯点亮		落料口有物料,传送带运行
11	动作 X20、X21 钮子开关	Y13 指示灯点亮		金属物料至 B 点位置,推入料槽二内
12	动作 X14、X15 钮子开关	Y13 指示灯熄灭		推料气缸二活塞杆缩回
13	复位 X15 钮子开关	Y20 指示灯熄灭		传送带停止
14	动作 X23 钮子开关	Y20 指示灯点亮		落料口有物料,传送带运行
15	动作 X21 钮子开关	Y14 指示灯点亮		白色物料至 B 点位置,推入料槽二内
16	动作 X14、X15 钮子开关	Y13 指示灯熄灭		推料气缸二活塞杆缩回
17	复位 X15 钮子开关	Y20 指示灯熄灭		传送带停止
18	动作 X23 钮子开关	Y20 指示灯点亮		落料口有物料,传送带运行
19	动作 X21、X22 钮子开关	Y14 指示灯熄灭		白色物料至 C 点位置,推进料台内
20	动作 X16、X17、X11 钮子开关	Y14 指示灯熄灭		推料气缸三活塞杆缩回

表 7-8　搬运机构静态调试情况记载表

步骤	操作任务	观察任务		备注
		正确结果	观察结果	
1	动作 X2、X0 钮子开关	Y5 指示灯点亮		手爪放松
2	复位 X2 钮子开关	Y5 指示灯熄灭		放松到位
		Y7 指示灯点亮		手爪上升
3	动作 X7 钮子开关	Y7 指示灯熄灭		上升到位
		Y11 指示灯点亮		手臂缩回
4	动作 X6 钮子开关	Y11 指示灯熄灭		缩回到位
		Y0 指示灯点亮		手臂右旋
5	动作 X4 钮子开关	Y0 指示灯熄灭		右旋到位
6	动作 X11 钮子开关	Y10 指示灯点亮		有物料手臂伸出
7	动作 X5 钮子开关,复位 X6 钮子开关	Y10 指示灯熄灭		伸出到位
		Y6 指示灯点亮		手爪下降
8	动作 X10 钮子开关,复位 X7 钮子开关	Y6 指示灯熄灭		下降到位
		Y4 指示灯点亮		手爪夹紧
9	动作 X2 钮子开关,0.5s 后	Y7 指示灯点亮		手爪上升
10	动作 X7 钮子开关,复位 X10 钮子开关	Y7 指示灯熄灭		上升到位
		Y11 指示灯点亮		手臂缩回
11	动作 X6 钮子开关,复位 X5 钮子开关	Y11 指示灯熄灭		缩回到位
		Y2 指示灯点亮		手臂左旋
12	动作 X3 钮子开关,复位 X4 钮子开关	Y2 指示灯熄灭		左旋到位
13	0.5s 后	Y10 指示灯点亮		手臂伸出
14	动作 X5 钮子开关,复位 X6 钮子开关	Y10 指示灯熄灭		伸出到位
		Y5 指示灯点亮		手爪放松
15	复位 X2 钮子开关	Y5 指示灯熄灭		放松到位
		Y11 指示灯点亮		手臂缩回
16	动作 X6 钮子开关,复位 X5 钮子开关	Y11 指示灯熄灭		缩回到位
		Y0 指示灯点亮		手臂右旋
17	动作 X4 钮子开关,复位 X3 钮子开关	Y0 指示灯熄灭		右旋到位
18	一次物料搬运结束,等待加料			
19	重新加料,动作 X1 钮子开关,机构完成当前工作循环后停止工作			

2）气动回路手动调试。

① 接通空气压缩机电源，起动空压机压缩空气，等待气源充足。

② 将气源压力调整到 0.4~0.5MPa 后，开启气动二联件上的阀门给系统供气。为确保调试安全，施工人员需观察气路系统有无泄露现象，若有，应立即解决。

③ 在正常工作压力下，对气动回路进行手动调试，直至机构动作完全正常为止。

④ 调整节流阀至合适开度，使各气缸的运动速度趋于合理。

3）传感器调试。调整传感器的位置，观察 PLC 的输入指示灯状态。

① 料台放置物料，调整、固定物料检测光电传感器。

② 手动机械手，调整、固定各限位传感器。

③ 在落料口中先后放置三类物料，调整、固定落料口物料检测光电传感器。

④ 在 A 点位置放置金属物料，调整、固定电感式传感器。

⑤ 分别在 B 点和 C 点位置放置白色塑料物料和黑色塑料物料，调整、固定光纤传感器。

⑥ 手动推料气缸，调整、固定磁性传感器。

4）变频器调试。闭合变频器模块上的 STR、RL 钮子开关，传送带自右向左传送。若电动机反转，须关闭电源，改变电源 U、V、W 相序后重新调试。

5）触摸屏调试。拉下设备断路器，关闭设备总电源。

① 用通信线连接触摸屏与 PLC。

② 用下载线连接计算机与触摸屏。

③ 接通设备总电源。

④ 设置下载选项，选择下载设备为 USB。

⑤ 下载触摸屏程序。

⑥ 调试触摸屏程序。运行 PLC，进入命令界面，触摸起动按钮，PLC 输出指示灯显示设备开始工作；进入监视界面，观察运行指示灯、报警指示灯是否正确；触摸命令界面上的停止按钮，设备停止工作。

（3）联机调试 模拟调试正常后，接通 PLC 输出负载的电源回路，便可联机调试。调试时，要求施工人员认真观察设备的运行情况，若出现问题，应立即解决或切断电源，避免扩大故障范围。调试观察的主要部位如图 7-33 所示。

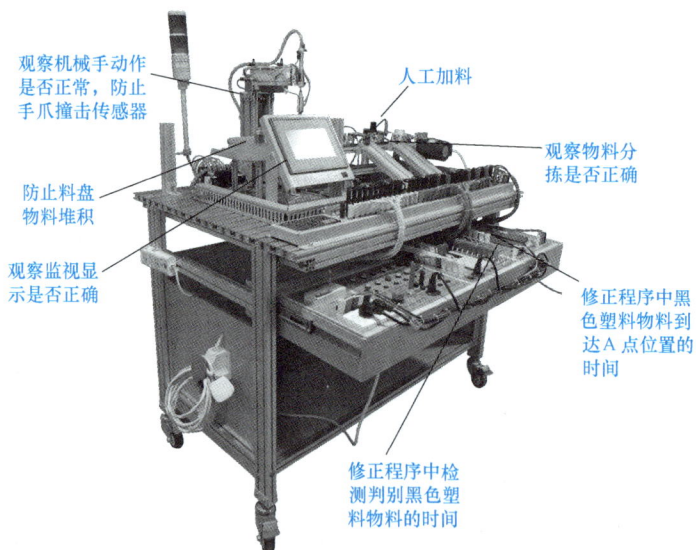

图 7-33 生产线分拣设备

表 7-9 为联机调试的正确结果，若调试中有与之不符的情况，施工人员首先应根据现场情况，判断是否需要切断电源，在分析、判断故障形成的原因（机械、电路、气路或程序问题）的基础上，进行调整、检修，重新调试，直至设备完全实现功能。

表 7-9　联机调试结果一览表

步骤	操作过程	设备实现的功能	备注
1	按下 SB1 或触摸起动按钮	机械手复位	
		警示灯绿灯点亮	运行
2	10s 后无物料	报警	
3	落料口有物料	电动机运转	传送
4	人工加料	料槽一内:金黑组合 料槽二内:金白组合	组合分拣
		不符合的物料推入料台,由机械手搬运至料盘内	搬运
5	重新加料,按下 SB2 或触摸停止按钮,设备完成当前工作循环后停止工作		

（4）试运行　施工人员操作生产线分拣设备，运行、观察一段时间，确保设备合格、稳定、可靠。

8. 现场清理

设备调试完毕，施工人员应清点工量具，归类整理资料，并清扫现场卫生。

1）清点工量具。对照工量具清单清点工量具，并按要求装入工具箱。

2）资料整理。整理归类技术说明书、电气元件明细表、施工计划表、设备电路图、梯形图、气路图和安装图等资料。

3）清扫设备周围卫生，保持环境整洁。

4）填写设备安装登记表，记载设备调试过程中出现的问题及解决的办法。

9. 设备验收

设备质量验收见表 7-10。

表 7-10　设备质量验收表

验收项目及要求		配分	配分标准	扣分	得分	备注
设备组装	1. 设备部件安装可靠,各部件位置衔接准确 2. 电路安装正确,接线规范 3. 气路连接正确,规范美观	35 分	1. 部件安装位置错误,每处扣 2 分 2. 部件衔接不到位,零件松动,每处扣 2 分 3. 电路连接错误,每处扣 2 分 4. 导线反圈、压皮、松动,每处扣 2 分 5. 错、漏编号,每处扣 1 分 6. 导线未入线槽、布线凌乱,每处扣 2 分 7. 气路连接错误,每处扣 2 分 8. 气路漏气、掉管,每处扣 2 分 9. 气管过长、过短、乱接,每处扣 2 分			
设备功能	1. 设备起停正常 2. 机械手复位正常 3. 机械手搬运物料正常 4. 传送带运转正常 5. 料槽一物料分拣正常 6. 料槽二物料分拣正常 7. 料台物料分拣 8. 变频器参数设置正确 9. 触摸屏人机界面触摸正常	60 分	1. 设备未按要求起动或停止,每处扣 5 分 2. 机械手未按要求复位,扣 5 分 3. 机械手未按要求搬运物料,每处扣 5 分 4. 传送带未按要求运转,扣 5 分 5. 料槽一物料未按要求分拣,扣 5 分 6. 料槽二物料未按要求分拣,扣 5 分 7. 料台物料未按要求分拣,扣 5 分 8. 变频器参数未按要求设置,扣 5 分 9. 人机界面未按要求创建,扣 5 分			

（续）

验收项目及要求		配分	配分标准	扣分	得分	备注
设备附件	资料齐全,归类有序	5分	1. 设备组装图缺少,每处扣2分 2. 电路图、气路图、梯形图缺少,每处扣2分 3. 技术说明书、工具明细表、元件明细表缺少,每处扣2分			
安全生产	1. 自觉遵守安全文明生产规程 2. 保持现场干净整洁,工具摆放有序		1. 漏接接地线,每处扣5分 2. 每违反一项规定,扣3分 3. 发生安全事故,扣10分 4. 现场凌乱、乱放工具、丢杂物、完成任务后不清理现场扣5分			
时间	8h		1. 提前正确完成,每提前5min加5分 2. 超过定额时间,每超时5min扣2分			
开始时间:			结束时间:		实际时间:	

四、设备改造

生产线分拣设备的改造。改造要求及任务如下:

（1）功能要求

1）起停控制。按下SB1或触摸人机界面上的起动按钮,设备开始工作,机械手复位:机械手手爪放松、手爪上升、手臂缩回、手臂右旋至限位处,同时警示灯绿灯点亮。按下SB2或触摸停止按钮,系统完成当前工作循环后停止。

2）传送功能。当落料口有物料时,变频器起动,变频器以25Hz的频率驱动三相异步电动机反转运行,传送带自右向左输送物料。当物料分拣完毕或机械手取走物料时,传送带停止运转。

3）搬运功能。若料台内有不符合的物料,机械手臂伸出→手爪下降→手爪夹紧物料→0.5s后手爪上升→手臂缩回→手臂左旋→0.5s后手臂伸出→手爪放松、释放物料→手臂缩回→右旋至右侧限位处停止。

4）组合分拣功能。

① 组合功能。料槽一内推入的物料为金属物料与黑色塑料物料的组合（第一个物料必须是金属物料）；料槽二内推入的物料为白色塑料物料与黑色塑料物料的组合（第一个物料必须是白色物料）。

② A点位置分拣功能。A点位置符合要求的物料由推料气缸一推入料槽一内,不符合要求的物料变频器继续以25Hz的频率驱动传送带向左传送。

③ B点位置分拣功能。B点位置符合要求的物料由推料气缸二推入料槽二内,不符合要求的物料变频器继续以25Hz的频率驱动传送带向左传送。

④ C点位置推料功能。当所有不符合的物料到达C点位置时,由推料气缸三推入料台内。

5）触摸屏功能。

① 在触摸屏人机界面的首页上方显示"×××生产线分拣设备"、设置"进入命令界面""进入指示监视界面"和"进入数值监视界面"等界面切换按钮。

② 在触摸屏命令界面上设置起动按钮和停止按钮。

③ 指示监视界面上设有运行指示灯和报警指示灯。正常运行时，运行指示灯点亮；报警时，报警指示灯点亮。

④ 数值监视界面上显示不符合物料的个数。当计数显示等于 50 时，数值复位为 0 后重新计数。

（2）技术要求

1）设备的起停控制要求：

① 按下 SB1 或触摸人机界面上的起动按钮，设备开始工作。

② 按下 SB2 或触摸人机界面上的停止按钮，设备完成当前工作循环后停止。

③ 按下急停按钮，设备立即停止工作。

2）电气线路的设计符合工艺要求、安全规范。

3）气动回路的设计符合控制要求、正确规范。

（3）工作任务

1）按设备要求画出电路图。

2）按设备要求画出气路图。

3）按设备要求编写 PLC 控制程序。

4）改装生产线分拣设备实现功能。

5）绘制设备装配示意图。

项目八

多功能加工及分拣设备的安装与调试

一、施工任务

1. 根据设备装配示意图组装多功能加工及分拣设备。
2. 按照设备电路图连接多功能加工及分拣设备的电气回路。
3. 按照设备气路图连接多功能加工及分拣设备的气动回路。
4. 根据要求创建触摸屏人机界面。
5. 输入设备控制程序，正确设置变频器参数，调试多功能加工及分拣设备实现功能。

二、施工前准备

施工人员在施工前应仔细阅读多功能加工及分拣设备随机技术文件，了解设备的组成及其运行情况，看懂组装示意图、电路图、气路图及梯形图等图样，然后再根据施工任务制订施工计划、施工方案等。

1. 识读设备图样及技术文件

（1）装置简介　多功能加工及分拣设备的主要功能是输送、加工物料，并根据物料的性质进行分拣、搬运或组合存放。设备工作流程如图 8-1 所示。

1）起停控制。按下 SB1 或触摸人机界面上的起动按钮，机械手复位：手爪放松、手爪上升、手臂缩回、手臂右旋至右限位处停止；设备开始工作，警示灯绿灯点亮，变频器以 35Hz 运行，电动机反转，传送带自右向左高速传动。

按下 SB2 或触摸人机界面上的停止按钮，警示灯红色灯点亮，当前物料处理完毕，且各气缸活塞杆回到原位后，设备停止工作。

2）物料加工功能。设备起动后，加料指示灯 HL1 点亮，表示可向落料口人工加料。加料后，HL1 熄灭，表示禁止加料，此时变频器的运行频率变为 25Hz，传送带便由高速转为中速运行。当物料至 C 点位置时，传送带停止，加工物料。2s 后加工结束，设备进入物料分拣程序。

3）分拣功能。设备具有两种分拣功能，方式选择只能在设备停止时进行。

分拣方式一。当转换开关 SA1 置于"方式一"位置时，设备实现简单分拣功能，工作过程如下：

① 若加工的是金属物料，则在 C 点位置加工完成后，变频器以 25Hz 的频率驱动传送带将它输送到 A 点位置后停止，推料气缸一活塞杆伸出，将其推入料槽一内。

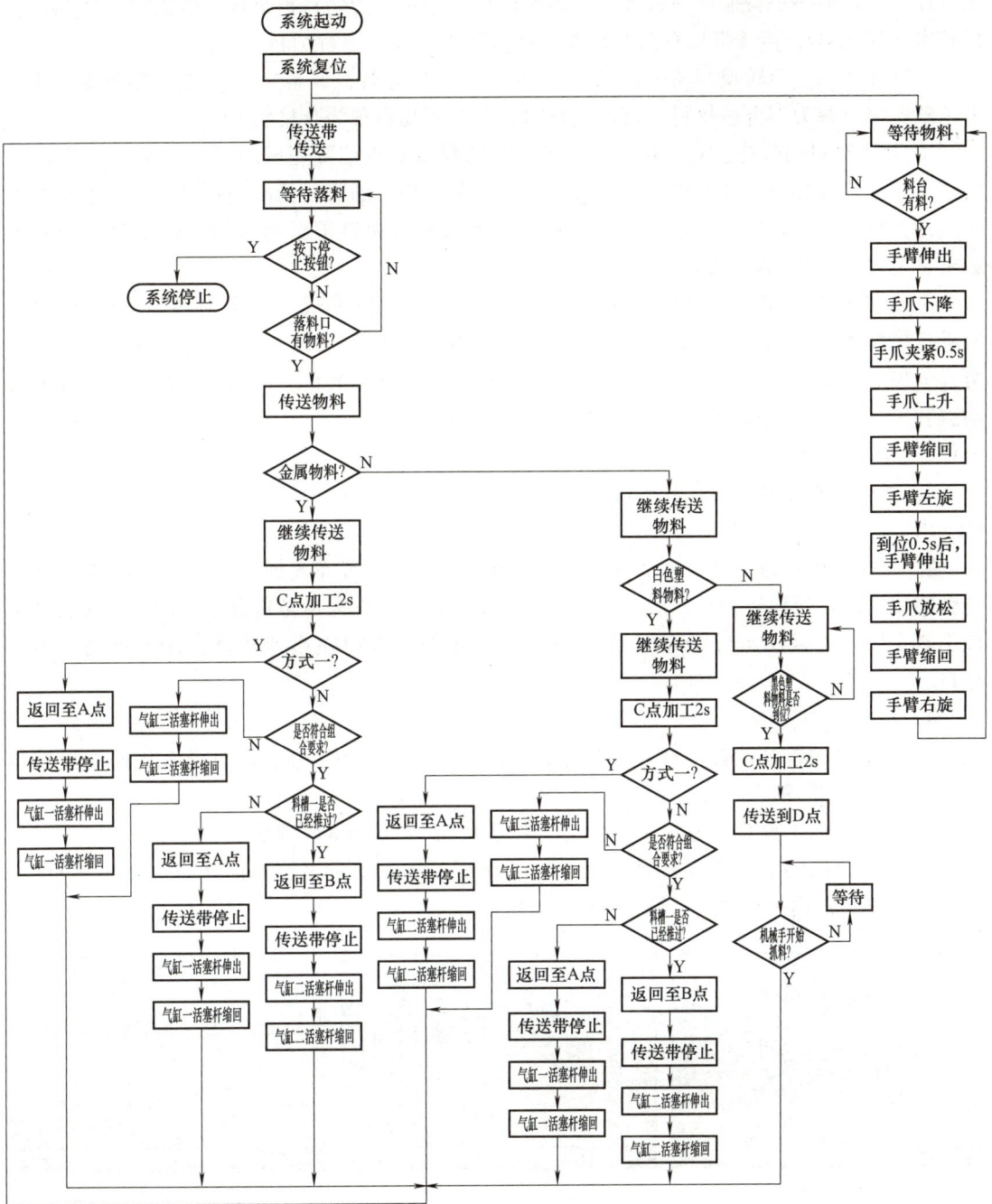

图 8-1 多功能加工及分拣设备动作流程图

② 若加工的是白色塑料物料，则在 C 点位置加工完成后，传送带以同样的速度将它输送到 B 点位置后停止，推料气缸二活塞杆伸出，将其推入料槽二内。

③ 若加工的是黑色塑料物料，则在 C 点位置加工完成后，变频器以 25Hz 的频率驱动传送带将它输送到 D 点料台后，传送带停止，机械手开始搬运。手臂伸出→手臂下降→手爪夹紧，抓取物料→0.5s 后手臂上升→手臂缩回→手臂左旋→0.5s 后手臂伸出→手爪放松，

物料掉入料盘内→手臂缩回→机械手右转至原位后停止。当物料被机械手取走后，变频器运行频率恢复 35Hz，传送带自右向左高速传动，HL1 点亮，等待加料。

分拣方式二。当转换开关 SA1 置于"方式二"位置时，设备实现组合分拣功能，其中黑色塑料物料视为不合格物料，白色塑料物料和金属物料视为合格物料。

① 合格物料的分拣。对于符合要求的合格物料在 C 点位置完成加工后，变频器以 25Hz 的频率驱动传送带将它向右输送，再根据料槽一和料槽二的物料情况进行分拣。所谓符合要求，是指料槽一和料槽二内推入的物料均为金属物料与白色塑料物料的组合（第一个物料必须是金属物料），且两槽逐一完成。

② 合格物料逐槽组合分拣，自动交替进行。当料槽一完成了一次物料的组合分拣后，便进行槽内物料的包装，在此期间进行料槽二的组合分拣；同样当料槽二完成了一次物料的组合分拣后，便进行槽内物料的包装，在此期间设备又重复料槽一的组合分拣工作，如此自动交替进行。每个物料分拣完毕，变频器的运行频率都会恢复为 35Hz，传送带自右向左高速传动，HL1 点亮，等待加料。

③ 对于不符合要求的合格物料，则在 C 点位置完成加工后，直接由推料气缸三推入料槽三内。

④ 不合格物料的处理。对于黑色塑料物料，在 C 点位置完成加工后，由变频器以 25Hz 的频率驱动传送带输送到料台后，传送带停止，机械手将它搬运至料盘中。同样当物料被机械手取走后，变频器运行频率恢复为 35Hz，传送带自右向左高速传动，HL1 点亮，等待加料。

4) 人机界面。

① 人机界面首页设有 "×××多功能加工及分拣设备" 的字样，同时设有界面切换按钮 "进入命令界面" 和 "进入监视界面"，如图 8-2 所示。

② 命令界面上设有 "起动按钮" 与 "停止按钮"，如图 8-3 所示。

③ 监视界面的上方设有 "系统状态" 的字样，下方显示系统当前状态：系统运行中、系统已停止、方式一和方式二等，如图 8-4 所示。

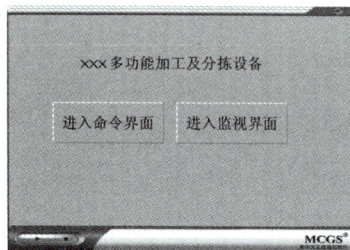

图 8-2　人机界面首页　　　图 8-3　命令界面　　　图 8-4　监视界面

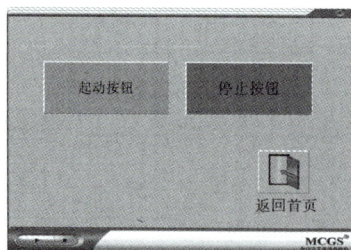

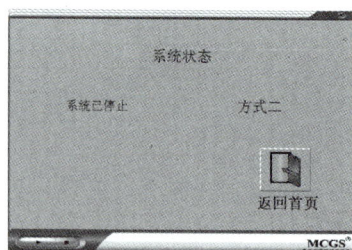

（2）识读装配示意图　如图 8-5 所示，机械手将物料从料台中搬运至料盘内，这就要求料台、机械手及料盘机械衔接准确、安装尺寸误差要小。

1) 结构组成。设备自右向左由落料口、传送带、三槽分拣装置、料台、机械手和物料料盘等组成，A 点位置设有金属传感器，B 点位置设有光纤传感器（白色），C 点位置设有光纤传感器（黑色），其实物如图 8-6 所示。

2) 尺寸分析。多功能加工及分拣设备各部件的定位尺寸如图 8-7 所示。

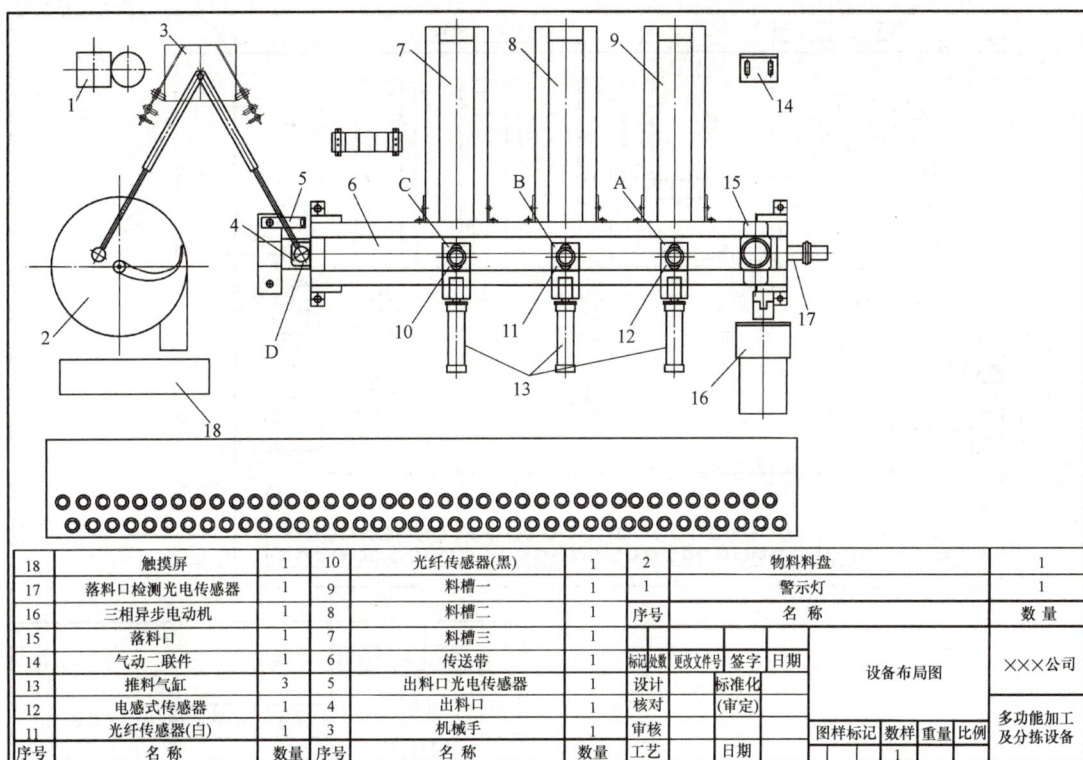

18	触摸屏	1	10	光纤传感器(黑)	1	2	物料料盘	1
17	落料口检测光电传感器	1	9	料槽一	1	1	警示灯	1
16	三相异步电动机	1	8	料槽二	1	序号	名　称	数　量
15	落料口	1	7	料槽三	1			
14	气动二联件	1	6	传送带	1	标记 处数 更改文件号 签字 日期	设备布局图	×××公司
13	推料式气缸	3	5	出料口光电传感器	1	设计　　　　标准化		
12	电感式传感器	1	4	出料口	1	核对　　　　(审定)		多功能加工
11	光纤传感器(白)	1	3	机械手	1	审核	图样标记 数样 重量 比例	及分拣设备
序号	名　称	数量	序号	名　称	数量	工艺　　　　日期		

图 8-5　多功能加工及分拣设备布局图

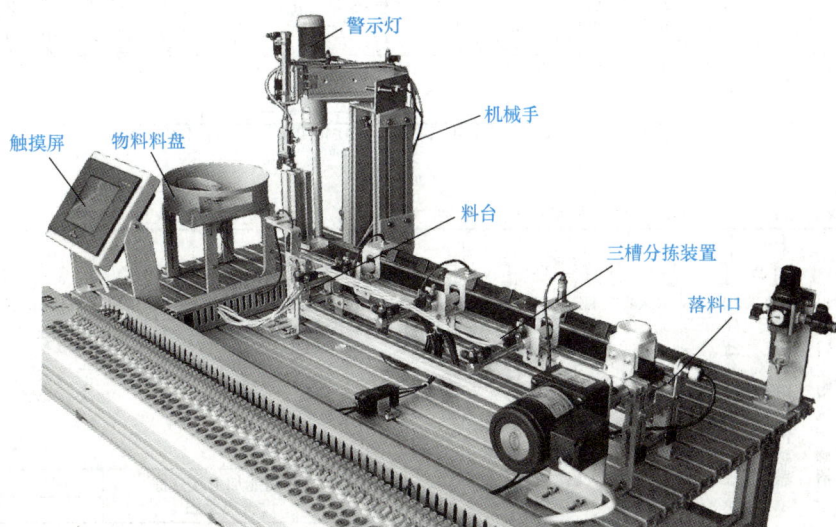

图 8-6　多功能加工及分拣设备

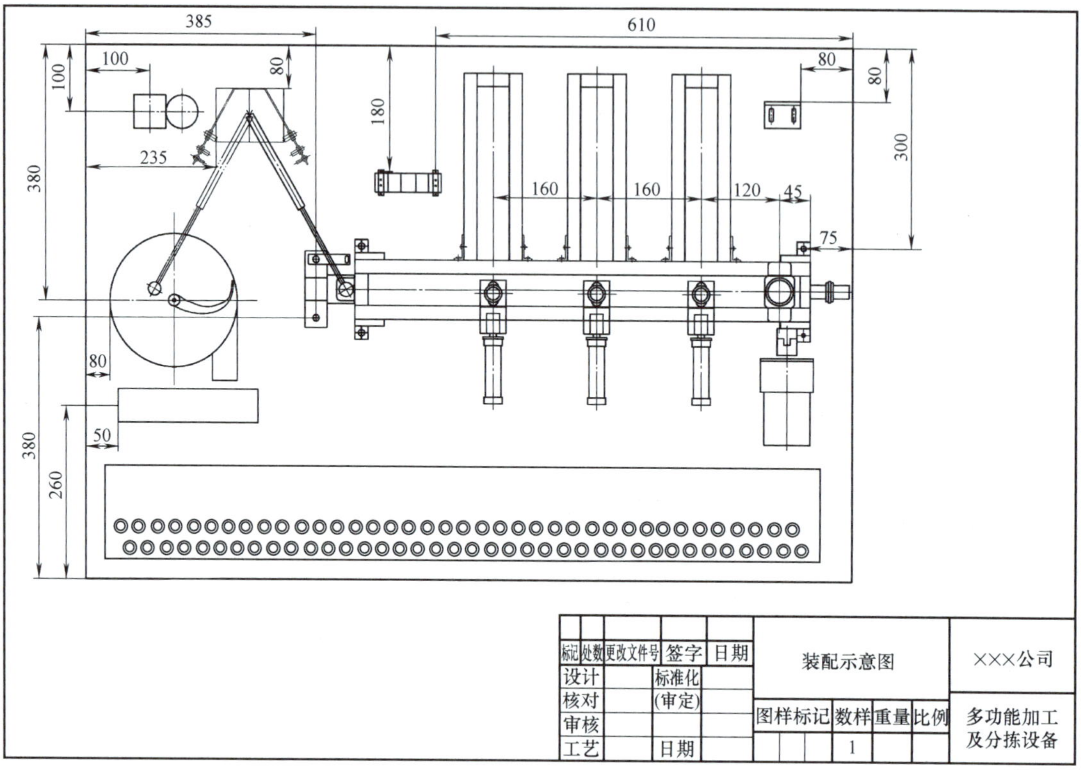

图 8-7　多功能加工及分拣设备装配示意图

（3）识读电路图　图 8-8 所示为多功能加工及分拣设备电路图。

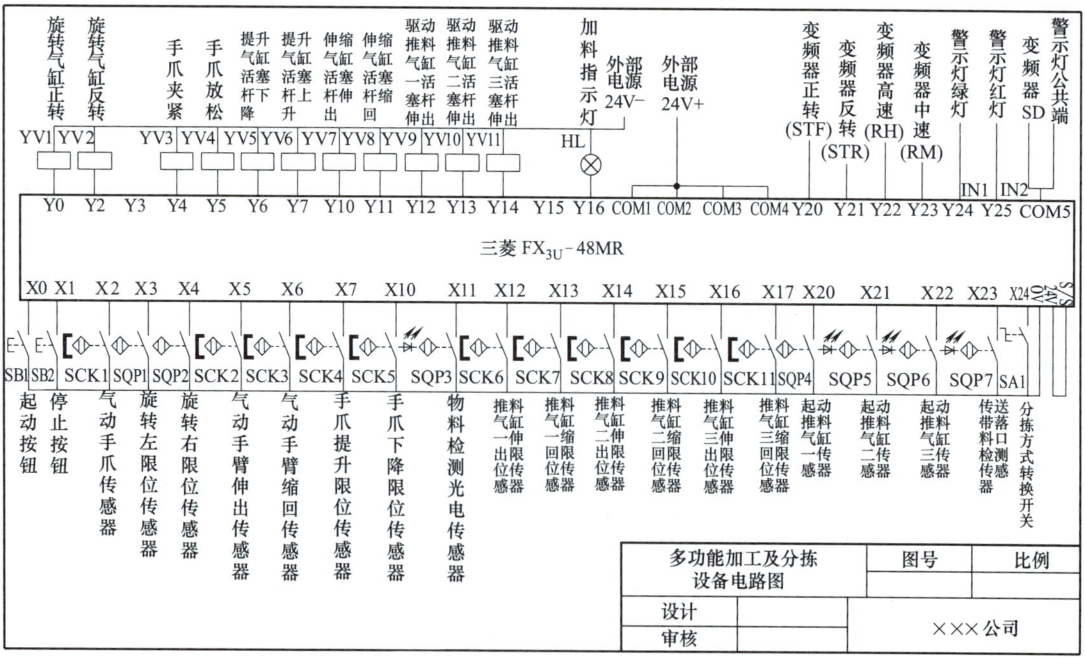

图 8-8　多功能加工及分拣设备电路图

1) PLC 机型。PLC 机型为三菱 FX_{3U}-48MR。

2) I/O 点分配。PLC 输入/输出设备及 I/O 点的分配情况见表 8-1。

表 8-1　PLC 输入/输出设备及 I/O 点分配表

输入			输出		
元件代号	功能	输入点	元件代号	功能	输出点
SB1	起动按钮	X0	YV1	手臂右旋(旋转气缸正转)	Y0
SB2	停止按钮	X1	YV2	手臂左旋(旋转气缸反转)	Y2
SCK1	气动手爪传感器	X2	YV3	手爪夹紧	Y4
SQP1	旋转左限位传感器	X3	YV4	手爪放松	Y5
SQP2	旋转右限位传感器	X4	YV5	提升气缸活塞杆下降	Y6
SCK2	气动手臂伸出传感器	X5	YV6	提升气缸活塞杆上升	Y7
SCK3	气动手臂缩回传感器	X6	YV7	伸缩气缸活塞杆伸出	Y10
SCK4	手爪提升限位传感器	X7	YV8	伸缩气缸活塞杆缩回	Y11
SCK5	手爪下降限位传感器	X10	YV9	驱动推料气缸一活塞杆伸出	Y12
SQP3	物料检测光电传感器	X11	YV10	驱动推料气缸二活塞杆伸出	Y13
SCK6	推料气缸一伸出限位传感器	X12	YV11	驱动推料气缸三活塞杆伸出	Y14
SCK7	推料气缸一缩回限位传感器	X13	HL	加料指示灯	Y16
SCK8	推料气缸二伸出限位传感器	X14	STF	变频器正转	Y20
SCK9	推料气缸二缩回限位传感器	X15	STR	变频器反转	Y21
SCK10	推料气缸三伸出限位传感器	X16	RH	变频器高速	Y22
SCK11	推料气缸三缩回限位传感器	X17	RM	变频器中速	Y23
SQP4	起动推料气缸一传感器	X20	IN1	警示灯绿灯	Y24
SQP5	起动推料气缸二传感器	X21	IN2	警示灯红灯	Y25
SQP6	起动推料气缸三传感器	X22			
SQP7	传送带落料口检测传感器	X23			
SA1	分拣方式转换开关	X24			

（4）识读气动回路图　图 8-9 所示为多功能加工及分拣设备气路图，各控制元件、执行元件的工作状态见表 8-2。

表 8-2　控制元件、执行元件状态一览表

电磁换向阀的线圈得电情况											执行元件状态	机构任务
YV1	YV2	YV3	YV4	YV5	YV6	YV7	YV8	YV9	YV10	YV11		
+	-										旋转气缸正转	手臂右旋
-	+										旋转气缸反转	手臂左旋
		+	-								气动手爪夹紧	抓料
		-	+								气动手爪放松	放料
				+	-						提升气缸活塞杆伸出	手爪下降
				-	+						提升气缸活塞杆缩回	手爪上升

（续）

电磁换向阀的线圈得电情况											执行元件状态	机构任务
YV1	YV2	YV3	YV4	YV5	YV6	YV7	YV8	YV9	YV10	YV11		
						+	-				伸缩气缸活塞杆伸出	手臂伸出
						-	+				伸缩气缸活塞杆缩回	手臂缩回
								+			推料气缸一活塞杆伸出	分拣料槽一符合要求物料
								-			推料气缸一活塞杆缩回	等待分拣
									+		推料气缸二活塞杆伸出	分拣料槽二符合要求物料
									-		推料气缸二活塞杆缩回	等待分拣
										+	推料气缸三活塞杆伸出	分拣不符合要求物料
										-	推料气缸三活塞杆缩回	等待分拣

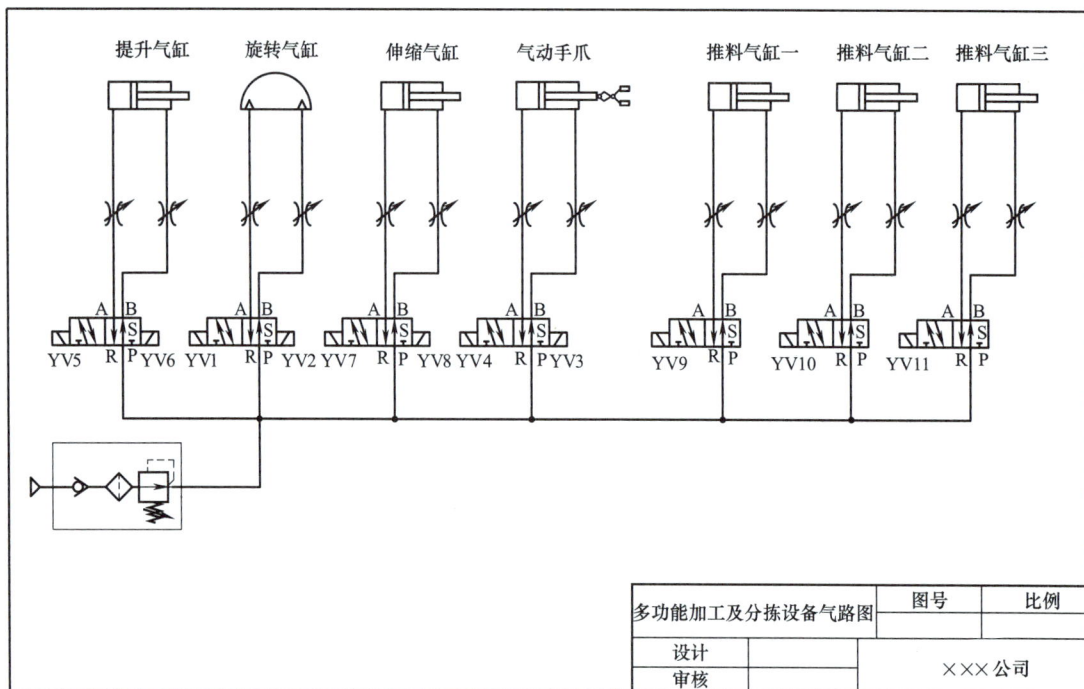

图 8-9　多功能加工及分拣设备气路图

（5）识读梯形图　图 8-10 所示为多功能加工及分拣设备梯形图，其动作过程如图 8-11 所示。

1）起停控制。按下 SB1 或触摸命令界面上的起动按钮，X0 = ON，M1 为 ON 且保持，为激活 S30 状态提供了必要条件。按下 SB2 或触摸停止按钮，X1 = ON，M1 为 OFF，致使 S1 向 S30 状态转移的条件缺失，故程序执行完当前工作循环后停止。

2）指示灯控制。起动前，M1 = OFF，Y25 为 ON，警示灯红灯点亮，表示设备停止。起动后 M1 = ON，红灯熄灭；Y24 为 ON，警示灯绿灯点亮，表示设备运行。S30 = ON，Y16 为 ON，指示灯 HL 点亮，表示传送带上无料，可以加料。

3）机械手复位控制。设备起动时，M1 = ON，S0 状态下执行复位程序，机械手手爪放松、上升，手臂缩回、向右旋转至右侧限位处停止。

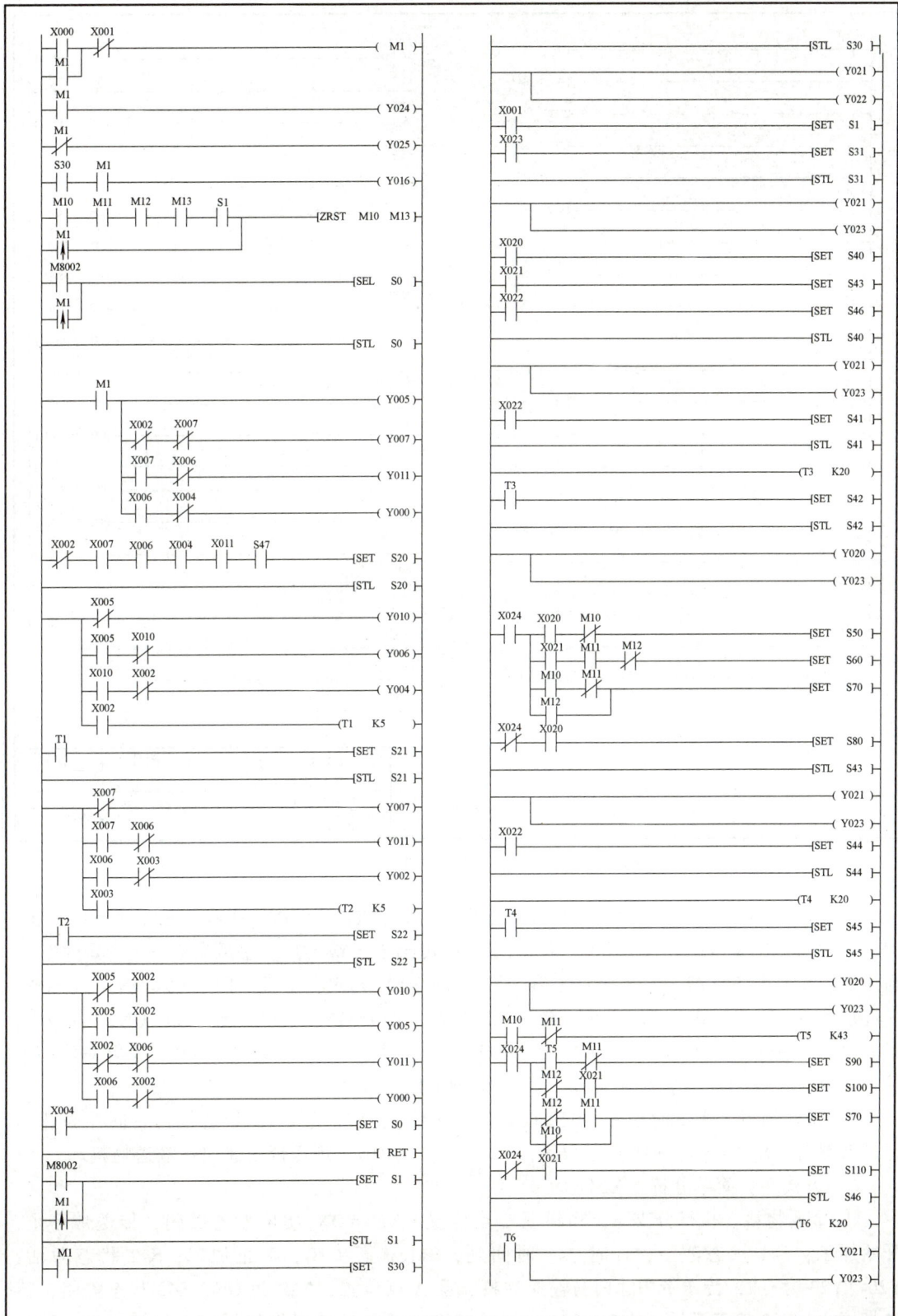

图 8-10　多功能加工及分拣设备梯形图

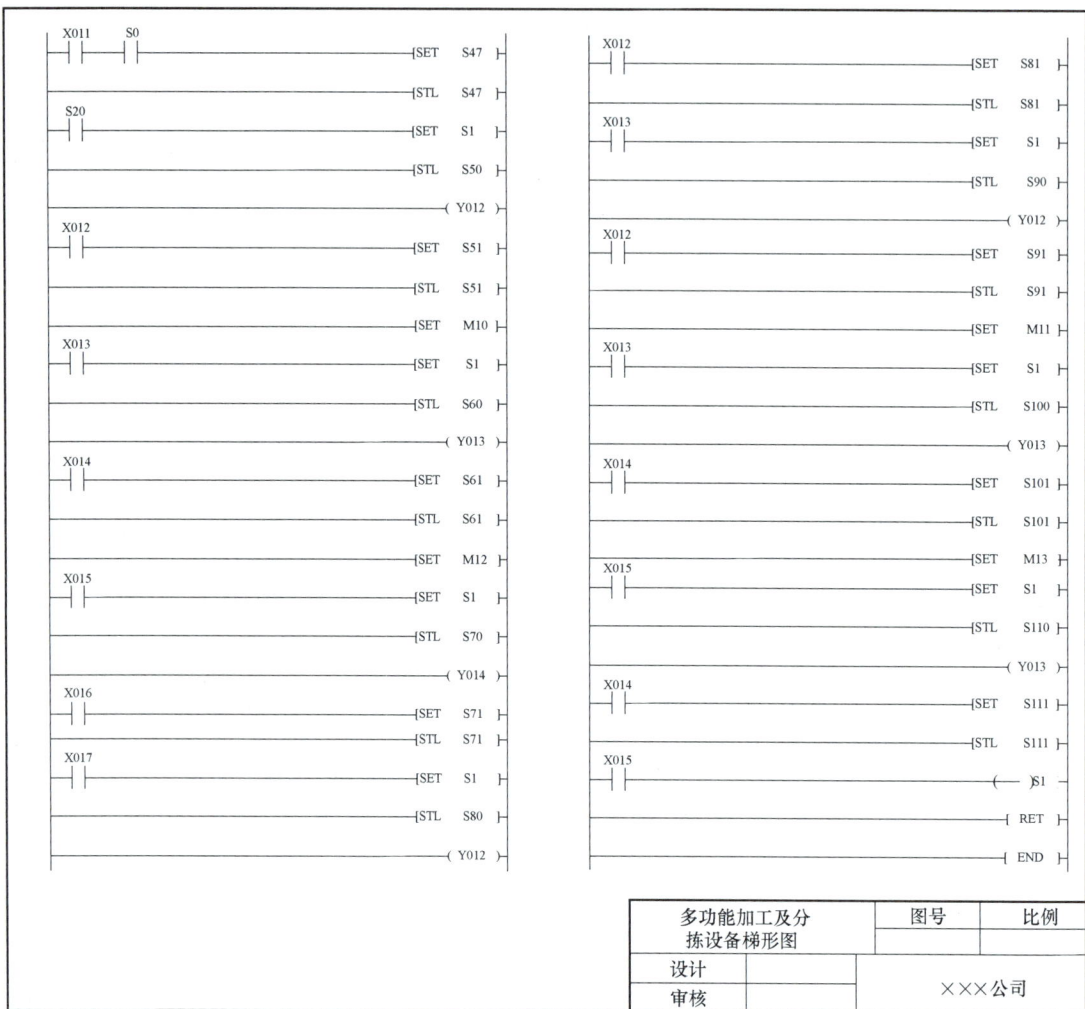

图 8-10 多功能加工及分拣设备梯形图（续）

4）搬运物料。若 S47 为 ON，且料台有黑色物料，X11 为 ON，便激活 S20 状态→Y10 = ON，手臂伸出→X5 = ON，Y6 = ON，手爪下降→X10 = ON，Y4 = ON，手爪夹紧→夹紧定时 0.5s 到，激活 S21 状态→Y7 = ON，手爪上升→X7 = ON，Y11 = ON，手臂缩回→X6 = ON，Y2 = ON，手臂左旋→手臂左旋到位定时 0.5s，激活 S22 状态→Y10 = ON，手臂伸出→X5 = ON，Y5 = ON，手爪放松→手爪放松到位，X2 = OFF，Y11 = ON，手臂缩回→X6 = ON，Y0 = ON，手臂右旋→手臂右旋到位，X4 = ON，激活 S0 状态，开始新的循环。

5）输送物料。系统起动后，S30 状态激活，Y21、Y22 为 ON，传送带自右向左高速运行。有料时，X23 = ON，S31 状态激活，Y21、Y23 为 ON，传送带中速向左输送物料。

6）方式一：简单分拣（X24 = OFF）。

① 金属物料。执行分支 A，物料至 C 点位置，X22 = ON，S40 状态关闭，传送带停止，开始加工；S41 状态激活，计时 2s。时间到，S41 状态关闭，停止加工；S42 状态激活，Y20、Y23 为 ON，传送带中速向右输送物料。至 A 点位置，X20 为 ON，S42 状态关闭，传送带停止，S80 状态激活，Y12 为 ON，推料气缸一活塞杆伸出将物料推入料槽一内。活塞

杆伸出到位后，X12＝ON，S80 状态关闭，Y12 为 OFF，推料气缸一活塞杆缩回；S81 状态激活，活塞杆缩回到位后开始新的循环。

② 白色塑料物料。执行分支 B，物料至 C 点位置，X22＝ON，S43 状态关闭，传送带停止，开始加工；S44 状态激活，计时 2s。时间到，S44 状态关闭，停止加工；S45 状态激活，Y20、Y23 为 ON，传送带中速向右输送物料。至 B 点位置，X21 为 ON，S45 状态关闭，传送带停止，S110 状态激活，Y13 为 ON，推料气缸二活塞杆伸出将物料推入料槽二内。活塞杆伸出到位后，X14＝ON，S110 状态关闭，Y13 为 OFF，推料气缸二活塞杆缩回；S111 状态激活，活塞杆缩回到位后开始新的循环。

③ 黑色塑料物料。对于两种工作方式，黑色塑料物料均为不合格物料，执行分支 C。物料传送至 C 点位置，X22＝ON，S31 状态关闭，传送带停止，开始加工；S46 状态激活，计时 2s。时间到，Y21、Y23 为 ON，继续向左传送。物料至 D 点位置，料台传感器 X11＝ON，此时若机械手在原位，则 S46 状态关闭，传送带停止。机械手搬运后开始新的循环。

7）方式二：组合分拣（X24＝ON）。物料加工过程与方式一相同。

① 料槽一物料组合分拣。所有推料标志均为 OFF。

若第一个物料为白色塑料物料，为不符合要求的物料。在 C 点位置加工 2s 后，直接因 M10 常闭满足条件（分支 B 中第三个分支），激活 S70 状态，Y14 为 ON，气缸三活塞杆伸出将它推入料槽三内。

若第一个物料为金属物料，为符合要求的物料。在 C 点位置加工 2s 返回至 A 点位置时，X20 为 ON，S42 状态关闭，传送带停止；S50 状态激活，Y12 为 ON，推料气缸一活塞杆伸出将它推入料槽一内。活塞杆伸出到位后，X12＝ON，S50 状态关闭，Y12 为 OFF，推料气缸一活塞杆缩回；S51 状态激活，标志 M10 置位为 ON，活塞杆缩回到位后开始新的循环。

若第二个物料为金属物料，为不符合要求的物料。在 C 点位置加工 2s 后，直接因 M10 为 ON、M11 常闭满足条件（分支 A 中第三个分支），激活 S70 状态，Y14 为 ON，气缸三活塞杆伸出将它推入料槽三内。

若第二个物料为白色塑料物料，为符合要求的物料，在 C 点位置加工 2s 后，S45 状态激活，Y20、Y23 为 ON，将物料向右传送，同时 T5 开始计时 4.3s（金属传感器不能识别塑料物料，使用计时传送的方法将塑料物料送至 A 点位置，故 T5 的设定值要根据现场情况进行修正），时间到。S45 状态关闭，传送带停止；S90 状态激活，Y12 为 ON，推料气缸一活塞杆伸出将它推入料槽一内。活塞杆伸出到位后，X12＝ON，S90 状态关闭，Y12 为 OFF，推料气缸一活塞杆缩回；S91 状态激活，标志 M11 置位为 ON，活塞杆缩回到位后开始新的循环。

② 料槽二物料的组合分拣。

同样，若第一个物料为白色塑料物料，为不符合要求的物料。在 C 点位置加工 2s 后，直接因 M11 为 ON、M12 常闭满足条件（分支 B 中第三个分支），激活 S70 状态，Y14 为 ON，气缸三活塞杆伸出将它推入料槽三内。

若第一个物料为金属物料，为符合要求的物料。在 C 点位置加工 2s 返回至 B 点位置时，X21 为 ON，S42 状态关闭，传送带停止；S60 状态激活，Y13 为 ON，推料气缸二活塞杆伸出将它推入料槽二内。活塞杆伸出到位后，X14＝ON，S60 状态关闭，Y13 为 OFF，推料气缸二活塞杆缩回；S61 状态激活，标志 M12 置位为 ON，活塞杆缩回到位后开始新的循环。

若第二个物料为金属物料，为不符合要求的物料。在 C 位置点加工 2s 后，直接因 M12 为 ON 满足条件（分支 A 中第三个分支），激活 S70 状态，Y14 为 ON，推料气缸三活塞杆伸

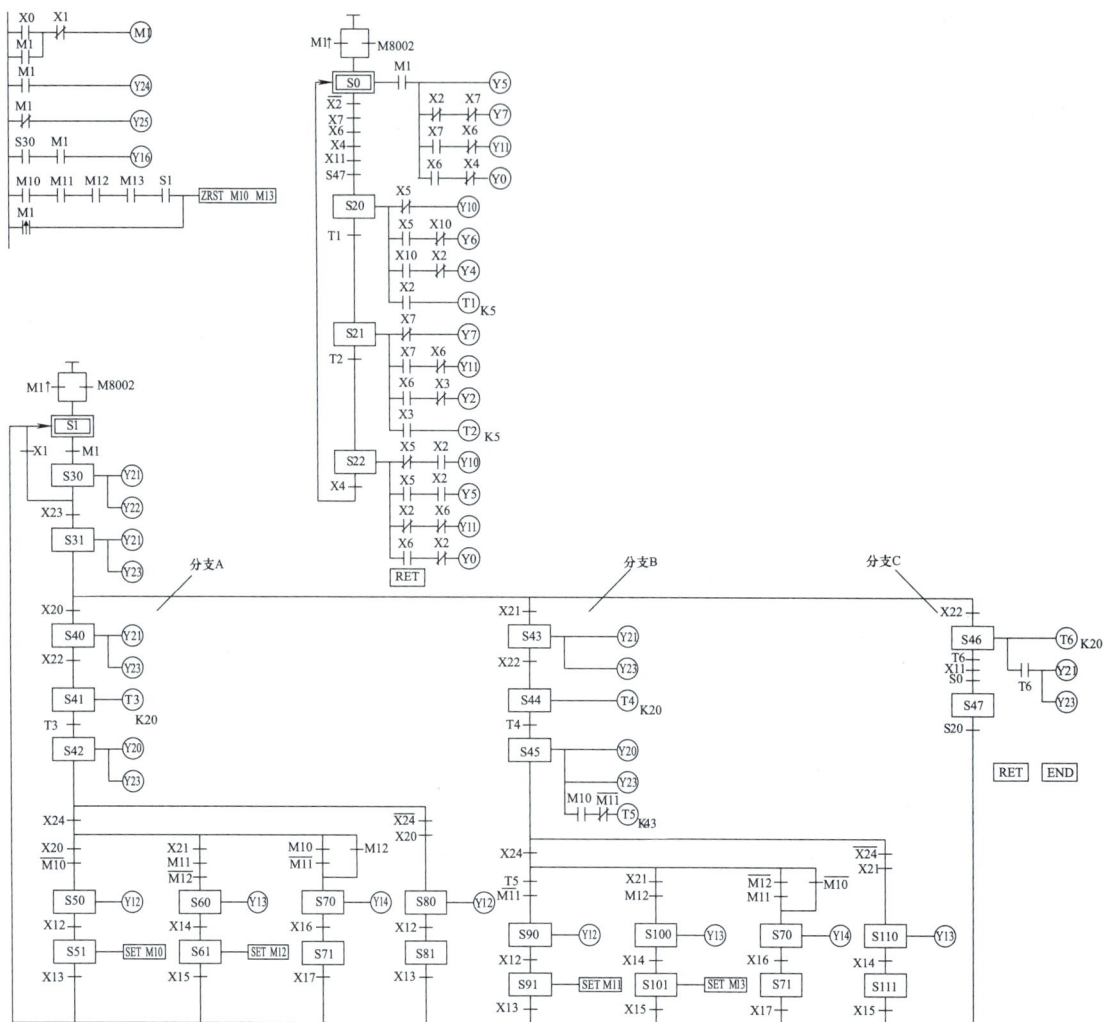

图 8-11 多功能加工及分拣设备状态转移图

出将它推入料槽三内。

若第二个物料为白色塑料物料，为符合要求的物料。在 C 点位置加工 2s 返回至 B 点位置时，X21 = ON，S45 状态关闭，传送带停止；S100 状态激活，Y13 为 ON，推料气缸二活塞杆伸出将它推入料槽二内。活塞杆伸出到位后，X14 = ON，S100 状态关闭，Y13 为 OFF，推料气缸二活塞杆缩回；S101 状态激活，标志 M13 置位为 ON，活塞杆缩回到位后回到初始状态。至此两槽的一次组合分拣完成，所有推料标志复位，进行下一次分拣工作。

（6）制订施工计划 多功能加工及分拣设备的组装与调试流程图如图 8-12 所示。以此为依据，施工人员填写施工计划表（见表 8-3），合理制订施工计划，确保在额定时间内完成规定的施工任务。

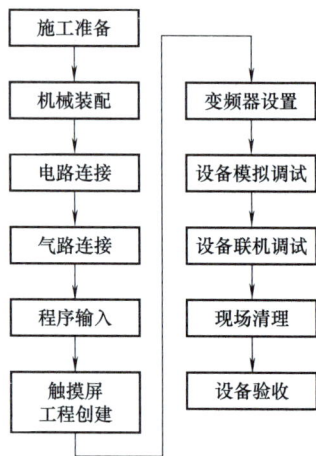

图 8-12 多功能加工及分拣设备的组装与调试流程图

表 8-3　施工计划表

设备名称		施工日期	总工时/h	施工人数/人	施工负责人		
多功能加工及分拣设备							
序号	施工任务				施工人员	工序定额	备注
1	阅读设备技术文件						
2	机械装配、调整						
3	电路连接、检查						
4	气路连接、检查						
5	程序输入						
6	触摸屏工程创建						
7	变频器设置						
8	设备模拟调试						
9	设备联机调试						
10	现场清理,技术文件整理						
11	设备验收						

2. 施工准备

（1）设备清点　检查设备部件是否齐全，并归类放置。多功能加工及分拣设备部件清单见表 8-4。

表 8-4　部件清单

序号	名称	型号规格	数量	单位	备注
1	直流减速电动机	24V	1	台	
2	放料转盘		1	个	
3	转盘支架		2	个	
4	物料检测支架		1	套	
5	警示灯及其支架	两色、闪烁	1	套	
6	伸缩气缸套件	CXSM15-100	1	套	
7	提升气缸套件	CDJ2KB16-75-B	1	套	
8	手爪套件	MHZ2-10D1E	1	套	
9	旋转气缸套件	CDRB2BW20-180S	1	套	
10	机械手固定支架		1	套	
11	缓冲器		2	只	
12	传送带套件	50cm×700cm	1	套	
13	推料气缸套件	CDJ2KB10-60-B	3	套	
14	料槽套件		3	套	
15	电动机及安装套件	380V、25W	1	套	
16	落料口		1	只	
17	光电传感器及其支架	E3Z-LS61	1	套	出料口
18		GO12-MDNA-A	1	套	落料口

（续）

序号	名称	型号规格	数量	单位	备注
19	电感式传感器	NSN4-2M60-E0-AM	3	只	
20	光纤传感器及其支架	E3X-NA11	2	套	
21	磁性开关	D-59B	1	只	手爪紧松
22		SIWKOD-Z73	2	只	手臂伸缩
23		D-C73	8	只	手爪升降、推料限位
24	PLC模块	YL050、FX$_{3U}$-48MR	1	块	
25	变频器模块	E700、0.75kW	1	块	
26	触摸屏及通信线	昆仑通态 TPC7062KS	1	套	
27	按钮模块	YL157	1	块	
28	电源模块	YL046	1	块	
29	螺钉	不锈钢内六角 M6×12	若干	个	
30		不锈钢内六角 M4×12	若干	个	
31		不锈钢内六角 M3×10	若干	个	
32	螺母	椭圆形螺母 M6	若干	个	
33		M4	若干	个	
34		M3	若干	个	
35	垫圈	$\phi 4$	若干	个	

（2）工具清点 设备组装工具清单见表8-5，施工人员应清点工具的数量，同时认真检查其性能是否完好。

表8-5 工具清单

序号	名称	型号规格	数量	单位
1	工具箱		1	只
2	螺钉旋具	一字、100mm	1	把
3	钟表螺钉旋具		1	套
4	螺钉旋具	十字、150mm	1	把
5	螺钉旋具	十字、100mm	1	把
6	螺钉旋具	一字、150mm	1	把
7	斜口钳	150mm	1	把
8	尖嘴钳	150mm	1	把
9	剥线钳		1	把
10	内六角扳手（组套）	PM-C9	1	套
11	万用表		1	只

三、实施任务

根据制订的施工计划，按顺序组装多功能加工及分拣设备，施工中应注意及时调整施工进度，保证定额。施工时必须严格遵守安全操作规程，采取安全保障措施，以确保人身和设备安全。

1. 机械装配

（1）机械装配前的准备　按要求清理现场，准备样图及工具，并安排装配流程图，参考流程如图8-13所示。

（2）机械装配步骤　依据确定的设备组装顺序组装生产加工设备。

1）画线定位。

2）组装传送装置。如图8-14所示组装传送装置。

① 安装传送带脚支架。

② 在传送带的右侧（电动机侧）固定落料口，并保证物料落放准确、平稳。

③ 安装落料口传感器。

④ 将传送带固定在定位处。

3）组装分拣装置。如图8-15所示组装分拣装置。

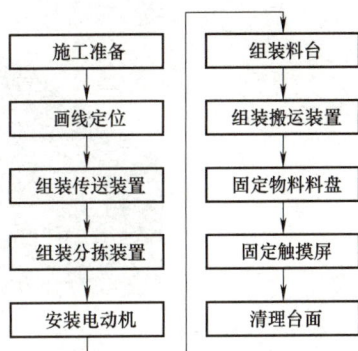

图 8-13　机械装配流程图

图 8-14　组装传送装置

图 8-15　组装分拣装置

① 组装起动推料气缸传感器。

② 组装推料气缸。

③ 固定、调整料槽及其推料气缸，使两者在同一中性线上。

4）安装电动机。调整电动机的高度、垂直度，直至电动机与传送带同轴，如图8-16

所示。

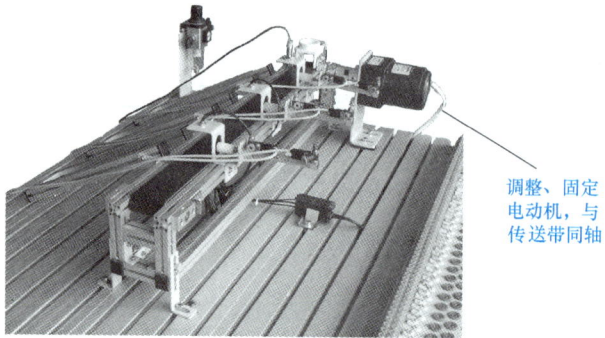

图 8-16　安装电动机

5）组装料台。如图 8-17 所示，将出料口装在物料检测支架上，装好物料检测传感器后，将物料检测支架固定在定位处，并调整其高度等尺寸。

图 8-17　组装料台

6）将电磁阀阀组固定在定位处，如图 8-18 所示。

图 8-18　固定电磁阀阀组

7）组装搬运装置。如图 8-19 所示，组装、固定机械手。

① 安装旋转气缸。

② 组装机械手固定支架。

③ 组装机械手手臂。

④ 组装提升臂。

⑤ 安装手爪。

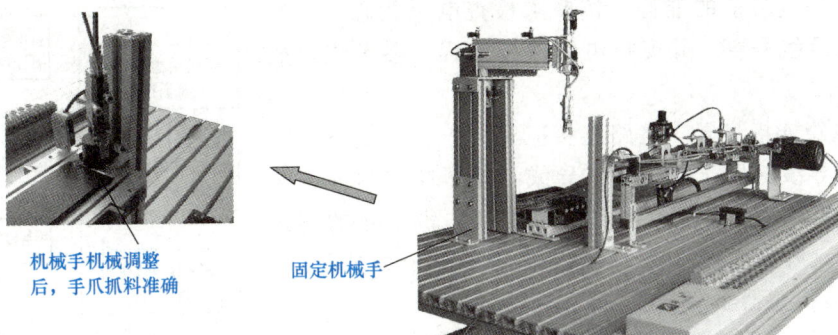

机械手机械调整后，手爪抓料准确

固定机械手

图 8-19　组装、固定机械手

⑥ 固定磁性传感器。

⑦ 固定左右限位装置。

⑧ 固定机械手，调整机械手摆幅、高度等尺寸，使机械手能准确地将料台内的物料取出。

8）固定物料料盘。如图 8-20 所示，装好物料料盘，并将其固定在定位处。调整后，机械手能准确无误地将物料释放至料盘内。

固定物料料盘

图 8-20　固定物料料盘

9）固定触摸屏和警示灯。如图 8-21 所示，将触摸屏和警示灯固定在定位处。

固定警示灯

固定线槽

固定触摸屏

图 8-21　固定触摸屏和警示灯

10）清理设备台面，保持台面无杂物或多余部件。

2. 电路连接

（1）电路连接前的准备　按要求检查电源状态，准备图样、工具及线号管，并安排电路连接流程，参考流程如图 8-22 所示。

（2）电路连接步骤　电路连接应符合工艺、安全规范要求，所有导线应置于线槽内。导线与端子排连接时，应套线号管并及时编号，避免错编漏编。插入端子排的连接线必须接触良好且紧固。端子接线布置图如图 8-23 所示。

1）连接传感器至端子排。

2）连接输出元件至端子排。

3）连接电动机至端子排。

4）连接 PLC 的输入信号端子至端子排。

5）连接 PLC 的输入信号端子至按钮模块。

6）连接 PLC 的输出信号端子至端子排（负载电源暂不连接，待 PLC 模拟调试成功后进行）。

7）连接 PLC 的输出信号端子至变频器。

8）连接变频器至电动机。

9）连接触摸屏的电源输入端子至电源模块中的 24V 直流电源。

10）将电源模块中的单相交流电源引至 PLC 模块。

11）将电源模块中的三相电源和接地线引至变频器的主回路输入端子 L1、L2、L3、PE。

12）电路检查。对照电路图检查是否掉线、错线；是否漏编、错编，接线是否牢固等。

13）清理设备台面，工具入箱。

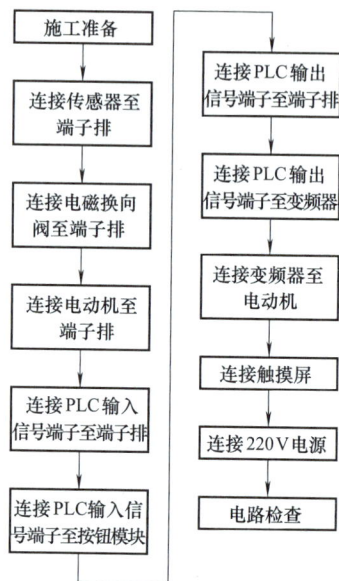

图 8-22　电路连接流程图

3. 气动回路连接

（1）气路连接前的准备　按要求检查空气压缩机状态，准备图样及工具，并安排气动回路连接步骤。

（2）气路连接步骤　根据气路图连接气路。连接时，应避免直角或锐角弯曲，尽量平行布置，力求走向合理且气管最短，如图 8-24 所示。

1）连接气源。

2）连接执行元件。

3）整理、固定气管。

4）清理台面杂物，工具入箱。

4. 程序输入

启动三菱 PLC 编程软件，按图 8-10 输入梯形图。

1）启动三菱 PLC 编程软件。

2）创建新文件，选择 PLC 类型。

3）输入程序。

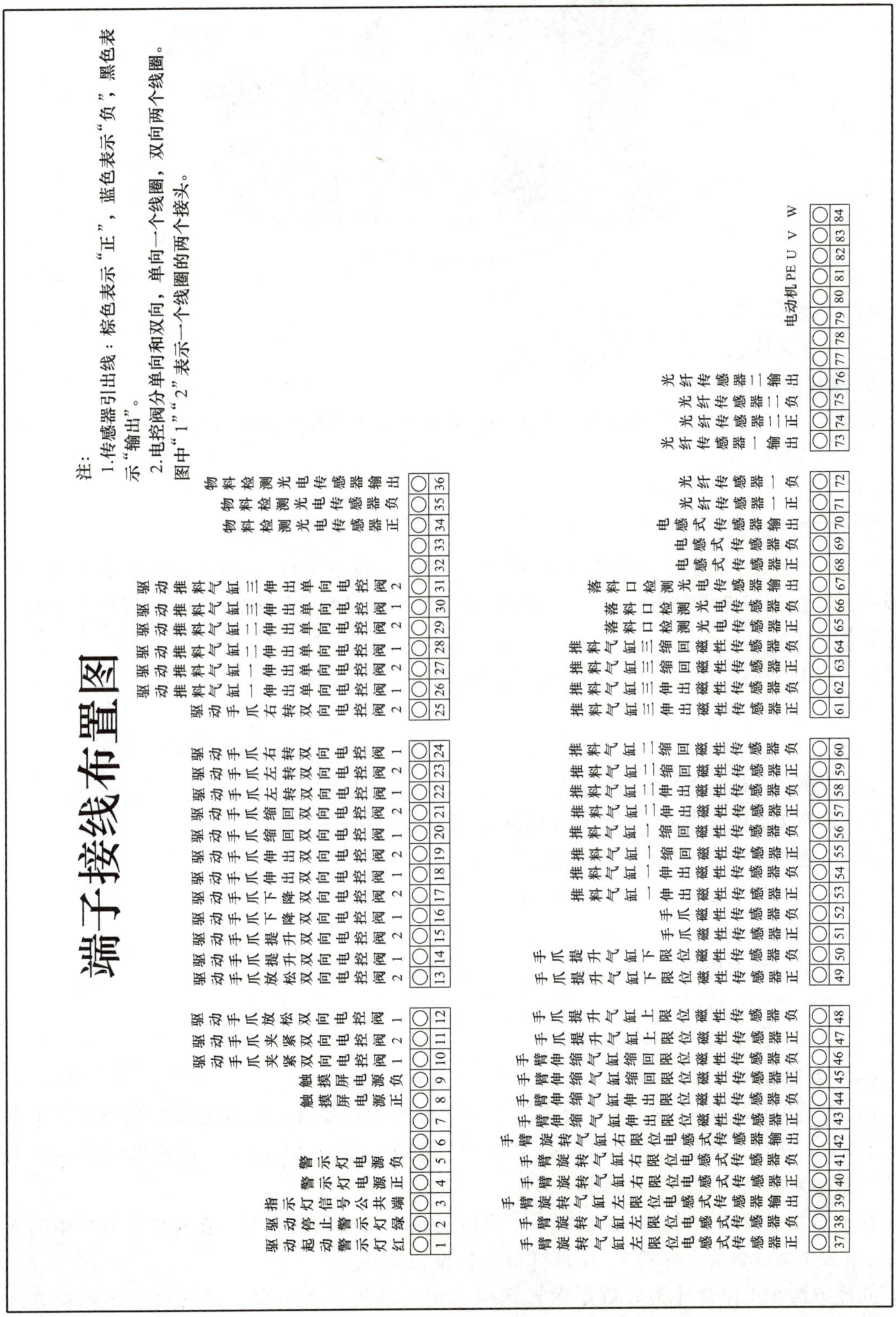

端子接线布置图

注：
1. 传感器引出出线：棕色表示"正"，蓝色表示"负"，黑色表示"输出"。
2. 电控阀分单向和双向，单向一个线圈，双向两个线圈，图中"1""2"表示一个线圈的两个接头。

序号	标注
1	驱动起动灯红灯正
2	驱动停止灯绿灯负
3	驱动警示信号灯
4	警示灯公共端
5	示警灯电源正
6	示警灯电源负
7	触摸屏电源正
8	触摸屏电源负
9	驱动手爪双向电控阀1
10	驱动手爪双向电控阀2
11	驱动手爪夹紧双向1
12	驱动手爪放松双向2
13	驱动手爪提升双向电控阀1
14	驱动手爪提升双向电控阀2
15	驱动手爪下降双向1
16	驱动手爪提升双向2
17	驱动手臂伸出双向电控阀1
18	驱动手臂伸出双向电控阀2
19	驱动手臂缩回双向1
20	驱动手臂伸出双向2
21	驱动手臂旋转双向电控阀1
22	驱动手臂旋转双向电控阀2
23	驱动手臂右转单向1
24	驱动手臂左转单向2
25	驱动推料气缸三伸出单向电控阀1
26	驱动推料气缸三伸出单向电控阀2
27	驱动推料气缸三伸出单向1
28	驱动推料气缸三伸出单向2
29	驱动推料气缸二单向电控阀1
30	驱动推料气缸二单向电控阀2
31	物料检测光电传感器正
32	物料检测光电传感器负
33	物料检测光电传感器输出
34	
35	
36	
37	手臂旋转气缸左限位电感式传感器正
38	手臂旋转气缸左限位电感式传感器负
39	手臂旋转气缸左限位电感式传感器输出
40	手臂旋转气缸右限位电感式传感器正
41	手臂旋转气缸右限位电感式传感器负
42	手臂旋转气缸右限位电感式传感器输出
43	手臂伸缩气缸伸出限位磁性传感器正
44	手臂伸缩气缸伸出限位磁性传感器负
45	手臂伸缩气缸伸出限位磁性传感器输出
46	手臂伸缩气缸缩回限位磁性传感器正
47	手臂伸缩气缸缩回限位磁性传感器负
48	手臂伸缩气缸缩回限位磁性传感器输出
49	手爪提升气缸上限位磁性传感器正
50	手爪提升气缸上限位磁性传感器负
51	手爪提升气缸上限位磁性传感器输出
52	手爪提升气缸下限位磁性传感器正
53	手爪提升气缸下限位磁性传感器负
54	手爪提升气缸下限位磁性传感器输出
55	推料气缸一伸出磁性传感器正
56	推料气缸一伸出磁性传感器负
57	推料气缸一伸出磁性传感器输出
58	推料气缸一缩回磁性传感器正
59	推料气缸一缩回磁性传感器负
60	推料气缸一缩回磁性传感器输出
61	推料气缸三伸出磁性传感器正
62	推料气缸三伸出磁性传感器负
63	推料气缸三伸出磁性传感器输出
64	料气缸三缩回磁性传感器正
65	料气缸三缩回磁性传感器负
66	料气缸三缩回磁性传感器输出
67	落料口检测电感式传感器正
68	落料口检测电感式传感器负
69	落料口检测电感式传感器输出
70	检测光纤传感器一输出
71	光纤传感器一正
72	光纤传感器一负
73	纤传感器二输出
74	光纤传感器二正
75	光纤传感器二负
76	光纤传感器三输出
77	光纤传感器三正
78	光纤传感器三负
79	
80	
81	电动机PE
82	电动机U
83	电动机V
84	电动机W

图8-23 端子接线布置图

图 8-24 气路连接

4）转换梯形图。

5）保存文件。

5. 触摸屏工程创建

根据设备控制功能创建触摸屏人机界面，其方法参考触摸屏技术文件。

（1）创建新工程

1）启动 MCGS 组态软件。

2）新建工程。

3）设备组态。在工作台中激活设备窗口，双击"设备窗口"，进入设备组态画面，打开设备工具箱，按先后顺序双击"通用串口父设备"和"西门子-S7200PPI 编程口"添加至组态画面。

4）新建用户窗口。在用户窗口中创建三个窗口，分别命名为"人机界面首页""命令界面"和"监视界面"。

（2）创建人机界面首页。

1）切换至人机界面组态窗口。

2）插入文字标签"×××生产线分拣设备"。

3）创建"进入命令界面"切换按钮。

4）创建"进入监视界面"切换按钮。

（3）创建命令界面。

1）创建"起动按钮"。

2）创建"停止按钮"。

3）创建"返回首页"切换按钮。

（4）创建监视界面

1）新增实时数据 a、b。在如图 8-25 所示工作台中选择【实时数据库】选项卡，单击【新增对象】按钮，数据栏出现"Data1 数值型"数据，双击"Data1"，便弹出如图 8-26 所示的"数据对象属性设置"对话框。

在"数据对象属性设置"对话框中，选择【基本属性】选项卡，在对象名称栏中输入"a"，对象类型设置为"字符"，单击【确认】按钮即可。

同样方法在工作台【实时数据库】选项卡中再新增一个对象，将其对象名称设置为"b"，对象类型设置为"字符"，完成后"实时数据库"窗口如图 8-27 所示。

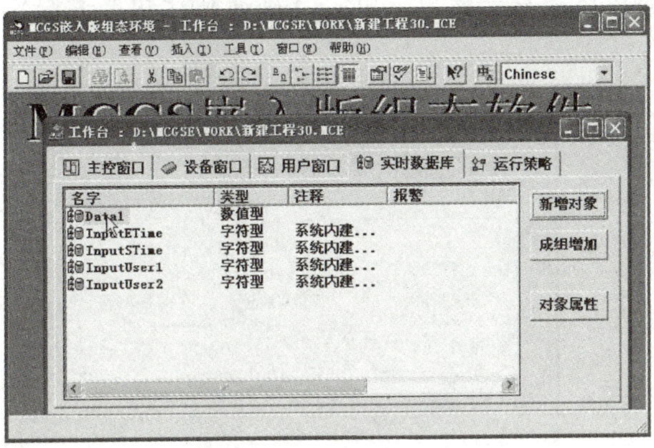

图 8-25　实时数据库窗口

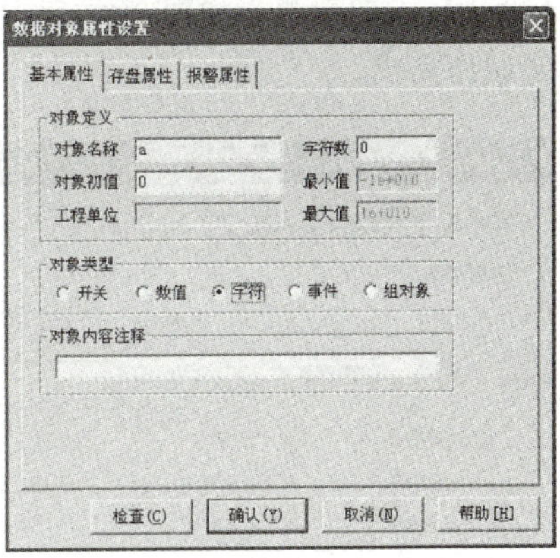

图 8-26　"数据对象属性设置"对话框

2）制作标签。选择【用户窗口】选项卡，双击如图 8-28 所示的"监视界面"图标，进入监视界面动画组态窗口。

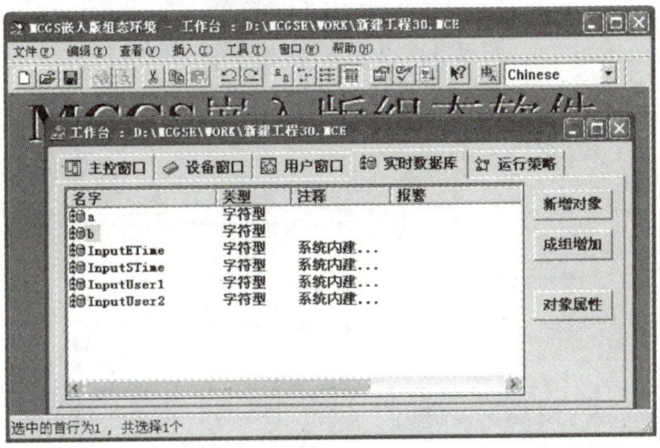

图 8-27　新增完成后的"实时数据库"窗口

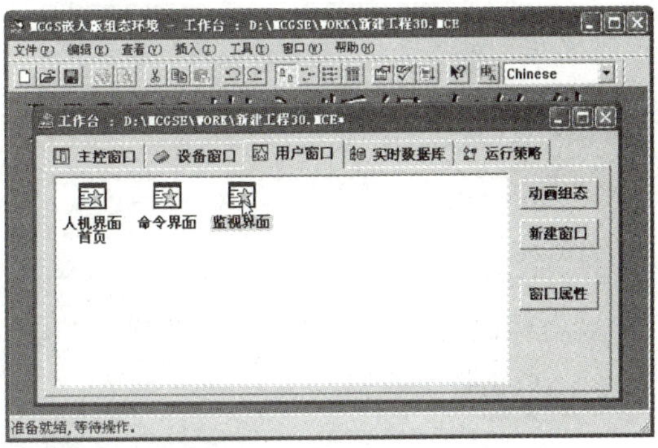

图 8-28　用户窗口

① 制作标签"系统状态"。单击工具箱中的"标签按钮"，按住左键在窗口空白处拖出一定大小的标签，在【属性设置】选项卡中将边线颜色设置为"没有边线"；在【扩展属性】选项卡中的文本内容输入栏输入文字"系统状态"，设置完成后如图 8-29所示。

② 制作显示标签。同样的方法在动画组态窗口内创建一个标签"a"。

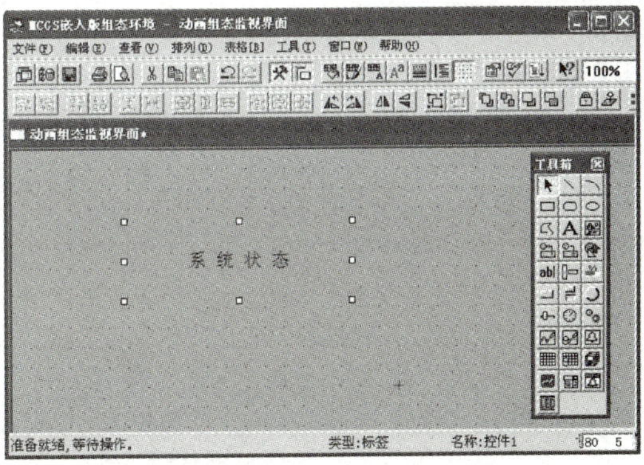

如图 8-30 所示，选择【属性设置】选项卡，将边线颜色设置为"没有边线"，输入输出连接勾选为"显示输出"。

图 8-29　动画组态监视界面窗口

在如图 8-31 所示的【显示输出】选项卡中，将输出值类型设置为"字符串输出"，单击表达式中的图标 ? ，弹出如图 8-32 所示的"变量选择"对话框。勾选"从数据中心选择|自定义"选项，单击对象名中的字符"a"，在选择变量栏中出现字符"a"，单击

【确认】按钮后弹出如图 8-33 所示的设置完成后的显示输出，单击【确认】按钮后该标签便制作完成。

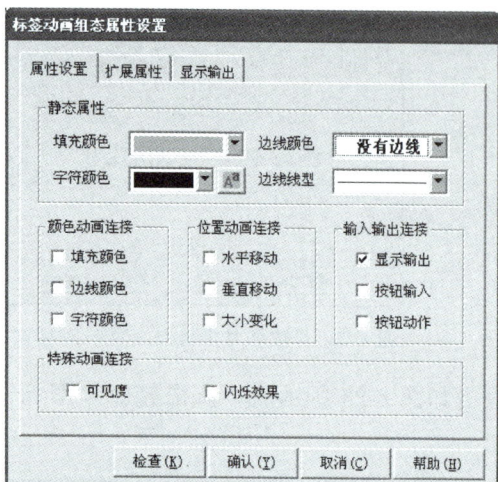

图 8-30　"标签动画组态属性设置" 对话框

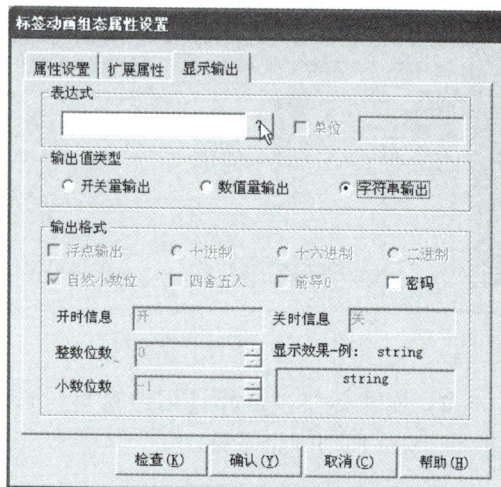

图 8-31　【显示输出】选项卡

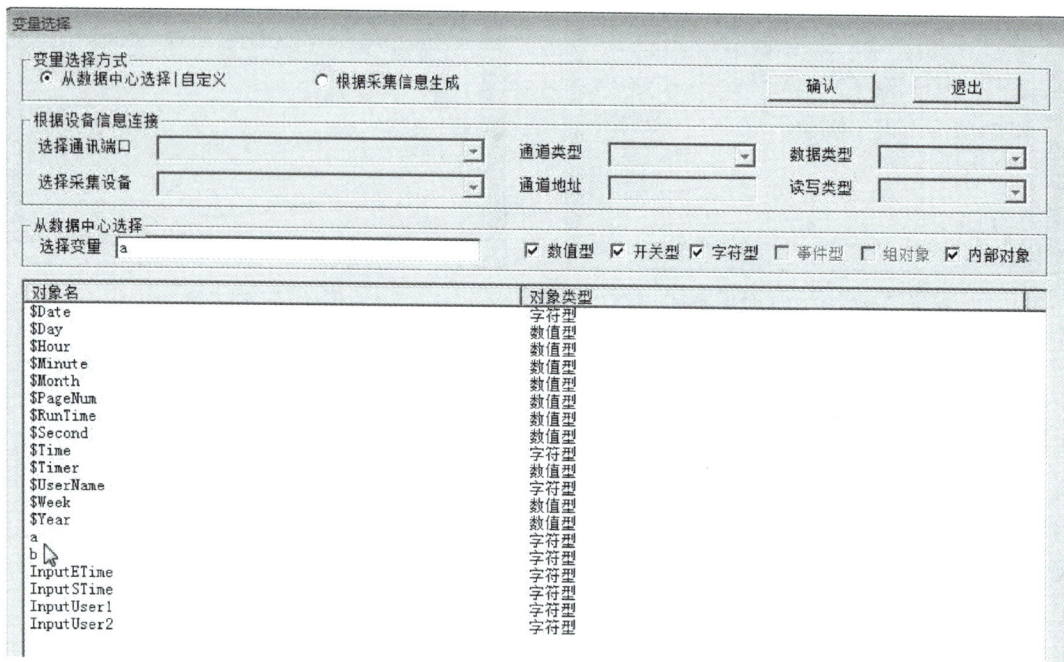

图 8-32　"变量选择" 对话框

用创建字符 "a" 标签同样的方法在窗口内创建字符 "b" 标签。

3）编辑设备窗口。打开如图 8-34 所示的 "设备组态" 窗口，双击 "设备 0——［三菱_FX 系列编程口］" 图标，弹出如图 8-35 所示的 "设备编辑窗口"，删除设备窗口中的 0001～0008 设备通道后，单击【增加设备通道】按钮，弹出如图 8-36 所示的 "添加设备通道" 对话框，将通道类型设置为 "M 寄存器"，通道地址设置为 "1"，单击【确认】按钮即可，完成后的设备编辑窗口如图 8-37 所示。

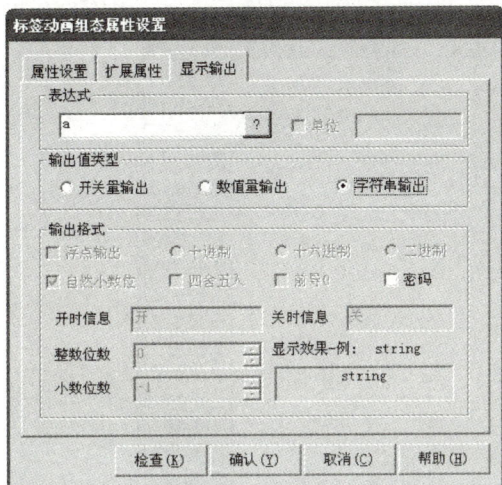

图 8-33　设置完成后的显示输出

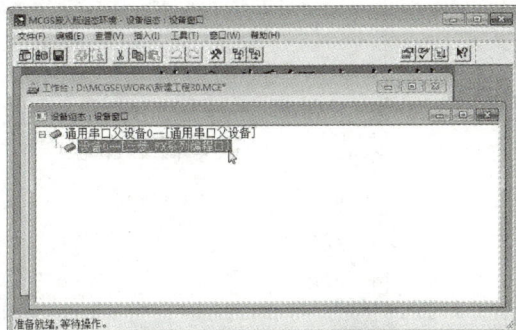

图 8-34　"设备组态"窗口

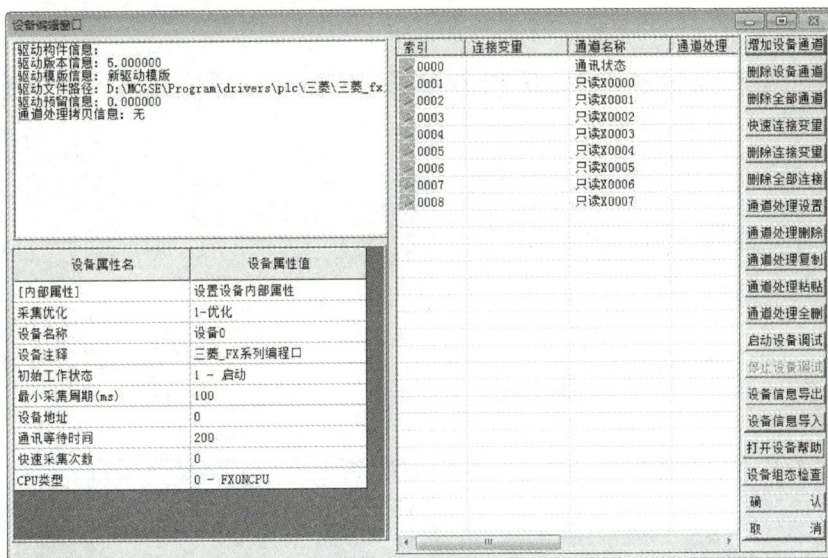

图 8-35　设备编辑窗口

如图 8-37 所示，双击新增加的设备通道"读写 M0001"，弹出如图 8-38 所示的"变量选择"对话框，在选择变量中输入文字"运行指示灯"，单击【确认】按钮即可。

用同样的方法增加设备通道"方式切换""起动按钮""停止按钮"和"报警灯"，添加完成后的窗口如图 8-39 所示。

4）编辑脚本程序。如图 8-40 所示，将窗口切换到【运行策略】选项卡，双击"循

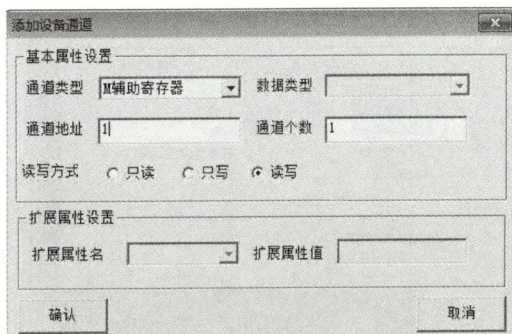

图 8-36　"添加设备通道"对话框

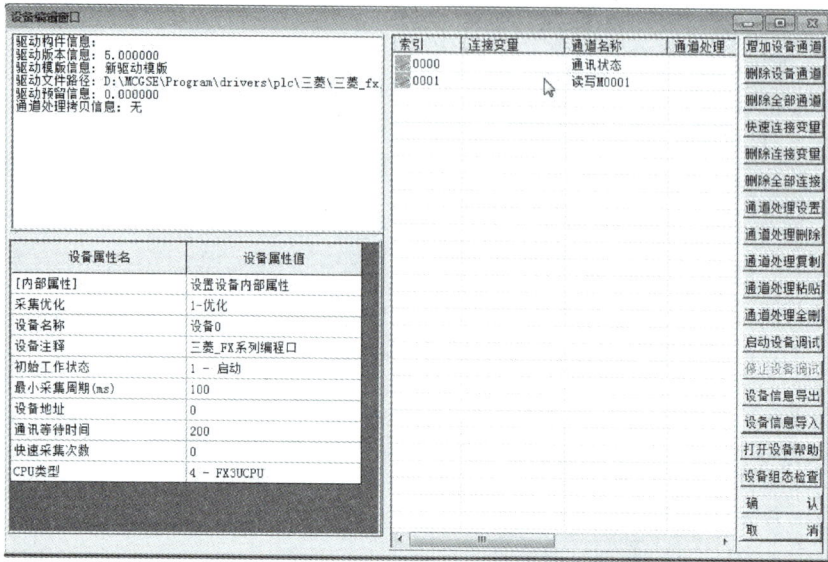

图 8-37　增加设备通道完成后的设备编辑窗口

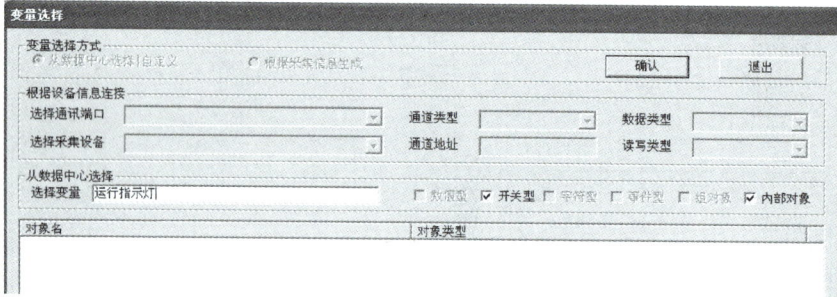

图 8-38　"变量选择"对话框

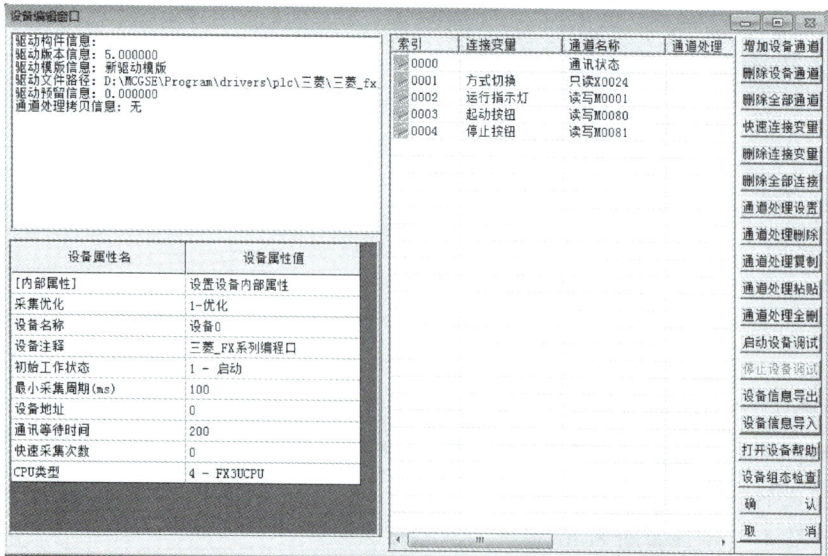

图 8-39　所有通道添加完成后的设备编辑窗口

环策略"图标,弹出如图 8-41 所示的"策略组态:循环策略"窗口。右击"按照设定的时间循环运行"图标,单击下拉菜单中的【新增策略行】命令,弹出如图 8-42 所示的效果。

如图 8-42 所示,右击图标█████,打开"策略工具箱"对话框,双击对话框中"脚本程序",弹出如图 8-43 所示的"脚本程序"图标,双击"脚本程序"图标,进入脚本程序编辑窗口。

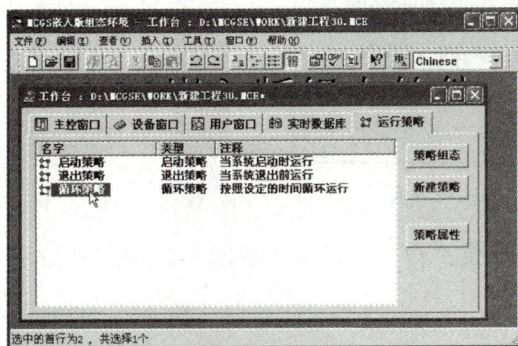

图 8-40 【运行策略】选项卡

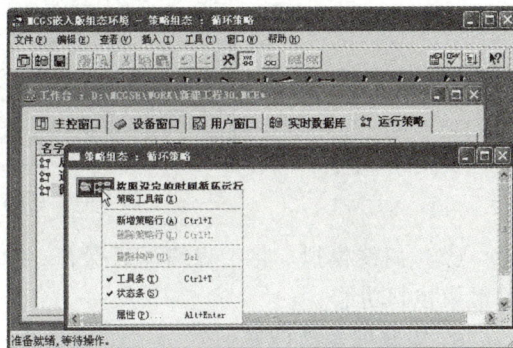

图 8-41 "策略组态:循环策略"窗口

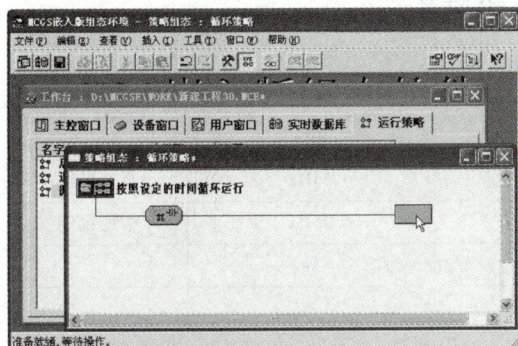

图 8-42 新增策略行后的效果

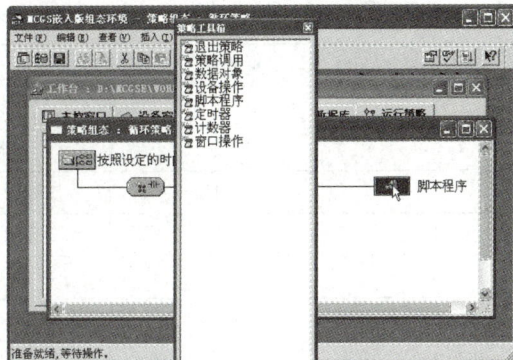

图 8-43 脚本程序添加窗口

在脚本程序窗口中,编辑程序如下:

```
if 方式切换 = 0 then
a = "方式二"
else
a = "方式一"
end if
if 运行指示灯 = 0 then
b = "系统已停止"
else
b = "系统运行中"
end if
```

完成后单击【确认】按钮即可。

5) 创建"返回首页"切换按钮后,监视界面便创建完成,如图 8-44 所示。

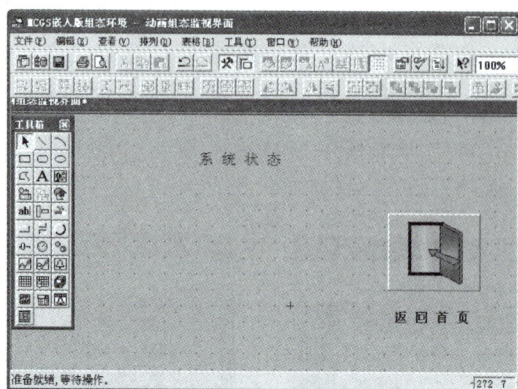

图 8-44　创建完成后的监视界面

（5）离线模拟　将工程编译后保存，执行离线模拟命令，即可实现图 8-2~图 8-4 所示的触摸控制功能。

6. 变频器参数设置

打开变频器面板盖板，按表 8-6 设定参数。

表 8-6　变频器参数设定表

序号	参数号	名称	设定值	备注
1	Pr.1	上限频率	50Hz	
2	Pr.2	下限频率	0Hz	
3	Pr.4	3速设定（高速）	35Hz	高速设定
4	Pr.5	3速设定（中速）	25Hz	中速设定
5	Pr.7	加速时间	1s	
6	Pr.8	减速时间	1s	
7	Pr.79	操作模式	2	外部操作模式

1）用 (MODE) 键将监示显示切换至参数设定模式，再设定操作模式为 PU 操作模式 Pr.79 = 1。

2）设定上限频率 Pr.1 = 50。

3）设定下限频率 Pr.2 = 0。

4）设定 3 速设定（高速）频率 Pr.4 = 35。

5）设定 3 速设定（中速）频率 Pr.5 = 25。

6）设定加速时间 Pr.7 = 1。

7）设定减速时间 Pr.8 = 1。

8）设定操作模式为外部操作模式 Pr.79 = 2。

7. 设备调试

（1）设备调试前的准备　按照要求清理设备，检查机械装配、电路连接、气路连接等情况，确认其安全性、正确性。在此基础上确定调试流程，本设备的调试流程如图 8-45 所示。

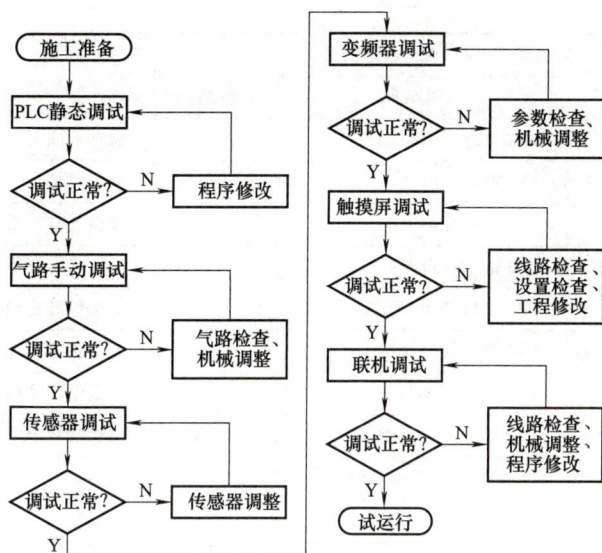

图 8-45 设备调试流程图

（2）模拟调试

1）PLC 静态调试。

① 连接计算机与 PLC。

② 确认 PLC 的输出负载回路电源处于断开状态，并检查空气压缩机出气口的阀门是否关闭。

③ 合上断路器，给设备供电。

④ 写入程序。

⑤ 运行 PLC，按表 8-7~表 8-9 用 PLC 模块上的钮子开关模拟 PLC 输入信号，观察 PLC 的输出指示灯的状态。

⑥ 将 PLC 的 RUN/STOP 开关置于"STOP"位置。

⑦ 复位 PLC 模块上的钮子开关。

表 8-7 简单分拣方式静态调试情况记载表

步骤	操作任务	观察任务		备注
		正确结果	观察结果	
1	PLC 上电	Y25 指示灯点亮		警示灯红灯点亮，设备停止
2	按下起动按钮 SB1	Y25 指示灯熄灭		警示灯红灯熄灭
		Y24 指示灯点亮		警示灯绿灯点亮，设备运行
		Y16 指示灯点亮		加料指示灯点亮，可以加料
		Y21、Y22 指示灯点亮		传送带高速向左运行
3	动作 X23 钮子开关后复位	Y16 指示灯熄灭		加料指示灯熄灭，禁止加料
		Y21、Y23 指示灯点亮		传送带中速向左传送物料
4	动作 X20、X22 钮子开关后复位	Y21、Y23 指示灯熄灭		金属物料至 C 点位置停止，加工 2s
		2s 后 Y20、Y23 指示灯点亮		物料返回

（续）

步骤	操作任务	观察任务		备注
		正确结果	观察结果	
5	动作 X20 钮子开关后复位	Y20、Y23 指示灯熄灭		物料返回至 A 点位置
		Y12 指示灯点亮		推入料槽一内
6	动作 X12、X13 钮子开关后复位	Y12 指示灯熄灭		推料气缸一活塞杆缩回
		Y16 指示灯点亮		加料指示灯点亮，可以加料
		Y21、Y22 指示灯点亮		传送带高速向左运行
7	动作 X23 钮子开关后复位	Y16 指示灯熄灭		加料指示灯熄灭，禁止加料
		Y21、Y23 指示灯点亮		传送带中速向左传送物料
8	动作 X21、X22 钮子开关后复位	Y21、Y23 指示灯熄灭		白色物料至 C 点位置停止，加工 2s
		2s 后 Y20、Y23 指示灯点亮		物料返回
9	动作 X21 钮子开关后复位	Y20、Y23 指示灯熄灭		物料返回至 B 点位置
		Y13 指示灯点亮		推入料槽二内
10	动作 X14、X15 钮子开关后复位	Y13 指示灯熄灭		推料气缸二活塞杆缩回
		Y16 指示灯点亮		加料指示灯点亮，可以加料
		Y21、Y22 指示灯点亮		传送带高速向左运行
11	动作 X23 钮子开关后复位	Y16 指示灯熄灭		加料指示灯熄灭，禁止加料
		Y21、Y23 指示灯点亮		传送带中速向左传送物料
12	动作 X22 钮子开关后复位	Y21、Y23 指示灯熄灭		黑色物料至 C 点位置停止，加工 2s
		2s 后 Y21、Y23 指示灯点亮		传送带中速向左传送物料
13	模拟动作 X11	Y21、Y23 指示灯熄灭		传送带停止
14	机械手搬走物料后	Y16 指示灯点亮		加料指示灯点亮，可以加料
		Y21、Y22 指示灯点亮		传送带高速向左运行

表 8-8 组合分拣方式静态调试情况记载表

步骤	操作任务	观察任务		备注
		正确结果	观察结果	
1	PLC 上电，动作 X24	Y25 指示灯点亮		警示灯红灯点亮，设备停止
2	按下起动按钮 SB1	Y25 指示灯熄灭		警示灯红灯熄灭
		Y24 指示灯点亮		警示灯绿灯点亮，设备运行
		Y16 指示灯点亮		加料指示灯点亮，可以加料
		Y21、Y22 指示灯点亮		传送带高速向左运行
3	动作 X23 钮子开关后复位	Y16 指示灯熄灭		加料指示灯熄灭，禁止加料
		Y21、Y23 指示灯点亮		传送带中速向左传送物料
4	动作 X20、X22 钮子开关后复位	Y21、Y23 指示灯熄灭		金属物料至 C 点位置停止，加工 2s
		2s 后 Y20、Y23 指示灯点亮		物料返回

（续）

步骤	操作任务	观察任务		备注
		正确结果	观察结果	
5	动作 X20 钮子开关后复位	Y20、Y23 指示灯熄灭		物料返回至 A 点位置
		Y12 指示灯点亮		推入料槽一内
6	动作 X12、X13 钮子开关后复位	Y12 指示灯熄灭		推料气缸一活塞杆缩回
		Y16 指示灯点亮		加料指示灯点亮,可以加料
		Y21、Y22 指示灯点亮		传送带高速向左运行
7	动作 X23 钮子开关后复位	Y16 指示灯熄灭		加料指示灯熄灭,禁止加料
		Y21、Y23 指示灯点亮		传送带中速向左传送物料
8	动作 X21、X22 钮子开关后复位	Y21、Y23 指示灯熄灭		白色物料至 C 点位置停止,加工 2s
		2s 后 Y20、Y23 指示灯点亮		物料返回
9	4.3s 后复位	Y20、Y23 指示灯熄灭		物料返回至 A 点位置
		Y12 指示灯点亮		推入料槽一内
10	动作 X12、X13 钮子开关后复位	Y12 指示灯熄灭		推料气缸一活塞杆缩回
		Y16 指示灯点亮		加料指示灯点亮,可以加料
		Y21、Y22 指示灯点亮		传送带高速向左运行
11	动作 X23 钮子开关后复位	Y16 指示灯熄灭		加料指示灯熄灭,禁止加料
		Y21、Y23 指示灯点亮		传送带中速向左传送物料
12	动作 X20、X22 钮子开关后复位	Y21、Y23 指示灯熄灭		金属物料至 C 点位置停止,加工 2s
		2s 后 Y20、Y23 指示灯点亮		物料返回
13	动作 X21 钮子开关后复位	Y20、Y23 指示灯熄灭		物料返回至 B 点位置
		Y13 指示灯点亮		推入料槽二内
14	动作 X14、X15 钮子开关后复位	Y13 指示灯熄灭		推料气缸二活塞杆缩回
		Y16 指示灯点亮		加料指示灯点亮,可以加料
		Y21、Y22 指示灯点亮		传送带高速向左运行
15	动作 X23 钮子开关后复位	Y16 指示灯熄灭		加料指示灯熄灭,禁止加料
		Y21、Y23 指示灯点亮		传送带中速向左传送物料
16	动作 X21、X22 钮子开关后复位	Y21、Y23 指示灯熄灭		白色物料至 C 点位置停止,加工 2s
		2s 后 Y20、Y23 指示灯点亮		物料返回
17	动作 X21 钮子开关后复位	Y20、Y23 指示灯熄灭		物料返回至 B 点位置
		Y13 指示灯点亮		推入料槽二内
18	动作 X14、X15 钮子开关后复位	Y13 指示灯熄灭		推料气缸二活塞杆缩回
		Y16 指示灯点亮		加料指示灯点亮,可以加料
		Y21、Y22 指示灯点亮		传送带高速向左运行
19	调试不合格物料,直至实现功能			

表 8-9　搬运机构静态调试情况记载表

步骤	操作任务	观察任务		备注
		正确结果	观察结果	
1	动作 X2、X0 钮子开关	Y5 指示灯点亮		手爪放松
2	复位 X2 钮子开关	Y5 指示灯熄灭		放松到位
		Y7 指示灯点亮		手爪上升
3	动作 X7 钮子开关	Y7 指示灯熄灭		上升到位
		Y11 指示灯点亮		手臂缩回
4	动作 X6 钮子开关	Y11 指示灯熄灭		缩回到位
		Y0 指示灯点亮		手臂右旋
5	动作 X4 钮子开关	Y0 指示灯熄灭		右旋到位
6	动作 X11 钮子开关	Y10 指示灯点亮		手臂伸出
7	动作 X5 钮子开关,复位 X6 钮子开关	Y10 指示灯熄灭		伸出到位
		Y6 指示灯点亮		手爪下降
8	动作 X10 钮子开关,复位 X7 钮子开关	Y6 指示灯熄灭		下降到位
		Y4 指示灯点亮		手爪夹紧
9	动作 X2 钮子开关,0.5s 后	Y7 指示灯点亮		手爪上升
10	动作 X7 钮子开关,复位 X10 钮子开关	Y7 指示灯熄灭		上升到位
		Y11 指示灯点亮		手臂缩回
11	动作 X6 钮子开关,复位 X5 钮子开关	Y11 指示灯熄灭		缩回到位
		Y2 指示灯点亮		手臂左旋
12	动作 X3 钮子开关,复位 X4 钮子开关	Y2 指示灯熄灭		左旋到位
13	0.5s 后	Y10 指示灯点亮		手臂伸出
14	动作 X5 钮子开关,复位 X6 钮子开关	Y10 指示灯熄灭		伸出到位
		Y5 指示灯点亮		手爪放松
15	复位 X2 钮子开关	Y5 指示灯熄灭		放松到位
		Y11 指示灯点亮		手臂缩回
16	动作 X6 钮子开关,复位 X5 钮子开关	Y11 指示灯熄灭		缩回到位
		Y0 指示灯点亮		手臂右旋
17	动作 X4 钮子开关,复位 X3 钮子开关	Y0 指示灯熄灭		右旋到位

2）气动回路手动调试。

① 接通空气压缩机电源，起动空压机压缩空气，等待气源充足。

② 调整气源压力至 0.4~0.5MPa，开启气动二联件上的阀门给系统供气。为确保调试安全，施工人员需观察气路系统有无泄露现象，若有，应立即解决。

③ 手动调试气动回路动作，直至机构动作完全正常为止。

④ 调整节流阀至合适开度，使各气缸的运动速度趋于合理。

3）传感器调试。调整传感器的位置，观察 PLC 的输入指示灯状态。

① 料台放置物料，调整、固定物料检测传感器。

② 手动机械手，调整、固定各限位传感器。

③ 在落料口中先后放置三类物料，调整、固定落料口检测光电传感器。

④ 在 A 点位置放置金属物料，调整、固定电感式传感器。

⑤ 分别在 B 点和 C 点位置放置白色塑料物料和黑色塑料物料，调整、固定光纤传感器。

⑥ 手动推料气缸，调整、固定磁性传感器。

4）变频器调试。若电动机反转，须关闭电源，改变输出电源 U、V、W 相序后重新调试。

① 闭合变频器模块上的钮子开关 STR、RH，变频器以 35Hz 频率驱动电动机运转，传送带自右向左高速运行。

② 闭合变频器模块上的钮子开关 STR、RM，变频器以 35Hz 频率驱动电动机运转，传送带自右向左中速运行。

③ 闭合变频器模块上的钮子开关 STF、RM，变频器以 35Hz 频率驱动电动机运转，传送带自左向右中速运行。

5）触摸屏调试。拉下设备断路器，关闭设备总电源。

① 用通信线连接触摸屏与 PLC。

② 用下载线连接计算机与触摸屏。

③ 接通设备总电源。

④ 设置下载选项，选择下载设备为 USB。

⑤ 下载触摸屏程序。

⑥ 调试触摸屏程序。运行 PLC，进入命令界面，触摸启动按钮，PLC 输出指示灯显示设备开始工作；进入监视界面，观察监视信息是否正确；触摸命令界面上的停止按钮，设备停止工作。

（3）联机调试　模拟调试正常后，接通 PLC 输出负载的电源回路，便可联机调试。调试时，要求施工人员认真观察设备的运行情况，若出现问题，应立即解决或切断电源，避免扩大故障范围。调试观察的主要部位如图 8-46 所示。

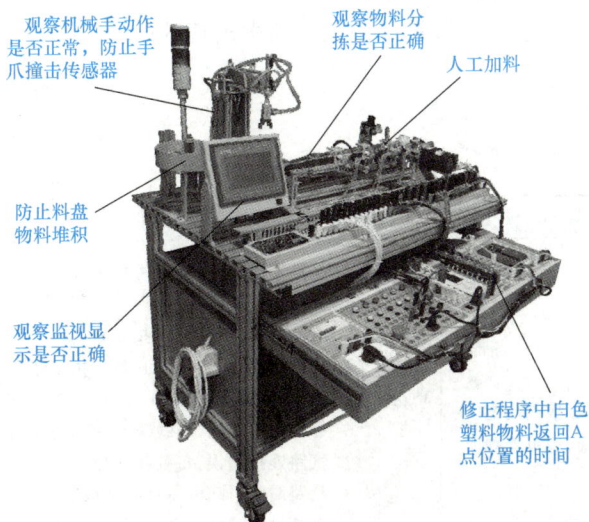

图 8-46　多功能加工及分拣设备

表8-10为联机调试的正确结果，若调试中有与之不符的情况，施工人员首先应根据现场情况，判断是否需要切断电源，在分析、判断故障形成的原因（机械、电路、气路或程序问题）的基础上，进行调整、检修，然后重新调试，直至设备完全实现功能。

表 8-10   联机调试结果一览表

步骤	操作过程	设备实现的功能	备注
1	按下 SB1 或触摸起动按钮	机械手复位	
		警示灯绿灯点亮	运行
2	人工加料(方式一)	金属物料,高速传送至 C 点位置加工2s,返回至 A 点位置,推入料槽一内	加工分拣
		白色塑料物料,高速传送至 C 点位置加工2s,返回至 B 点位置,推入料槽二内	
		黑色塑料物料,高速传送至 C 点位置加工2s,传送至料台内,由机械手搬运至料盘中	
3	人工加料(方式二)	料槽一内:金白组合 料槽二内:金白组合 料槽三内:不符合要求的金属和白色塑料物料	组合分拣
		黑色塑料物料被传送至料台内,由机械手搬运至料盘中	搬运
4	重新加料,按下 SB2 或触摸停止按钮,设备完成当前工作循环后停止工作		

（4）试运行　施工人员操作多功能加工及分拣设备，运行、观察一段时间，确保设备合格、稳定、可靠。

8. 现场清理

设备调试完毕，施工人员应清点工量具，归类整理资料，并清扫现场卫生。

1）清点工量具。对照清单清点工量具，并按要求装入工具箱。

2）资料整理。整理归类技术说明书、电气元件明细表、施工计划表、设备电路图、梯形图、气路图和安装图等资料。

3）清扫设备周围卫生，保持环境整洁。

4）填写设备安装登记表，记载设备调试过程中出现的问题及解决的办法。

9. 设备验收

设备质量验收见表8-11。

表 8-11   设备质量验收表

验收项目及要求		配分	配分标准	扣分	得分	备注
设备组装	1. 设备部件安装可靠,各部件位置衔接准确 2. 电路安装正确,接线规范 3. 气路连接正确,规范美观	35分	1. 部件安装位置错误,每处扣2分 2. 部件衔接不到位、零件松动,每处扣2分 3. 电路连接错误,每处扣2分 4. 导线反圈、压皮、松动,每处扣2分 5. 错、漏编号,每处扣1分 6. 导线未入线槽、布线凌乱,每处扣2分 7. 气路连接错误,每处扣2分 8. 气路漏气、掉管,每处扣2分 9. 气管过长、过短、乱接,每处扣2分			

（续）

验收项目及要求		配分	配分标准	扣分	得分	备注
设备功能	1. 设备起停正常 2. 机械手复位正常 3. 机械手搬运物料正常 4. 传送带运转正常 5. 料槽一物料分拣正常 6. 料槽二物料分拣正常 7. 料槽三物料分拣正常 8. 变频器参数设置正确 9. 触摸屏人机界面触摸正常	60分	1. 设备未按要求启动或停止，每处扣5分 2. 机械手未按要求复位，扣5分 3. 机械手未按要求搬运物料，每处扣5分 4. 传送带未按要求运转，扣5分 5. 料槽一物料未按要求分拣，扣10分 6. 料槽二物料未按要求分拣，扣10分 7. 料槽三物料未按要求分拣，扣10分 8. 变频器参数未按要求设置，扣5分 9. 人机界面未按要求创建，扣5分			
设备附件	资料齐全，归类有序	5分	1. 设备组装图缺少，每处扣2分 2. 电路图、气路图、梯形图缺少，每处扣2分 3. 技术说明书、工具明细表、元件明细表缺少，每处扣2分			
安全生产	1. 自觉遵守安全文明生产规程 2. 保持现场干净整洁，工具摆放有序		1. 漏接接地线，每处扣5分 2. 每违反一项规定，扣3分 3. 发生安全事故，扣10分 4. 现场凌乱、乱摆放工具、丢杂物、完成任务后不清理现场，扣5分			
时间	8h		1. 提前正确完成，每提前5min加5分 2. 超过定额时间，每超时5min扣2分			
开始时间：			结束时间：		实际时间：	

四、设备改造

多功能加工及分拣设备的改造。改造要求及任务如下：

（1）功能要求

1）起停控制。按下SB1或触摸人机界面上的起动按钮，机械手复位：手爪放松、手爪上升、手臂缩回、手臂右旋至限位处；设备开始工作，警示灯绿灯点亮，变频器以35Hz运行，电动机反转，传送带自右向左高速传动。

按下SB2或触摸人机界面上的停止按钮，警示灯红色灯点亮，当前物料处理完毕，且各气缸回到原位后，设备停止工作。

2）物料加工功能。设备起动后，加料指示灯HL1点亮，表示可向落料口人工加料。加料后，HL1熄灭，表示禁止加料，此时变频器的运行频率变为25Hz，传送带便由高速转为中速运行。当物料至C点位置时，传送带停止，加工物料。2s后加工结束，设备进入物料分拣程序。

3）分拣功能。设备具有两种分拣功能，方式选择只能在设备停止时进行。

分拣方式一。当转换开关SA1置于"方式一"位置时，设备实现简单分拣功能，工作过程如下：

① 若加工的是金属物料，则在 C 点位置加工完成后，变频器以 25Hz 的频率驱动传送带将它输送到 A 点位置后停止，推料气缸一活塞杆伸出，将其推入料槽一内。

② 若加工的是白色塑料物料，则在 C 点位置加工完成后，以同样的速度将它输送到 B 点位置后停止，推料气缸二活塞杆伸出，将其推入料槽二内。

③ 若加工的是黑色塑料物料，则在 C 点位置加工完成后，变频器以 25Hz 的频率驱动传送带将它输送到 D 点料台后，传送带停止，机械手开始搬运。手臂伸出→手臂下降→手爪夹紧，抓取物料→0.5s 后手臂上升→手臂缩回→手臂左旋→0.5s 后手臂伸出→手爪放松，物料掉入料盘内→手臂缩回→机械手右转至原位后停止。当物料被机械手取走后，变频器运行频率恢复为 35Hz，传送带自右向左高速传动，HL1 点亮，等待加料。

分拣方式二。当转换开关 SA1 置于"方式二"位置时，设备实现组合分拣功能，其中黑色塑料物料视为不合格物料，白色塑料物料和金属物料视为合格物料。

① 合格物料的分拣。对于符合要求的合格物料在 C 点位置完成加工后，变频器以 25Hz 的频率驱动传送带将它向右输送，再根据料槽一和料槽二的物料情况进行分拣。所谓符合要求，是指料槽一和料槽二内推入的物料均为白色塑料物料与金属物料的组合（第一个物料必须是白色物料），且两槽逐一完成。

② 合格物料逐槽组合分拣，自动交替进行。当料槽一完成了一次物料的组合分拣后，便进行槽内物料的包装，在此期间进行料槽二的组合分拣；同样当料槽二完成了一次物料的组合分拣后，便进行槽内物料的包装，在此期间设备又重复料槽一的组合分拣工作，如此自动交替进行。每个物料分拣完毕，变频器的运行频率都会恢复为 35Hz，传送带自右向左高速传动，HL1 点亮，等待加料。

③ 对于不符合要求的合格物料，则在 C 点位置完成加工后，直接由推料气缸三活塞杆推入料槽三内。

④ 不合格物料的处理。对于黑色塑料物料，在 C 点位置完成加工后，由变频器以 25Hz 的频率驱动传送带输送到料台后，传送带停止，机械手将它搬运至料盘中。同样当物料被机械手取走后，变频器运行频率恢复为 35Hz，传送带自右向左高速传动，HL1 点亮，等待加料。

4）触摸屏功能。

① 人机界面首页设有"×××多功能加工及分拣设备"的字样，并有界面切换按钮"进入命令界面"和"进入监视界面"。

② 命令界面上设有"起动按钮"与"停止按钮"。

③ 监视界面的上方设有"系统状态"的字样，下方显示系统当前状态：系统运行中、系统已停止、方式一和方式二。

（2）技术要求

1）设备的起停控制要求

① 按下 SB1 或触摸人机界面上的起动按钮，设备开始工作。

② 按下 SB2 或触摸人机界面上的停止按钮，设备完成当前工作循环后停止。

③ 按下急停按钮，设备立即停止工作。

2）电气线路的设计符合工艺要求、安全规范。

3）气动回路的设计符合控制要求、正确规范。

（3）工作任务

1）按设备要求画出电路图。

2）按设备要求画出气路图。

3）按设备要求编写 PLC 控制程序。

4）改装多功能加工及分拣设备实现功能。

5）绘制设备装配示意图。

附　录

附录 A　机电一体化设备组装与调试竞赛图形符号

组装和调试机电一体化设备过程中，设备涉及的元器件的图形符号统一使用国家标准中规定的图形符号。国家标准中没有而竞赛又需要的图形符号，使用大赛指定的图形符号。竞赛试题中的电气图、气动系统图等，按印发的图形符号绘制；选手制图，也应按印发的图形符号绘制。表 A-1 和表 A-2 列出了本书及全国职业教育技能大赛相关比赛项目所涉及的电气及气动图形符号。

表 A-1　电气图形符号（节选自 GB/T 4728.6~8—2000）

图形符号	说明	备注
	电机的一般符号，符号内的星号用下述字母之一代替：C 为旋转变流机，G 为发电机，M 为电动机，MG 为能作为发电机或电动机使用的电机，MS 为同步电动机	
	直流串励电动机	
	直流并励电动机	
	三相笼型感应电动机	

（续）

图形符号	说明	备注
	单相笼型感应电动机	
	动合(常开)触点 也可用作开关的一般符号	
	动断(常闭)触点	
	具有动合触点且自动复位的按钮开关	
	具有动合触点不能自动复位的按钮开关	组委会指定
	具有正向操作的动断触点且有保持功能的紧急停车开关(操作蘑菇头)	
	驱动器件一般符号 继电器线圈一般符号	
	接近传感器	
	接近传感器器件方框符号 操作方法可以表示出来 示例:固体材料接近时操作的电容式接近检测器	

（续）

图形符号	说明	备注
	接触传感器	
	接触敏感开关动合触点	
	接近开关动合触点	
	磁铁接近动作的接近开关,动合触点	
	铁接近动作的接近开关,动合触点	
	光电开关动合触点	光纤传感器借用 此符号 组委会指定
	灯,一般符号;信号灯,一般符号 如果要求指示颜色,则在靠近符号处标出下列代码:RD—红,YE—黄,GN—绿,BU—蓝,WH—白	
	闪光型信号灯	
	电铃	
	蜂鸣器	
	由内置变压器供电的指示灯	

表 A-2　气动图形符号（节选自 GB/T 786.1—2009）

名称	图形符号	说明
单向阀		
溢流阀		弹簧调节开启压力的直动式溢流阀
减压阀		
节流阀		
二位五通单线圈电磁方向控制阀		
二位五通双线圈电磁方向控制阀		
双作用单出单杆气缸		
※气动手指气缸		组委会指定
※气动摆动马达		组委会指定
气动双向定量马达		
气动双向变量马达		

(续)

名称	图形符号	说明
空气过滤器		
组合元件		由单向阀、空气过滤器和减压阀组成的器件

附录 B FX 系列 PLC 的指令列表

一、基本指令

三菱 FX 系列 PLC 的基本指令见表 B-1。

表 B-1 三菱 FX 系列 PLC 的基本指令

助记符、名称	功能	回路表示和对象软元件
LD 取	运算开始常开触点	XYMSTC
LDI 取反	运算开始常闭触点	XYMSTC
LDP 取脉冲	上升沿检出运算开始	XYMSTC
LDF 取脉冲	下降沿检出运算开始	XYMSTC
AND 与	串联连接常开触点	XYMSTC
ANI 与非	串联连接常闭触点	XYMSTC
ANDP 与脉冲	上升沿检出串联连接	XYMSTC
ANDF 与脉冲	下降沿检出串联连接	XYMSTC

（续）

助记符、名称	功能	回路表示和对象软元件
OR 或	并联连接常开触点	XYMSTC
ORI 或非	并联连接常闭触点	XYMSTC
ORP 或脉冲	上升沿检出并联连接	XYMSTC
ORF 或脉冲	下降沿检出并联连接	
ANB 回路块与	回路块之间串联连接	
ORB 回路块或	回路块之间并联连接	
OUT 输出	线圈驱动指令	XYMSTC
SET 置位	线圈动作保持指令	SET Y,M,S
RST 复位	解除线圈动作保持指令	RST Y,M,S,T,C,D,V,Z
PLS 上升沿脉冲	线圈上升沿输出指令	PLS Y,M
PLF 下降沿脉冲	线圈下降沿输出指令	PLF Y,M
MC 主控	公共串联接点用线圈指令	MC N Y,M
MCR 主控复位	公共串联接点解除指令	MCR N
MPS 进栈	运算存储	MPS MRD MPP
MRD 读栈	存储读出	
MPP 出栈	存储读出和复位	

（续）

助记符、名称	功能	回路表示和对象软元件
INV 取反	运算结果取反	INV
NOP 空操作	无动作	程序清除或空格用
END 结束	程序结束	程序结束,返回 0 步

二、步进指令

三菱 FX 系列 PLC 的步进指令见表 B-2。

表 B-2　三菱 FX 系列 PLC 的步进指令

助记符、名称	功能	回路表示和对象软元件
STL 步进接点	步进梯形图开始	S
RET 步进返回	步进梯形图结束	S RST

三、功能指令

三菱 FX 系列 PLC 的功能指令见表 B-3。

表 B-3　三菱 FX 系列 PLC 的功能指令

类别	FNC NO.	指令 助记符	指令功能说明	系列				
				FX$_{1S}$	FX$_{1N}$	FX$_{2N}$ FX$_{2NC}$	FX$_{3U}$	FX$_{3UC}$
程序流程	00	CJ	条件跳转	○	○	○	○	○
	01	CALL	子程序调用	○	○	○	○	○
	02	SRET	子程序返回	○	○	○	○	○
	03	IRET	中断返回	○	○	○	○	○
	04	EI	开中断	○	○	○	○	○
	05	DI	关中断	○	○	○	○	○
	06	FEND	主程序结束	○	○	○	○	○
	07	WDT	监视定时器刷新	○	○	○	○	○
	08	FOR	循环的起点与次数	○	○	○	○	○
	09	NEXT	循环的终点	○	○	○	○	○

（续）

类别	FNC NO.	指令助记符	指令功能说明	系列				
				FX$_{1S}$	FX$_{1N}$	FX$_{2N}$ FX$_{2NC}$	FX$_{3U}$	FX$_{3UC}$
传送与比较	10	CMP	比较	○	○	○	○	○
	11	ZCP	区间比较	○	○	○	○	○
	12	MOV	传送	○	○	○	○	○
	13	SMOV	位传送	×	×	○	○	○
	14	CML	取反传送	×	×	○	○	○
	15	BMOV	成批传送	○	○	○	○	○
	16	FMOV	多点传送	×	×	○	○	○
	17	XCH	交换	×	×	○	○	○
	18	BCD	二进制转换成 BCD 码	○	○	○	○	○
	19	BIN	BCD 码转换成二进制	○	○	○	○	○
算术与逻辑运算	20	ADD	二进制加法运算	○	○	○	○	○
	21	SUB	二进制减法运算	○	○	○	○	○
	22	MUL	二进制乘法运算	○	○	○	○	○
	23	DIV	二进制除法运算	○	○	○	○	○
	24	INC	二进制加 1 运算	○	○	○	○	○
	25	DEC	二进制减 1 运算	○	○	○	○	○
	26	WAND	字逻辑与	○	○	○	○	○
	27	WOR	字逻辑或	○	○	○	○	○
	28	WXOR	字逻辑异或	○	○	○	○	○
	29	NEG	求二进制补码	×	×	○	○	○
循环与移位	30	ROR	循环右移	×	×	○	○	○
	31	ROL	循环左移	×	×	○	○	○
	32	RCR	带进位右移	×	×	○	○	○
	33	RCL	带进位左移	×	×	○	○	○
	34	SFTR	位右移	○	○	○	○	○
	35	SFTL	位左移	○	○	○	○	○
	36	WSFR	字右移	×	×	○	○	○
	37	WSFL	字左移	×	×	○	○	○
	38	SFWR	FIFO(先入先出)写入	○	○	○	○	○
	39	SFRD	FIFO(先入先出)读出	○	○	○	○	○
数据处理	40	ZRST	区间复位	○	○	○	○	○
	41	DECO	解码	○	○	○	○	○
	42	ENCO	编码	○	○	○	○	○
	43	SUM	统计 ON 位数	×	×	○	○	○

（续）

类别	FNC NO.	指令助记符	指令功能说明	系列				
				FX_{1S}	FX_{1N}	FX_{2N} FX_{2NC}	FX_{3U}	FX_{3UC}
数据处理	44	BON	查询位某状态	×	×	○	○	○
	45	MEAN	求平均值	×	×	○	○	○
	46	ANS	报警器置位	×	×	○	○	○
	47	ANR	报警器复位	×	×	○	○	○
	48	SQR	求平方根	×	×	○	○	○
	49	FLT	整数与浮点数转换	×	×	○	○	○
高速处理	50	REF	输入输出刷新	○	○	○	○	○
	51	REFF	输入滤波时间调整	×	×	○	○	○
	52	MTR	矩阵输入	○	○	○	○	○
	53	HSCS	比较置位（高速计数用）	○	○	○	○	○
	54	HSCR	比较复位（高速计数用）	○	○	○	○	○
	55	HSZ	区间比较（高速计数用）	×	×	○	○	○
	56	SPD	脉冲密度	○	○	○	○	○
	57	PLSY	指定频率脉冲输出	○	○	○	○	○
	58	PWM	脉宽调制输出	○	○	○	○	○
	59	PLSR	带加减速脉冲输出	○	○	○	○	○
方便指令	60	IST	状态初始化	○	○	○	○	○
	61	SER	数据查找	×	×	○	○	○
	62	ABSD	凸轮控制（绝对式）	○	○	○	○	○
	63	INCD	凸轮控制（增量式）	○	○	○	○	○
	64	TTMR	示教定时器	×	×	○	○	○
	65	STMR	特殊定时器	×	×	○	○	○
	66	ALT	交替输出	○	○	○	○	○
	67	RAMP	斜波信号	○	○	○	○	○
	68	ROTC	旋转工作台控制	×	×	○	○	○
	69	SORT	列表数据排序	×	×	○	○	○
外部I/O设备	70	TKY	10键输入	×	×	○	○	○
	71	HKY	16键输入	×	×	○	○	○
	72	DSW	BCD数字开关输入	○	○	○	○	○
	73	SEGD	七段码译码	×	×	○	○	○
	74	SEGL	七段码分时显示	○	○	○	○	○
	75	ARWS	方向开关	×	×	○	○	○
	76	ASC	ASCI码转换	×	×	○	○	○
	77	PR	ASCI码打印输出	×	×	○	○	○
	78	FROM	BFM读出	×	○	○	○	○
	79	TO	BFM写入	×	○	○	○	○

（续）

类别	FNC NO.	指令助记符	指令功能说明	系列				
				FX$_{1S}$	FX$_{1N}$	FX$_{2N}$ FX$_{2NC}$	FX$_{3U}$	FX$_{3UC}$
外围设备	80	RS	串行数据传送	○	○	○	○	○
	81	PRUN	八进制位传送（#）	○	○	○	○	○
	82	ASCI	十六进制数转换成 ASCII 码	○	○	○	○	○
	83	HEX	ASCII 码转换成十六进制数	○	○	○	○	○
	84	CCD	校验	○	○	○	○	○
	85	VRRD	电位器变量输入	○	○	○	○	○
	86	VRSC	电位器变量区间	○	○	○	○	○
	87	RS2	串行数据传送 2	×	×	×	○	○
	88	PID	PID 运算	○	○	○	○	○
	89	—	—					
浮点数运算	110	ECMP	二进制浮点数比较	×	×	○	○	○
	111	EZCP	二进制浮点数区间比较	×	×	○	○	○
	118	EBCD	二进制浮点数→十进制浮点数	×	×	○	○	○
	119	EBIN	十进制浮点数→二进制浮点数	×	×	○	○	○
	120	EADD	二进制浮点数加法	×	×	○	○	○
	121	EUSB	二进制浮点数减法	×	×	○	○	○
	122	EMUL	二进制浮点数乘法	×	×	○	○	○
	123	EDIV	二进制浮点数除法	×	×	○	○	○
	127	ESQR	二进制浮点数开平方	×	×	○	○	○
	129	INT	二进制浮点数→二进制整数	×	×	○	○	○
	130	SIN	二进制浮点数正弦运算	×	×	○	○	○
	131	COS	二进制浮点数余弦运算	×	×	○	○	○
	132	TAN	二进制浮点数正切运算	×	×	○	○	○
	147	SWAP	高低字节交换	×	×	○	○	○
定位	155	ABS	ABS 当前值读取	○	○	×	×	×
	156	ZRN	原点回归	○	○	×	×	×
	157	PLSY	可变速的脉冲输出	○	○	×	×	×
	158	DRVI	相对位置控制	○	○	×	×	×
	159	DRVA	绝对位置控制	○	○	×	×	×
时钟运算	160	TCMP	时钟数据比较	○	○	○	○	○
	161	TZCP	时钟数据区间比较	○	○	○	○	○
	162	TADD	时钟数据加法	○	○	○	○	○
	163	TSUB	时钟数据减法	○	○	○	○	○
	166	TRD	时钟数据读出	○	○	○	○	○
	167	TWR	时钟数据写入	○	○	○	○	○
	169	HOUR	计时仪	○	○	○	○	○

（续）

类别	FNC NO.	指令助记符	指令功能说明	系列				
				FX$_{1S}$	FX$_{1N}$	FX$_{2N}$ FX$_{2NC}$	FX$_{3U}$	FX$_{3UC}$
外围设备	170	GRY	二进制数→格雷码	×	×	○	○	○
	171	GBIN	格雷码→二进制数	×	×	○	○	○
	176	RD3A	模拟量模块（FX$_{0N}$-3A）读出	×	○	×	×	×
	177	WR3A	模拟量模块（FX$_{0N}$-3A）写入	×	○	×	×	×
触点比较	224	LD =	（S1）=（S2）时起始触点接通	○	○	○	○	○
	225	LD>	（S1）>（S2）时起始触点接通	○	○	○	○	○
	226	LD<	（S1）<（S2）时起始触点接通	○	○	○	○	○
	228	LD<>	（S1）<>（S2）时起始触点接通	○	○	○	○	○
	229	LD ≦	（S1）≦（S2）时起始触点接通	○	○	○	○	○
	230	LD ≧	（S1）≧（S2）时起始触点接通	○	○	○	○	○
	232	AND =	（S1）=（S2）时串联触点接通	○	○	○	○	○
	233	AND>	（S1）>（S2）时串联触点接通	○	○	○	○	○
	234	AND<	（S1）<（S2）时串联触点接通	○	○	○	○	○
	236	AND<>	（S1）<>（S2）时串联触点接通	○	○	○	○	○
	237	AND ≦	（S1）≦（S2）时串联触点接通	○	○	○	○	○
	238	AND ≧	（S1）≧（S2）时串联触点接通	○	○	○	○	○
	240	OR =	（S1）=（S2）时并联触点接通	○	○	○	○	○
	241	OR>	（S1）>（S2）时并联触点接通	○	○	○	○	○
	242	OR<	（S1）<（S2）时并联触点接通	○	○	○	○	○
	244	OR<>	（S1）<>（S2）时并联触点接通	○	○	○	○	○
	245	OR ≦	（S1）≦（S2）时并联触点接通	○	○	○	○	○
	246	OR ≧	（S1）≧（S2）时并联触点接通	○	○	○	○	○

参 考 文 献

［1］ 肖前慰. 机电设备安装维修工实用技术手册 ［M］. 南京：江苏科学技术出版社，2007.

［2］ 周建清，王金娟. PLC 应用技术 ［M］. 2 版. 北京：机械工业出版社，2018.

［3］ 周建清，王金娟. 机床电气控制 ［M］. 北京：机械工业出版社，2018.

［4］ 亚龙智能装备集团股份有限公司. 亚龙 YL-235 型光机电一体化实训考核装置实训指导书.

［5］ 三菱电机（中国）有限公司. 三菱 FX_{3U} 系列微型可编程控制器编程手册.

［6］ 三菱电机（中国）有限公司. 三菱变频调速器 FR-E700 使用手册.

［7］ 深圳昆仑通态科技有限责任公司. MCGS 系列触摸屏使用手册.